Die Deutsche Bibliothek – CIP-Einheitsaufnahme
Ackerland und Siedlungen : Biotope erkennen, bestimmen, schützen / Claus-Peter Hutter (Hrsg.); Annette Otte; Conrad Fink.
– Stuttgart; Wien; Bern: Weitbrecht, 1999
(Weitbrecht-Biotop-Bestimmungs-Bücher)
ISBN 3-522-72061-X
NE: Hutter, Claus-Peter (Hrsg.); Otte, Annette; Fink, Conrad

Redaktionelle Koordination, Herausgeber und Mitautor:
Claus-Peter Hutter
Autoren:
Prof. Dr. Dr. Annette Otte
Dipl. Ing (Landespflege) Conrad Fink
Wissenschaftliche/fachtechnische Beratung:
Dr. Jürgen Marx, Landesanstalt für Umweltschutz
Baden-Württemberg, Institut für Ökologie und Naturschutz

ISBN 3-522-72061-X

Technische Zeichnungen/Grafiken:
Dipl-Biol. Wolfgang Lang, Waiblingen
Heidemarie Bellmaier (Freising-Weihenstephan)
Lektorat: Anne-Kathrin Janetzky, Dresden
Satz: Kirsten Straßmann, Recklinghausen
Reproduktion des Umschlags: Die Repro, Tamm
Reproduktionen der Abbildungen: WorkSpace, Datteln
Druck und Bindung: Friedrich Pustet GmbH, Regensburg

5 4 3 2 1
Die Veröffentlichung dieses Buches dient den Biotopschutzbemühungen der Stiftung Naturschutzfonds Baden-Württemberg (70029 Stuttgart)

Mit Unterstützung
der Stiftung Naturschutzfonds

WEITBRECHT BIOTOPBESTIMMUNGSBÜCHER

Inhalt

Ackerland und Siedlungen

Biotope erkennen, bestimmen, schützen

Claus-Peter Hutter (Hrsg.)
Annette Otte
Conrad Fink

Weitbrecht

Die Geschichte der Ackerland- und Siedlungsbiotope Mitteleuropas ist ein lebendig gebliebenes Stück Kulturgeschichte. Vegetation und Tierwelt zeigen eine erstaunliche Anpassungsfähigkeit, mit der sie auf die vom Menschen verursachten Veränderungen reagieren. Über Jahrhunderte, ja Jahrtausende, schuf der Mensch immer neue Lebensräume, die zu vielgestaltigen und interessanten Kulturlandschaften führten.

Der Wandel von den ersten Siedlungen zur Großstadt, von der Dreifelderwirtschaft zur modernen Pflanzenproduktion, von Pferdefuhrwerken und Eselskarren über die ersten Dampflokomotiven zu PS-starken Traktoren und modernen Hochgeschwindigkeitszügen, vom wassergebundenen Feldweg bis hin zu Autobahnen führte zu Landschaftsveränderungen, aber auch zum Rückgang wertvoller Biotope. Die Auswirkungen der menschlichen Ackerbau- und Siedlungstätigkeit waren früher kleinflächig und in ihrer Auswirkung begrenzt. Heute haben sie sowohl in ihrer Geschwindigkeit als auch in ihrer flächenhaften Ausdehnung eine Dimension erreicht, die es den Pflanzen und Tieren schwierig macht, sich anzupassen. Der Boden ist inzwischen zu einem kostbaren Gut geworden.

Der Band »Ackerland und Siedlungen« aus der Reihe der BiotopBestimmungsBücher beschreibt diese Entwicklung und gibt Hinweise zur Bestimmung sowie zum Schutz der durch den Menschen entstandenen oder stark beeinflußten Lebensräume. Mit Beispielen aus der Praxis zeigt dieses Buch Möglichkeiten auf, wie die Anliegen des Naturschutzes auch in Dorf und Stadt umgesetzt werden können. Eine besondere Bedeutung haben hier Biotopverbindungsstrukturen innerhalb der Siedlungsgebiete sowie von den Siedlungen zur freien Landschaft hin.

Im Hinblick darauf, daß jeder und jede einzelne durch das eigene Verhalten dazu beitragen kann, die Artenvielfalt zu förden und zu erhalten, wünsche ich dem BiotopBestimmungsBuch einen großen und engagierten Leserkreis.

Ministerin für den Ländlichen Raum Baden-Württemberg
Stiftung Naturschutzfonds

Nach dem langen Winter sind die Felder jetzt schon recht abgetrocknet. Langsam zieht wieder sichtbares Leben in die Ackerflur ein. Trällernd steigt eine Feldlerche in den blauen Himmel, an dessen Horizont zwei Mäusebussarde kreisen. Feldhasen hoppeln über den alten Grasweg und am Ackerrain sind das leuchtende Violett der Veilchen ebenso wie die ersten suchend umherfliegenden Hummeln ein untrügliches Zeichen dafür, daß der Frühling in den Fluren wieder Einzug hält. Zeit für die Bauern, die Felder zu bestellen. Heute spannen sie keine Rößlein mehr vor Pflug und Egge, sondern PS-starke Traktoren. Ständig verbesserte Maschinentechnik, Mineraldünger, ein immer dichteres Wegenetz und viele andere Errungenschaften der modernen Landtechnik machen heute die Felderbestellung einfacher.

Doch einhergehend mit einem tiefgreifenden Strukturwandel in der Landwirtschaft verschwanden viele über Jahrhunderte und Jahrtausende angestammte Tiere und Pflanzen aus der freien Flur und zugleich kam auch der Bauer auf die Rote Liste. Was sich in Form einer überaus mannigfaltigen Kulturlandschaft als Bindeglied von Natur und Kultur über Jahrtausende hinweg herausbildete und durch die traditionelle Bewirtschaftung stabil blieb, droht in weiten Teilen in der Übergangszeit zwischen dem 2. und 3. Jahrtausend zu verschwinden. Damit geht nicht nur ein reichhaltiges Naturerbe, sondern auch ein vielfältiges Kulturerbe verloren. Was sich in den Feldfluren – beschleunigt durch frühere Flurbereinigungen, Gewässerbegradigungen und vielen anderen Maßnahmen – schon stark vollzogen hat, verwischt auch in vielen einst durch die bäuerliche Tätigkeit der Menschen geprägten Dörfern die Spuren des Ineinandergreifens von Natur und Kultur. Nicht nur hier, sondern auch in den Städten droht durch das Zurückdrängen der Natur Umwelt- und Lebensqualität verlorenzugehen.

Heute kommt es mehr denn je darauf an, zwischen den Verbrauchern in den Städten und den Landwirten neue Allianzen zu schließen, damit es gelingt, die Erlebnisvielfalt der Fluren zu erhalten und wo immer möglich wiederherzustellen. Dennoch werden so manche Erscheinungsformen der früheren kleinbäuerlichen Landwirtschaft ebenso der Vergangenheit angehören wie die durch menschliches Wirtschaften geprägten Biotoptypen im besiedelten Bereich.

Insoweit ist der BiotopBestimmungsBand »Ackerland und Siedlungen« auch ein ökologisch-kulturhistorisches Dokument der gerade durch die Tätigkeit der Menschen entstandenen Biotopvielfalt. Ein Dokument, das anregen soll und konkrete Beispiele aufzeigt, das Natur- und Kulturerbe der Ackerland- und Siedlungsbiotoptypen – zumindest in repräsentativen Ausschnitten – für kommende Generationen zu bewahren. Seitens des Naturschutzes wurde gerade den Lebensräumen im besiedelten Bereich und in den Ackerfluren lange Zeit zu wenig Beachtung geschenkt. Dabei gilt es gerade hier in größerem Ausmaß Vielfalt zu erhalten und sichernd zu bewahren. Weil Natur letztlich nur derjenige schützen kann, der sie auch kennt, will dieses Buch aus der Reihe BiotopBestimmungsBücher die verschiedenen Biotoptypen des Siedlungsbereiches und des Ackerlandes bekannter machen, Gefährdungen konkret darstellen und konstruktiv Schutzmöglichkeiten aufzeigen. Denn die Art und Weise, wie wir mit unserem Natur- und Kulturerbe in Zukunft umgehen wollen, ist auch immer die Antwort auf die Frage, was wir uns letztlich selbst wert sind.

Kleine Natur- und Kulturgeschichte der Ackerland- und Siedlungsbiotope

Ackerbau und
Seßhaftwerdung
Sonderkulturen
Stadtbiotope

Es begann vor 7000 Jahren: Ackerbau und Seßhaftwerdung

Der Heimatforscher staunte nicht schlecht: Immer wieder hatten Funde von Tonscherben über Jahre hinweg darauf hingedeutet, daß in der Ackersenke an der wärmeexponierten Flußschleife in grauer Vorzeit einmal eine menschliche Siedlung bestanden haben muß. Jetzt bestätigten intensive wissenschaftliche Untersuchungen des Landesdenkmalamtes, daß die Vermutungen richtig waren. Die von Naturschützern lange Zeit leider vergeblich bekämpften Neubau-Absichten der Gemeinde zur Erweiterung des Ortes um ein Gewerbegebiet riefen nämlich die amtlichen Denkmalschützer auf den Plan. Systematische Untersuchungen und sorgfältige Ausgrabungen brachten dann erstaunliche Erkenntnisse zu Tage.

Im Boden fanden sich neben Siedlungsresten in Form von Scherben der sogenannten Bandkeramik auch regelmäßige Erdverfärbungen. »Es sind die ehemaligen Pfostenlöcher der Häuser einer jungsteinzeitlichen Siedlung«, so der Experte des Landesdenkmalamtes bei einer Führung mit Bürgermeister und Gemeinderat. Über Jahrtausende hat sich hier also der Nachweis früherer menschlicher Tätigkeit erhalten. Wie das Ganze wohl ausgesehen hat, fragt sich so mancher, und der Experte des Denkmalamtes bleibt keine Antwort schuldig: »Wir müssen uns das Landschaftsbild zur damaligen Zeit weitgehend bewaldet vorstellen. Nur etwa die Flußlagen und Stellen, an denen der Blitz in den Wald eingeschlagen hat sowie von Natur aus weitgehend vegetationsfreie Standorte, wie etwa Felsen und Moore, waren nicht von dichtem Wald bestanden. Ab und zu gab es kleine Siedlungen, deren Häuser wir uns schon mit Satteldach, ähnlich unserer heutigen Hausformen, vorstellen können. Darauf deuten ja auch die Pfostenlöcher hin, die beweisen, daß es aufrechte Stämme bzw. Balken in der Mitte und an der Seite des Hauses gab. Zwar waren die Dächer noch mit Pflanzenmaterial wie Schilf und Laub gedeckt, doch die Hausform war durchaus mit den heutigen als traditionell geltenden Hausformen vergleichbar.«

Die Kulturgeschichte der sogenannten Jungsteinzeit geht weit zurück. Vor 7000 Jahren breitete sich in der Älteren Eichenmischwaldzeit, auch Mittlere Wärmezeit oder Atlantikum (6000 bis 3000 v. Chr.) genannt, in Mitteleuropa als neue Lebensform das Bauerntum aus. Es war der Beginn der Jungsteinzeit in Mitteleuropa – eine Epoche wirtschaftlicher und sozialer Umwälzungen, der Übergang von der rein aneignenden Daseinssicherung vom Jäger und Sammler zur voraussichernden nahrungsmittelproduzierenden Wirtschaftsform der Gegenwart.

Ackerbau und Viehhaltung und die damit einhergehende Seßhaftigkeit in festen Wohnstätten und Siedlungen brachten zugleich die ersten gravierenden Eingriffe in die natürliche Umwelt mit sich, die bis dahin durch fehlende oder nicht nennenswerte Veränderungen durch den Menschen gekennzeichnet war. Mit dem agrarischen Nutzökosystem entstand zeitgleich das Siedlungsökosystem, dessen räumliche Erweiterung zu Dörfern und Städten und damit letztlich zu urbanen Ökosystemen führt.

Lebendiger Zeuge langer Kulturgeschichte: Der Gemeine Andorn ist eine heute seltene Wildpflanze, die früher als Arzneipflanze gegen Vergiftungen und Tollwut Verwendung fand.

Klatsch-Mohn und Natternkopf sind seit der Jungsteinzeit in Mitteleuropa nachweisbar; sie zählen zu den Alteinwanderern der Flora des Ackerlandes und der Siedlungen.

In der Naturlandschaft waren vermutlich 90 Prozent des Bodens von Wald bedeckt. Waldfrei war das Gelände, wo es zu naß (z. B. Moore, Auenstandorte), zu trocken (z. B. Felsnasen), zu kalt (z. B. alpine Höhenstufe der Gebirge), zu stark mechanisch (z. B. Lawinenbahnen, Flußufer, Bergrutschungen) oder zu stark chemisch belastet (z. B. Sole-Quellen, Schwermetallböden) war. Hinzu kamen Flächen, die durch Beweidung von Wisent und Auerochse offengehalten wurden. In der heutigen Kulturlandschaft Mitteleuropas beträgt der Waldanteil dagegen gerade noch 28 Prozent der Fläche.

Doch die Kulturlandschaft ist im Gegensatz zur Naturlandschaft nicht aus sich heraus ökologisch stabil, sondern bedarf der menschlichen Bewirtschaftung. Ändert sich die Nutzung, so hat dies auch zwangsläufig Veränderungen im Erscheinungsbild der Kulturlandschaft zur Folge.

Nach der Intensität der Landnutzung lassen sich nach Wolfgang Haber vier Stadien der kulturellen Evolution unterscheiden, die jeweils typische, insgesamt zunehmende Veränderungen bewirkt haben. Es sind das Jäger-Sammler-Stadium, das Stadium der agrarisch-forstlichen Landnutzung, das Stadium der Stadtkultur und das Stadium der Industrie und Hochenergietechnik. Jedes dieser Stadien wird begleitet von Veränderungen in den Biotop- und Artenspektren unserer Landschaften, wie sich an den Biotoptypen des Ackerlands und der Siedlungen zeigen läßt. Die gleichzeitige und räumlich enge Benachbarung traditioneller und moderner Komponenten dieser Stadien ist letztlich die Ursache für das große Artenpotential unserer Kulturlandschaften.

Bauern stehen am Anfang der kulturellen Evolution Mitteleuropas

In der Jungsteinzeit breitete sich in den Tieflagen Mitteleuropas die Kultur der Bandkeramiker aus. Ihr Name rührt von bandförmigen Verzierungen auf Tongefäßen her, die sie hinterlassen haben.

Kennzeichnend für die früheste mitteleuropäische Bauernkultur ist die Bandkeramik – so benannt nach bandförmigen, eingetieften Verzierungen auf Tongefäßen. Sie sind typisch für die

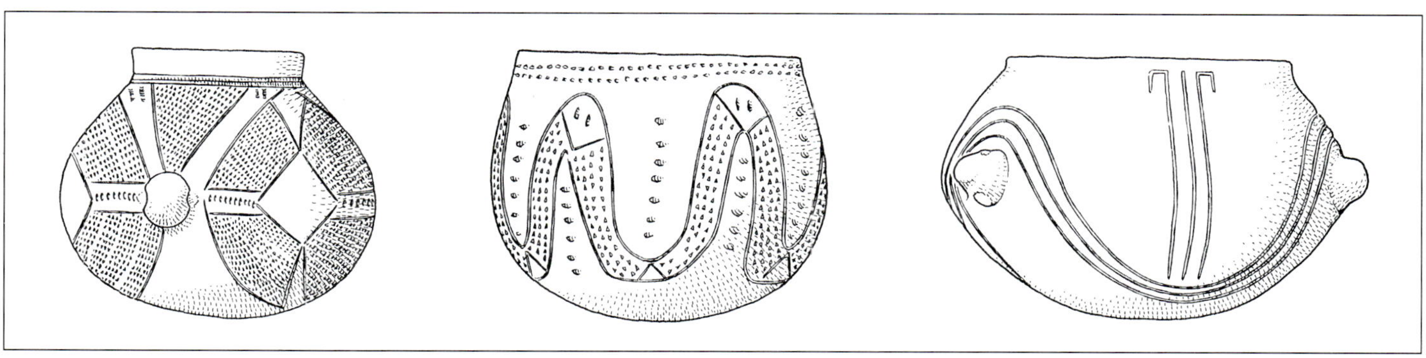

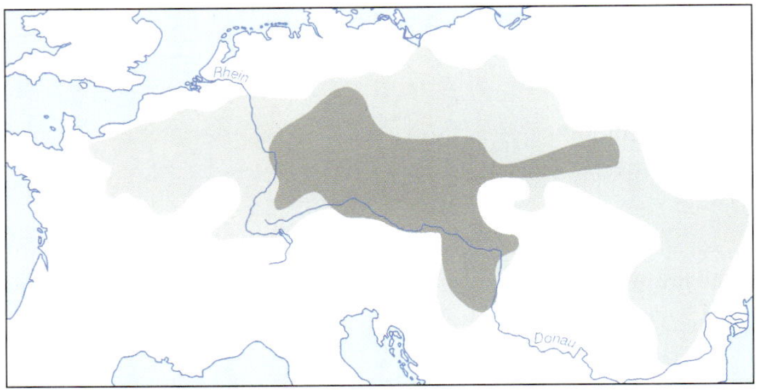

Die jungsteinzeitlichen Bandkeramiker siedelten in den Tiefebenen und Talauen großer europäischer Flußsysteme wie Donau, Elbe, Weichsel, Rhein, Seine und Loire.

Jungsteinzeit in Mitteleuropa (5000 bis 1800 v. Chr.). Es handelte sich bei der Bandkeramik-Kultur von Anfang an um eine gemischte Landwirtschaft mit Getreideanbau und Viehzucht. Damals war das Klima um zwei bis drei Grad wärmer und zugleich feuchter als heute. Die Besiedelung konzentrierte sich in Tieflagen und den Auenbereichen größerer Flüsse wie Donau, Rhein und Seine sowie deren Nebenflüssen, wo vorrangig Löß- und Sandstandorte für die noch heute nachweisbaren Siedlungen ausgewählt wurden. Als Gründe dafür können verschiedene Ursachen angeführt werden:
So richteten die frühen Bauern ihr Leben in starkem Maße auf die Nutzung der natürlich grasreichen Eichen- und Hainbuchenreichen Wälder aus, die als Lieferanten für Bau- und Feuerholz und für die Ernährung des Viehbestandes mit Rindern, Ziegen, Schafen und Schweinen dienten. An den Rändern der geschlagenen Lichtungen, also an der Nahtstelle zwischen Feld und Wald, entwickelte sich eine Strauchvegetation mit Hasel-, Weißdorn- und Schlehenbüschen. Manches spricht dafür, daß die Bauern diesen Bewuchs als »lebende Zäune« pflegten: Die Hecken schützten die kleinen Äcker vor Wild und Weidevieh und lieferten außer Beeren und Nüssen auch Zweige und Äste für vielfältige Arbeiten in Haus und Hof, etwas zum Flechten für Zäune und zum Decken der Dächer. Die von Hansjörg Küster analysierten neolithischen Siedlungsstätten in Südbayern weisen ein reiches Inventar an Sammelpflanzen wie Hasel, Apfel oder Birne, Brombeere, Himbeere, Stauden-Holunder und Schwarzer Holunder auf. Diese regenerationsfähigen Arten aus der Strauchschicht lichter bzw. aufgelichteter Wälder und der Waldmäntel zählen heute noch zum Grundstock von Hecken und Gebüschen in und um Siedlungen. Die Lichtungen für diese Siedlungen müssen damals aber noch sehr klein gewesen sein und wie »Inseln in einem Waldmeer« gelegen haben. Trotzdem war die Größe der Wohnhäuser mit Firstlängen von bis zu 65 m und Firsthöhen von 7,5 m beeindruckend und bezeugt ein hohes technisches Geschick im Umgang mit Werkzeugen aus Stein, Holz, Horn und Knochen.
Neben der Produktionskraft des Waldes ließen sich auch die relativ weichen, steinarmen und ebenen Böden der Eichen-Hainbuchenwälder einigermaßen erfolgreich mit den bereits vorhandenen hölzernen Hakenpflügen nutzen und bearbeiten. Da es sich um einen Ackerbau ohne Düngung handelte, verarmten die Böden bald und die Flächen mußten gewechselt

Einkorn ist ein gegen Winterkälte relativ unempfindliches Getreide, das seit der Jungsteinzeit in Mitteleuropa nachweisbar ist.

In der Jungsteinzeit war der Emmer das häufigste Getreide. Der Anbau erfolgte im allgemeinen als Sommerfrucht, da die Saat im Winter leicht einfriert.

werden. Zur Neuschaffung von Ackerflächen kam häufig die Brandrodung zum Einsatz, die für mehrere Jahre besonders nährstoffreiche Bedingungen schuf (Anreicherung von Mineralstoffen in der Asche der abgebrannten Wälder).

Für den Zeitraum der Jungsteinzeit lassen sich in Süddeutschland bereits die Getreide Emmer (*Triticum dicoccum*) und Einkorn (*Triticum monococcum*), die Hülsenfrüchte Erbse (*Pisum sativum*) und Linse (*Lens culinaris*) sowie Flachs (*Linum usitatissimum*) nachweisen – ein Kulturpflanzenspektrum, das zu der Zeit auch in anderen Teilen Mitteleuropas vorherrschte; erst gegen Ende des Neolithikums tauchen sporadisch Gerste (*Hordeum vulgare*), Dinkel (*Triticum spelta*) und Rispenhirse (*Panicum miliaceum*) auf. Aufgelassene Ackerflächen wurden beweidet, und so entstanden in einem ursprünglich weitgehend geschlossenen Waldgebiet kontinuierlich neue Rodungen: Die Wälder wurden zunehmend aufgelichtet.

Neben den Resten von Feldfrüchten, Nüssen und Beeren wurden zahlreiche Wildpflanzen in den archäologischen Proben bestimmt, die als Unkräuter mit dem Ernte- und Sammelgut in die Siedlungen eingebracht wurden oder bereits in unmittelbarer Nähe der Fundstelle wuchsen. Allerdings können sie nur in wenigen Fällen eindeutig als Arten der damaligen Waldlichtungs-, Acker- oder Siedlungsvegetation eingestuft werden, da sie heute allgemein auf »gestörten Plätzen« weit verbreitet

Das „Schichten-Modell" einer Landschaft mit (von unten nach oben) abiotisch-natürlicher biotischer und abiotisch-künstlicher Schicht. Die Schichten integrieren sich oder ersetzen einander; zugleich stellen sie auch eine eigene geschichtliche Abfolge dar (nach TOMASEK 1979).

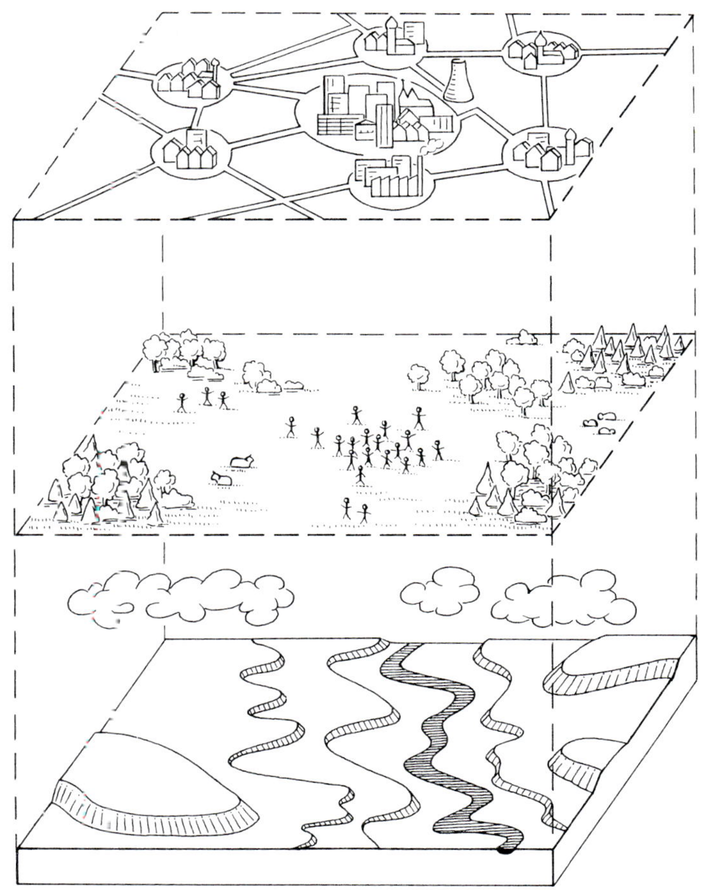

Der Kleine Fuchs (hier auf einer Acker-Kratzdistel) zählt zu den wenigen, heute noch relativ häufigen Schmetterlingsarten der mitteleuropäischen Kulturlandschaften.

sind – wie z. B. Rainkohl, Stechender Hohlzahn, Weißer Gänsefuß u. a. – und ihre heutigen Verbreitungsschwerpunkte nicht auf die Vergangenheit übertragbar sind.
Sicher ist jedoch, daß mit der synchronen Entwicklung von Ackerbau und dörflichen Siedlungen der Arten-Grundstock der Ackerwildkraut- und Siedlungsvegetation zusammengefunden hat. In einem Beitrag zur Entwicklung und Veränderung der Gefäßflora von Mecklenburg hat Franz Fukarek beschrieben, wie um 3200 v. Chr. der sprunghafte Anstieg von kulturabhängigen Arten (Epökophyten) als Pollen- und Makrorestnachweise mit dem Nachweis der jungsteinzeitlichen Trichterbecherleute zusammenfällt.
Es formierten sich Lebensgemeinschaften, die durch kontinuierliche Anpassung der Artenspektren an wechselnde landwirtschaftliche Produktions- und Verarbeitungsbedingungen auf Ackerflächen und in den ländlichen Siedlungen die historische Entwicklung des bäuerlichen Wirtschaftens und Arbeitens nachzeichnen. Mit jedem Wechsel der verschiedenen kulturhistorischen Epochen (Jungsteinzeit, Bronzezeit, Eisenzeit, Römische Kaiserzeit, Früh-, Hoch- und Spät-Mittelalter, frühe Neuzeit, Industrie- und Technikzeitalter) sind Veränderungen im Artenspektrum von Ackerland und Siedlungen nachweisbar.

»Un«-Kräuter oder Wildkräuter? – Auf den Blickwinkel kommt es an

Die begriffliche Vielfalt für die mit den Kulturpflanzen konkurrierenden Arten des Acker- und Gartenlandes ist groß! Im allgemeinen Sprachgebrauch werden sie ganz einfach »Un«-Kräuter genannt; damit wird das Ungewollte, das Unbrauchbare dieser Arten aus dem ökonomisch-nutzerischen Blickwinkel heraus bezeichnet. Der wissenschaftliche Sprachgebrauch – um Neutralität bemüht – verwendet etwas holprige Bezeichnungen wie Begleit-, Beikraut-, Segetal- oder Wildkrautvegetation mit den entsprechenden Angaben Acker oder Garten. Wir wollen hier die Arten der Äcker und Gärten als Wildkräuter bezeichnen, da uns dies am wenigsten wertebehaftet zu sein scheint.
Die Vegetation der Siedlungen wird, da sie sich auf Schutt, Mörtel und Ruinen einstellt, »ruderale« Vegetation genannt (lat. rudus, ruderis: Schutt; (pl.) Ruinen; Mörtel). In diesem ursprünglichen Sinn ist nach der Definition von Friedrich Zimmermann und Heinz Ellenberg damit nur der »kurzlebige Bewuchs auf Bauschutt, Müll, überdüngten Wegrainen oder ähnlichen trockeneren Standorten« gemeint. Nach Auffassung von Werner Krause kann der Geltungsbereich des Wortes »Ruderalpflanzen« auf »Gewächse, die ihr bestes Gedeihen im Wirkungsbereich des Menschen finden« erweitert werden. In diesem Zusammenhang wird auch der Begriff »Spontan-Flora/Spontan-Vegetation« verwendet. Rüdiger Wittig bezeichnet damit »alle nicht angepflanzten Arten eines Gebietes, d. h. die Wildpflanzen und die verwilderten Nutz- und Zierpflanzen«. Es sind also nicht nur krautige Arten gemeint, sondern auch sämtliche verwilderten Gehölze.
Hier wird der Begriff »ruderale Vegetation« im Sinne von Werner Krause benutzt.

Der Artenreichtum Mitteleuropas – eine kulturelle Leistung seiner Völker

Wie die Menschen in Mitteleuropa haben auch die Pflanzen- und Tierarten eine Geschichte – eine Einwanderungsgeschichte. Denn die Sippen eines Florengebietes setzen sich nicht nur aus einheimischen (*Idiochoren*), sondern auch aus nicht-einheimischen Arten (*Hemerochoren*; griech. hemeros = gezähmt, kultiviert) zusammen. Dabei sind die Idiochoren aus »eigener Kraft« eingewandert und die Hemerochoren diejenigen, die durch die Kultivierung eines Landes gefördert oder begünstigt werden. Eine Gruppe innerhalb der Hemerochoren sind nach der Definition von Alfred Thellung die *Anthropochoren*, die infolge direkter oder indirekter Mithilfe des Menschen vorhanden sind. Dazu zählen in besonderer Weise die ruderalen Arten unserer Siedlungen sowie die Garten- und Ackerwildkräuter.

Die Anthropochoren können nach drei voneinander unabhängigen Kriterien klassifiziert werden: Einwanderungszeit, Einwanderungsweise und Grad ihrer Einbürgerung in die vorhandene Vegetation.

Hinsichtlich der Einwanderungszeit unterscheidet man drei Gruppen von Arten:

Die *Idiochorophyten* sind die heimischen (= indigenen) Arten, die vor dem wirksamen Eingreifen des Menschen in die Vegetation eingewandert sind. Als *Archäophyten* werden diejenigen benannt, deren Einwanderung nur durch direkte oder indirekte Mithilfe des Menschen in prähistorischer Zeit stattfand (= Altadventive) und als *Neophyten* werden Arten bezeichnet,

Einwanderung von Arten

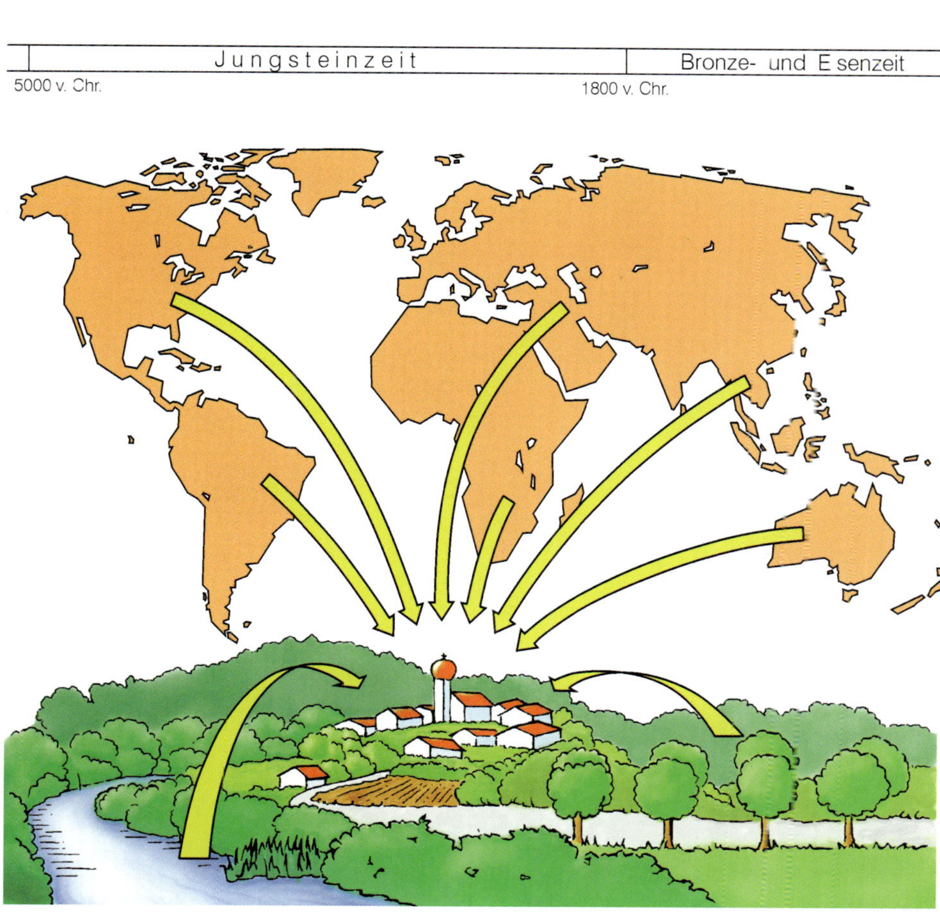

So wechselvoll wie die Geschichte des Menschen ist auch die der Wildpflanzen auf Ackerland und in Siedlungen. Sie wachsen in Gemeinschaften, deren Zusammensetzung sich im Laufe der Zeit veränderte.

So kamen viele Wildpflanzen erst mit einwandernden Volksgruppen nach Mitteleuropa, wo sie sich mit den einheimischen Arten zu neuen Pflanzengemeinschaften zusammenfanden. Der Wechsel in den kulturhistorischen Epochen wird vom Wandel im Artenspektrum von Ackerland und Siedlungen nachgezeichnet.

Über Feldwege erfolgte nicht nur der Transport von Saat- und Erntegut zwischen Ackerland und ländlicher Siedlung; auch viele Wildpflanzen wurden so unabsichtlich mit ausgebreitet und in der Landschaft verteilt.

deren Einwanderung nur durch direkte oder indirekte Mithilfe des Menschen in historischer Zeit (nach 1492 n. Chr., Entdeckung Amerikas) stattfand (= Neuadventive) bzw. noch immer stattfindet. Nach Herbert Sukopp und Ingo Kowarik beträgt der Archäophytenanteil in der Flora von Werner Rothmaler bei Berücksichtigung von 2572 Arten 7 Prozent und der Neophytenanteil 9 Prozent.

Gliedert man Arten nach der Einwanderungsweise, lassen sich vier Gruppen unterscheiden:

Da sind wiederum die Idiochorophyten, deren Einwanderung ohne jede Mitwirkung des Menschen erfolgte. Weiterhin gibt es die Eindringlinge (*Akolutophyten*) wie etwa Vogelmiere, Kleine Brennessel, Weißer Gänsefuß, die Eingeschleppten (*Xenophyten*) wie Klatsch-Mohn, Kornblume, Kamille und die verwilderten, aber absichtlich eingeführten und kultivierten Arten (*Ergasiophygophyten*), z. B. Drüsiges Springkraut, Riesen-Bärenklau, Gauklerblume, Wermut, Japan-Knöterich.

Der Grad der Einbürgerung in die vorhandene Vegetation beschreibt das Ausmaß, in dem einheimische und nicht-einheimische Pflanzenarten die Vegetation prägen. Dabei unterscheidet man wiederum zwischen den Idiochorophyten der ursprünglichen Vegetation sowie den einheimischen Arten, die mit Hilfe des Menschen von Standorten der natürlichen Vegetation auf anthropogene Standorte verbreitet worden sind (*Apophyten*), den Neuheimischen (*Agriophyten*) und den kulturabhängigen Arten mit festem Platz in der aktuellen, nicht aber in der potentiellen natürlichen Vegetation (*Epökophyten*).

Zu ihnen gehören viele Arten der Ackerwildkraut- und Ruderalvegetation. Sie verlieren ihre Standorte, wenn spezielle, sie fördernde Nutzungen aufgegeben oder geändert werden. Davon ist etwa die traditionelle ländliche Ruderalvegetation betroffen, die mit dem Rückgang der bäuerlichen Betriebe ihre angestammten Standorte verliert und der moderne Nutzungen nicht die ihr zusagenden Standortbedingungen bieten können.

Außerdem gibt es noch die *Ephemerophyten*, die unbeständig wildwachsend vorkommen und keinen festen Platz in der aktuellen Vegetation haben, weil sie z. B. nicht winterhart sind. Schließlich bleiben noch die *Ergasiophyten* – also kultivierte Arten, die nur angebaut vorkommen.

Der Anteil einheimischer Arten (*Idiochorophyten*) ist ein Kriterium bei der Bestimmung des Natürlichkeitsgrades in der Vegetation eines Ökosystems, einer Biozönose oder Pflanzengemeinschaft. Will man aber den Kultureinfluß – also die Nicht-Natürlichkeit, die durch den menschlichen Einfluß auf die Vegetation verursacht wird – bestimmen, wird der Terminus Hemerobie verwendet. Dafür haben Hans-Peter Blume und Herbert Sukopp für städtische Ökosysteme folgende Kriterien vorgeschlagen: Anteil der Therophyten, Anteil der Neophyten und Verlust von einheimischen Arten.

Sie stellten dar, wie mit steigender Siedlungsgröße der Anteil an nicht-einheimischen Arten zunimmt.

»Städte sind Ausgangspunkt der Verbreitung und Häufigkeitszentren von Arten, die nur infolge direkter oder indirekter Mithilfe des Menschen in das Gebiet gelangt sind. Mit steigender Siedlungsgröße nimmt durch Handel und Verkehr der Anteil nicht-einheimischer Arten an der Flora zu«, so Herbert Sukopp zu den Ursachen für die hohen Artenzahlen nicht-einheimischer Pflanzen in Städten.

Anteile nicht-einheimischer Arten in polnischen Siedlungen unterschiedlicher Größe (nach FALINSKI 1971).

	Anteil nicht-einheimischer Arten (%)
Waldsiedlungen	20 - 30
Dörfer	30
Kleinstädte	35 - 40
Mittelstädte	40 - 50
Großstädte	50 - 70

Kleine Einwanderungsgeschichte der Arten von Ackerland und Siedlungen

Die Einstufung, ob Arten, die heute im Ackerland und in Siedlungen verbreitet sind, Einheimische oder Alteinwanderer sind, ist für den Zeitraum bis zum Ende der Römischen Kaiserzeit (ca. 400 n. Chr.) nur anhand von Pollen, Samen, Früchten und Teilen davon in archäologischen Grabungen möglich. Erst für die Zeit ab dem Mittelalter gibt es daneben archivalische Quellen, die das Vorhandensein von Arten, die als Heil-, Gewürz-, Färber- und Gespinstpflanzen genutzt worden sind und die heute auf Äckern und in der ruderalen Vegetation vorkommen, belegen. Beispiele sind etwa das Werk »Capitulare de villis« Karls des Großen aus der Zeit 792/93 bis 800, oder die »Physika« der Hildegard von Bingen 1151/58 sowie das Werk »De vegetabilibus et plantis libri« des Albertus Magnus ca. 1260. Das Erscheinen von Neophyten in Mitteleuropa und Deutschland ist meistens schriftlich und/oder in Herbarien dokumentiert, wie z. B. bei Clusius und Bauhin u. a.
Die Anzahl der nach 1500 in Berlin eingewanderten und eingebürgerten krautigen Ruderalarten hat sich innerhalb von 200 Jahren vervierfacht: 1787 waren dort nach Feststellungen von Hildemar Scholz erst 20, 1884 51 und 1959 79 epökophytische Ruderalarten bekannt.
Insgesamt konnten in Deutschland aus den bis 1996 vorliegenden Arbeiten 273 Arten in archäologischen Funden (zu datieren bis ca. 1500 n. Chr.) nachgewiesen werden, von denen 132 der Acker- und 141 der Siedlungsvegetation angehören.

Mittlere Steinzeit und Jungsteinzeit

Aus dem Mesolithikum (> 5000 v. Chr.) liegen wenige Nachweise von heutigen Ackerwildkräutern und ruderal verbreiteten Arten vor, da Fundstellen aus dieser Zeit selten sind. Kontinuierlich über alle kulturhistorischen Epochen sind Gemeine Melde, Vogelknöterich, Kriechender Hahnenfuß, Löwenzahn und Brennessel nachweisbar. Diese Arten gelten als Idiochorophyten, deren Einwanderung in die mitteleuropäische Flora vom Menschen unabhängig passiert ist.
Im Neolithikum (5000 bis 1800 v. Chr.) steigt die Anzahl archäologischer Fundstellen mit dem Prozeß der Seßhaftwerdung sprunghaft an und damit auch die Nachweismenge an Pflanzenresten (38 Ackerwildkräuter, 43 Ruderalarten). Zu den seit dem Neolithikum in Deutschland fast ununterbrochen nachgewiesenen Arten zählen Quecke, Spieß-Melde, Kornblume, Weißer Gänsefuß, Vielsamiger Gänsefuß, Wilde Möhre, Windenknöterich, Kletten-Labkraut, Stechender Hohlzahn, Mäusegerste, Rainkohl, Klatsch-Mohn, Spitz-Wegerich, Einjähriges Rispengras, Stumpfblättriger Ampfer, Schwarzer Nachtschatten und Kleine Brennessel. Davon haben Windenknöterich und Spitz-Wegerich eine besondere Bedeutung als Zeiger für einsetzenden Getreideanbau und beginnende Grünlandnutzung.
Kennzeichnende Arten ruderaler Standorte seit dem Neolithikum, die heute noch »bäuerliches Wirtschaften und Arbeiten« in ländlichen Siedlungen anzeigen, sind Kleine Klette, Guter Heinrich, Blaugrüner Gänsefuß, Wege-Rauke, Kleine Brennessel und Eisenkraut.

Bronze- und Eisenzeit

Der Jungsteinzeit folgen Bronze- und Eisenzeit (ca. 1800 v. Chr. bis 0). Während dieses Zeitabschnittes setzt eine kühlere Klimaperiode ein, in der sich die Buche ausbreitet (»Buchenzeit«, Subboreal bis Subatlantikum).
In der Bronzezeit (1800 bis 800 v. Chr.) sind derzeit nur zwölf neue Arten nachweisbar, da nur wenige siedlungsarchäologische Untersuchungen von Pfahlbausiedlungen aus dieser Zeit vorliegen. Darunter sind Acker-Gänsedistel, Acker-Hundskamille, Acker-Rittersporn, Rundblättriges Hasenohr und Acker-Winde. In der Eisenzeit (800 v. Chr. bis 0) häufen sich die Pflanzenrestfunde wieder. Obwohl während dieser Zeit die Ackerfläche nur wenig ausgedehnt wurde, gab es deutliche Veränderungen in der Bearbeitungsweise. Man ging dazu über, eisenbeschlagene Pflüge einzusetzen, was eine bessere, tiefere Bodenlockerung ermöglichte. Trotzdem wurde der Holzpflug in manchen Gegenden noch bis vor 200 Jahren benutzt. Mit eisernen Sicheln konnte man nicht nur das Getreide besser ernten, sondern auch Gras und Futter schneiden. Für den kurzen Zeitraum von ca. 800 Jahren konnten 18 Ackerwildkräuter und 32 ruderale Arten neu nachgewiesen werden. Dazu gehören Geruchlose Hundskamille, Sonnenwend-Wolfsmilch, Sophienkraut, Acker-Steinsame, Gänse-Malve und Giersch.

Römische Kaiserzeit

Während der Römischen Kaiserzeit (0 bis 400 n. Chr.) hat es in den dicht bewohnten Altsiedellandschaften wohl kein Waldstück mehr gegeben, das nicht gelegentlich vom Menschen und seinem Vieh durchstreift wurde. Besonders intensiv waren damals die von den Römern besetzten, militärisch gesicherten Landstriche besiedelt. Davon zeugen die Reste römischer

Gutshöfe bzw. Landsitze (lat. villae rusticae) in heute natürlich anmutenden Wäldern. Vor allem die Lößböden trugen ein dichtes Netz von villae rusticae verschiedener Größe.
Die Einführung weiterer Haustierarten und -rassen (Huhn, Gans, Ente, Taube, Pfau) und Kulturpflanzen (Erbse, Saubohne und Wein) sowie neuartiger Kultivierungsverfahren im Getreide- und im Obstanbau durch die römische Landwirtschaft hatte zur Folge, daß sich die Artenspektren von Ackerland und Siedlungen beträchtlich erweiterten.
Es liegen aus dieser Zeit 18 Erstnachweise von Ackerwildkräutern und 35 von heute ruderal verbreiteten Arten vor. So tauchen Pflanzenarten der heutigen Siedlungsvegetation wie Zaunrübe, Stinkender Gänsefuß, Gemeines Greiskraut, Schöllkraut und die Ackerwildkräuter Einjähriges Bingelkraut, Acker-Löwenmaul und Saat-Wucherblume erstmals auf.
Aus der Völkerwanderungszeit (400 bis 600 n. Chr.) liegen keine neuen Nachweise vor, da Besiedelungsspuren dieser Zeit äußerst selten sind.

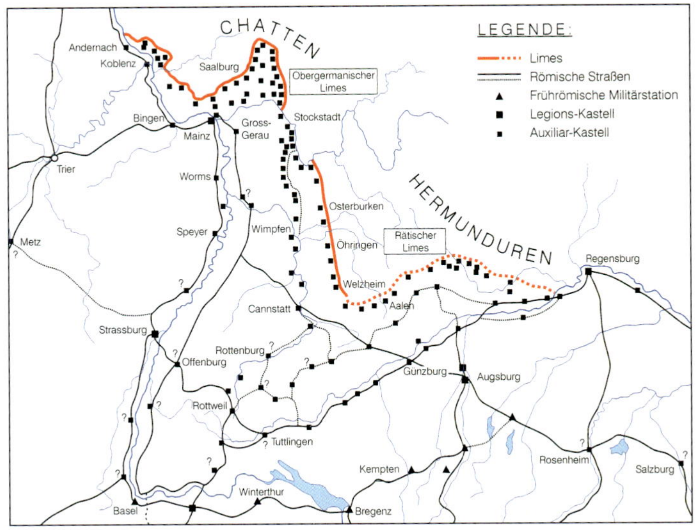

Die römische Besetzung Südwestdeutschlands 15 v. Chr. bis 260 n. Chr. (nach JAHNKUHN 1989).

Das römische Verkehrswegenetz war so perfekt angelegt, daß Teile dieser Straßen mit ihrer ursprünglichen Pflasterung erhalten blieben, wie hier in Benningen am Neckar.

Mittelalter

Für den Zeitraum des Mittelalters (600 bis 1500 n. Chr.), der immerhin 900 Jahre beträgt, konnten nur sieben Erstfunde von in Deutschland heute ruderal verbreiteten Arten festgestellt werden! Ackerwildkräuter sind es immerhin 13.
Im Früh-Mittelalter (600 bis 1000 n. Chr.) erfolgen u. a. Nachweise für Zackenschötchen, Herzgespann, Acker-Wachtelweizen, Finkensame, Dreifingerigen Ehrenpreis, im Hoch-Mittelalter (1000 bis 1200 n. Chr.) die von Scharfkraut, Katzenminze, Roter Lichtnelke, Lämmersalat, Echter Kamille und im Spät-Mittelalter (1200 bis 1500 n. Chr.) Wiesen-Kerbel, Steifes Barbarakraut, Acker-Fuchsschwanz (*Alopecurus arvensis*) und Kompaßlattich.
Bemerkenswert ist, daß die Anzahl an Ackerwildkräutern für diesen Zeitabschnitt über den Ruderalartennachweisen liegt. Ihre Zunahme und dabei insbesondere die von Wintergetreidearten wurde von Uwe Willerding und Hansjörg Küster mit sich verändernden Ackerbauvoraussetzungen im frühen Mittelalter begründet.
So begünstigt etwa die Einführung schwerer Bodenbearbeitungsgeräte tieferes Pflügen (u. a. durch die generelle Verwendung von Eisen an den bodenbearbeitenden Teilen, die Anbringung einer schweren Sohle und die gelegentliche Verwendung eines Radvordergestells bei den Pflugformen). Dies fördert die Möglichkeit der Kultivierung schwerer zu bearbeitender und ertragschwächerer Böden in Hanglagen, aber auch von Kalkstein- und Sandböden. Auf diesen neu erschlos-

senen Ackerstandorten breiteten sich spezifische Ackerwildkräuter aus, wie sich aus den Erstnachweisen der Kalkgestein-bevorzugenden Arten Knollen-Platterbse, Acker-Wachtelweizen und Finkensame sowie der saure Sandböden bevorzugenden Arten Lämmersalat, Vogelfuß, Dreifingeriger Ehrenpreis und Feld-Klee rekonstruieren läßt.

Neuzeit

In der vorindustriellen Neuzeit (1500 bis 1900 n. Chr.) stieg die Nachweisrate an Makroresten von Ackerwildkräutern weiter schneller an als die von Ruderalarten. 38 typischen Ackerwildkräutern stehen nur 14 Ruderalarten gegenüber. Zu ersteren gehören fälschlich als Archäophyten angesehene Acker-Arten wie Adonisröschen, Ackerkohl, Breitblättrige Haftdolde, Venuskamm oder Acker-Ringelblume, und zu den ruderal verbreiteten Arten Doppelsame (*Diplotaxis muralis*), Hundsrauke (*Erucastrum gallicum*) und Liebesgras-Arten (*Eragrostis minor, E. megastachya*).

Nachweiskurve von Arten mit Schwerpunkt in der heutigen Ruderal- und Ackerwildkrautvegetation aus archäologischen Grabungen Deutschlands (nach Daten von WILLERDING 1986 und KÜSTER 1991, 1994). Deutlich erkennbar ist, daß mit der Römischen Kaiserzeit die Zuwanderung von Archäophyten in die ruderale Vegetation Deutschlands weitgehend abgeschlossen ist. Bei den Ackerwildkräutern erfolgt ein späterer Einwanderungsschub.

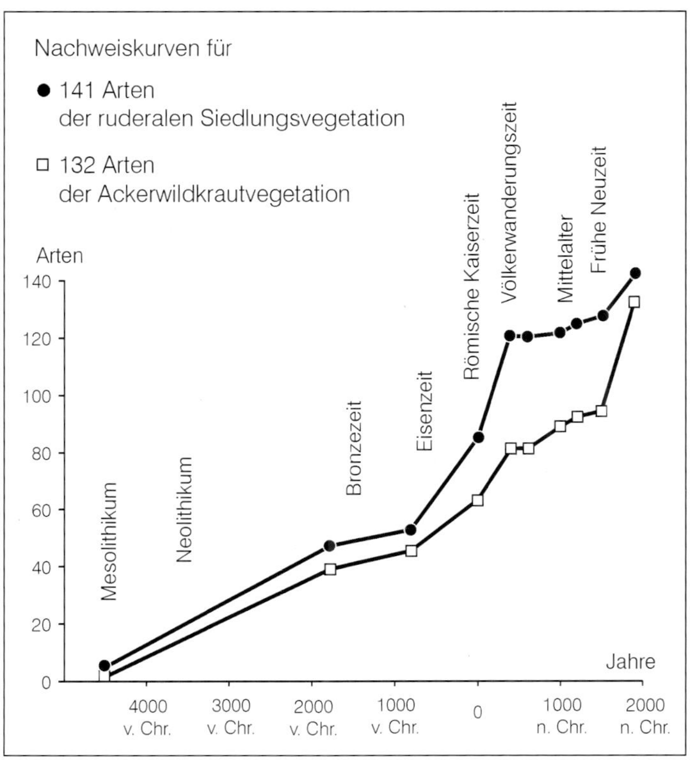

Für die aktuelle Ruderalvegetation ländlicher Siedlungen bedeutet dies, daß die Einwanderung der heute in der ruderalen Vegetation vorkommenden nährstoffbedürftigen Archäophyten mit der Römischen Kaiserzeit weitgehend abgeschlossen war! Demgegenüber erfolgt eine deutliche Artenanreicherung in die Vegetation des Ackerlandes während des Mittelalters und der vorindustriellen Neuzeit – bedingt durch verbesserte landwirtschaftliche Bearbeitungsverfahren, die die Kultivierung bis dahin nicht nutzbarer Standorte möglich machten.
In die Siedlungsvegetation vollzog sich ein erneuter, deutlicher Einwanderungsschub erst gegen Ende des 19. Jahrhunderts mit der beginnenden Industrialisierung und dem sich entwickelnden, Länder und Kontinente überschreitenden Verkehrsnetz der Bahnstrecken und Straßen. Der Ausbreitungsweg von Neophyten verläuft von städtischen Handelszentren aus in die ländlichen Siedlungen.

Die Herkunft von Ruderalarten und Ackerwildkräutern ist verschieden

Die Artnachweise als solche sagen jedoch nichts über die Herkunft der Arten aus. Im Vergleich zwischen den Siedlungs- und Ackerlandarten zeigen sich nämlich interessante Unterschiede:
So kommen bei den Ruderalarten 55 Prozent der Arten aus dem Areal des großen europäischen Laubwaldgebietes (eurasiatisch-subozeanische und eurasiatische Florenelemente), 15 Prozent aus den eurasiatischen Steppen- und Halbwüstengebieten [(sub-) kontinentale Florenelemente], 10 Prozent aus dem Gebiet der submediterranen Flaumeichenwälder (submediterrane Florenelemente) und nur 7 Prozent aus der durch Sommerdürre gekennzeichneten mittelmeerischen Hartlaubzone (mediterrane Florenelemente). Vermutlich über das Sammeln von Beeren und Früchten, Holztransporte oder Viehhaltung sind die aus den Waldgebieten Mitteleuropas stammenden Arten bereits sehr früh in die Siedlungen eingebracht worden, wie etwa Beifuß, Giersch oder Brennessel.
Anders sieht es dagegen bei den Ackerwildkräutern aus: Der Anteil der Arten aus der Laubwaldzone liegt mit 44 Prozent deutlich niedriger als bei den Ruderalarten, dafür ist der Anteil der Arten aus der sommerwarmen submediterranen Flaumeichenzone mit 36 Prozent deutlich höher. Die Erklärung dafür ist einfach: Die Ackerwildkräuter sind vorrangig als »Beimengungen bzw. Verunreinigungen« mit Kulturpflanzensaatgut unabsichtlich eingeschleppt worden. Die Kultivierung unserer heutigen Getreide hatte ihren Ursprung im Vorderen Orient (so-

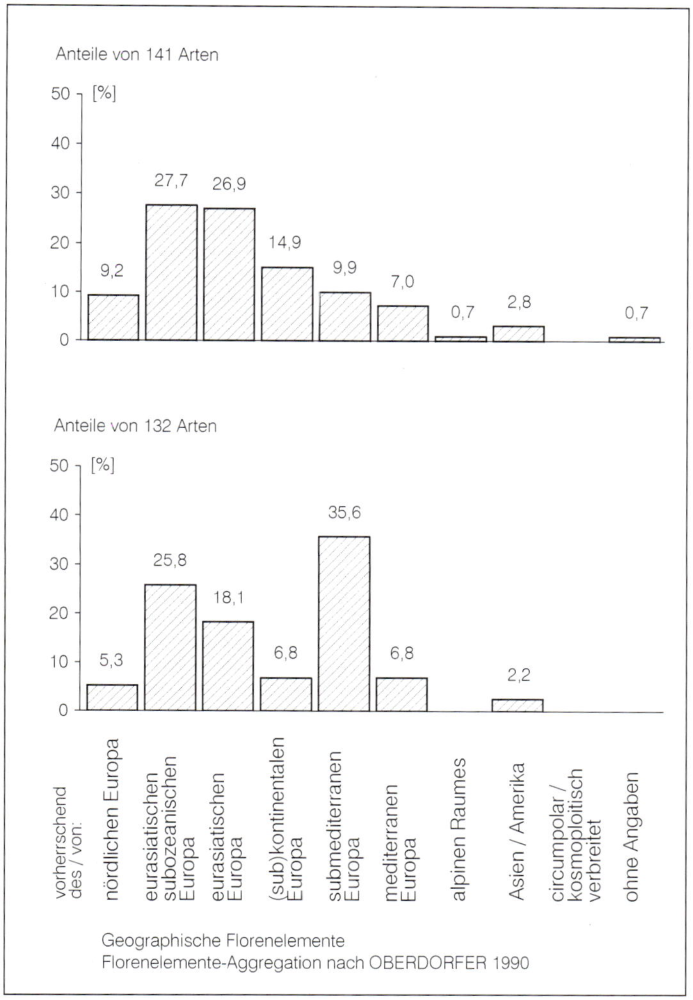

Oben: Unterschiede in der Herkunft von Arten der Siedlungen und Äcker vom Mesolithikum bis in die Frühe Neuzeit (> 4500 v. Chr. bis 1850 n. Chr.) – dargestellt am Florenelemente-Spektrum der Makrorestnachweise. Bei den Ruderalarten überwiegen Arten des eurasiatischen Florenelements, bei den Ackerwildkräutern erreicht der Anteil des submediterranen Florenelements die höchsten Werte.

Links: Kleinasiatische Steppenlandschaft in der Nähe von Issos (Golf von Iskenderun). In den Steppenlandschaften der sommertrockenen Regionen Vorderasiens sind Urformen unserer heutigen Getreide und Wildkräuter beheimatet.

genannter Fruchtbarer Halbmond), von wo aus der Getreideanbau über den Mittelmeerraum bis Mitteleuropa ausgedehnt wurde. Dabei wurden quasi wie von selbst immer diejenigen Ackerwildkräuter mit ausgebreitet, die unter den neuen Klimabedingungen überleben konnten. So verhindern unsere kalten mitteleuropäischen Winter die Etablierung nicht winterharter Arten des Mittelmeergebietes. Frostresistenter und winterhärter sind dagegen viele submediterrane Arten von den nördlichen Randlagen des Mittelmeerraumes, etwa dem Südfuß der Alpen. Mit Saatgut von dort während der Römischen Kaiserzeit und im Mittelalter eingeschleppt, finden sie daher bis heute in lückigen Getreidefeldern warmer Gegenden Mitteleuropas günstige Lebensbedingungen. Hierzu gehören Acker-Rittersporn und Adonisröschen.

Arten subkontinentaler Herkunft sind wohl über Handel und Versorgung flußaufwärts auf und entlang der Fluß-Verkehrsadern in die Siedlungen eingeschleppt oder gebracht worden. So ist etwa das Donautal eine derartige Einwanderungsroute und nicht erst seit der Römischen Kaiserzeit als Verkehrsweg benutzt worden (Städtegründungen Passau, Straubing, Regensburg), sondern es diente schon während der Keltenzeit im 6./5. Jhdt. v. Chr. den von Osten vordringenden Volksgruppen als Wanderweg (»Donaupforte«).

(Sub-)Kontinentale Florenelemente wie Echte Ochsenzunge,

Die Pflanzenarten der Ackerfluren sind aus unterschiedlichen Lebensräumen eingewandert; so auch aus Wäldern und Waldlichtungen.

Alphabetische Auflistung der Nachweise von Ackerwildkräutern und ruderal verbreiteten Arten in archäologischen Grabungen in Deutschland. Nachgewiesen sind die Arten als Samen, Früchte und Teile davon (sog. Makroreste). Der Auswertung liegen die Arbeiten von WILLERDING (1986) und KÜSTER (1991, 1994) zugrunde.

Erstnachweise seit dem Mesolithikum (> 4.500 v. Chr.)			
Atriplex patula ✻	*Polygonum aviculare*	*Rumex acetosella*	*Urtica dioica* ✻
Bidens cernua	*Ranunculus repens*	*Taraxacum officinale*	
Erstnachweise seit dem Neolithikum (4.500 - 1.800 v. Chr.)			
Aethusa cynapium	*Chenopodium ficifolium* ✻	*Lolium temulentum*	*Silene alba*
Agropyron repens	*Chenopodium glaucum*	*Malva moschata*	*Silene noctiflora*
Agrostemma githago	*Chenopodium polyspermum* ✻	*Malva sylvestris*	*Silene vulgaris*
Alliaria petiolata ✻	*Cirsium arvense* ✻	*Medicago lupulina*	*Sinapis arvensis*
Aphanes arvensis	*Cuscuta epilinum*	*Mentha arvensis* ✻	*Sisymbrium officinale*
Arctium lappa ✻	*Daucus carota*	*Nepeta cataria*	*Solanum nigrum*
Arctium minus	*Digitaria ischaemum*	*Papaver argemone*	*Sonchus asper*
Arenaria serpyllifolia	*Echinochloa crus-galli*	*Papaver rhoeas*	*Sonchus oleraceus*
Artemisia vulgaris ✻	*Echium vulgare* ✻	*Phleum pratense*	*Spergula arvensis*
Asperula arvensis	*Euphorbia falcata*	*Plantago lanceolata*	*Stellaria media* ✻
Atriplex hastata	*Fallopia convolvulus*	*Plantago major*	*Thlaspi arvense*
Avena fatua	*Galeopsis segetum*	*Poa annua*	*Torilis japonica*
Bromus arvensis	*Galeopsis tetrahit* ✻	*Polygonum amphibium var. terr.* ✻	*Trifolium repens*
Bromus hordeaceus	*Galium aparine* ✻	*Polygonum hydropiper* ✻	*Urtica urens*
Bromus secalinus	*Galium spurium*	*Polygonum lapathifolium* ✻	*Valerianella dentata*
Bromus sterilis	*Geranium dissectum*	*Polygonum mite* ✻	*Valerianella locusta*
Camelina sativa	*Hordeum murinum*	*Polygonum persicaria* ✻	*Verbena officinalis*
Capsella bursa-pastoris ✻	*Hyoscyamus niger*	*Rumex obtusifolius* ✻	*Veronica hederifolia* ✻
Centaurea cyanus	*Juncus bufonius* ✻	*Sambucus ebulus*	*Vicia hirsuta*
Cerastium fontanum agg. holo.	*Lapsana communis* ✻	*Scleranthus annuus*	*Vicia sativa agg. angustifolium*
Chenopodium album ✻	*Leontodon autumnalis*	*Setaria glauca*	*Vicia tetrasperma*
Chenopodium bonus-henricus	*Lolium perenne*	*Setaria viridis*	*Viola arvensis*
Erstnachweise seit der Bronzezeit (1.800 - 800 v. Chr.)			
Anthemis arvensis	*Chenopodium hybridum*	*Datura stramonium*	*Raphanus raphanistrum*
Bidens tripartita ✻	*Consolida regalis*	*Hypericum perforatum*	*Rumex crispus* ✻
Bupleurum rotundifolium	*Convolvulus arvensis* ✻	*Poa pratensis*	*Sonchus arvensis*
Chenopodium botrys			
Erstnachweise seit der Eisenzeit (800 v. Chr. - 0)			
Aegopodium podagraria ✻	*Centunculus minimus*	*Galeopsis speciosa*	*Potentilla anserina*
Anagallis arvensis	*Chenopodium murale*	*Knautia arvensis*	*Ranunculus arvensis*
Anthemis cotula	*Cirsium vulgare*	*Lamium album*	*Ranunculus sardous*
Anthemis tinctoria	*Conium maculatum*	*Lamium amplexicaule*	*Rorippa palustris* ✻
Apera spica-venti	*Crepis capillaris*	*Lepidium latifolium*	*Rumex conglomeratus*
Aphanes inexpectata	*Cruciata laevipes*	*Linaria vulgaris*	*Sherardia arvensis*
Arctium nemorosum ✻	*Descurainia sophia*	*Malva alcea*	*Stachys annua*
Artemisia absinthium	*Digitaria sanguinalis*	*Malva neglecta*	*Stachys arvensis*
Ballota nigra	*Dipsacus fullonium*	*Malva pusilla*	*Tripleurospermum inodorum*
Barbarea vulgaris	*Euphorbia exigua*	*Myosoton aquaticum* ✻	*Verbascum nigrum*
Bromus inermis	*Euphorbia helioscopia*	*Odontites verna*	*Verbascum thapsus*
Bromus tectorum	*Euphorbia peplus*	*Pastinaca sativa*	*Veronica arvensis*
Buglossoides arvensis	*Fumaria officinalis*	*Picris hieracioides*	*Vicia ervilia*
Carduus crispus	*Fumaria parviflora agg. vaill.*	*Polygonum minus* ✻	*Vicia villosa*
Carduus nutans			

✻ Arten mit natürlichen Standorten in Flußauen tiefer Lagen

Schwarznessel, Rapunzel-Glockenblume oder Andorn können zufällig oder auch gezielt (als Heil-, Gewürz-, Färbe- oder Nahrungspflanzen?) über die römischen Häfen und Warenumschlagplätze in flußnahe Siedlungen gebracht und von dort aus landeinwärts verbreitet worden sein. Ausgangspunkte für die Fernverbreitung von heute als traditionell und ländlich angesehenen Ruderalarten waren also u. a. Handelszentren (z. B. römische Städte) an Flüssen.

Erstnachweise seit der Römischen Kaiserzeit (0 - 400 n. Chr.)			
Amaranthus lividus	*Chenopodium vulvaria*	*Marrubium vulgare*	*Potentilla reptans* ✻
Anchusa officinalis	*Chrysanthemum segetum*	*Melilotus alba*	*Reseda lutea*
Anthemis austriaca	*Cichorium intybus*	*Mercurialis annua*	*Reseda luteola*
Arctium tomentosum ✻	*Coronopus squamatus*	*Misopates orontium*	*Rumex maritimus*
Brassica nigra	*Galeopsis angustifolia*	*Myosotis arvensis*	*Rumex thyrsiflorus*
Bryonia dioica	*Galeopsis ladanum*	*Nigella damascena*	*Sagina procumbens* ✻
Campanula rapunculoides	*Galeopsis pubescens*	*Onopordum acanthium*	*Saponaria officinalis*
Carduus acanthoides	*Galium tricornutum*	*Orlaya grandiflora*	*Senecio vulgaris*
Caucalis platycarpos	*Geranium pusillum*	*Papaver dubium*	*Silene gallica*
Centaurium erythraea	*Isatis tinctoria*	*Parietaria officinalis*	*Tanacetum parthenium*
Chaerophyllum aureum ✻	*Lamium maculatum* ✻	*Plantago media*	*Torilis arvensis*
Chaerophyllum temulum ✻	*Lavatera thuringiaca*	*Poa trivialis* ✻	*Vaccaria hispanica*
Chelidonium majus	*Legousia speculum-veneris*	*Polygonum tomentosum* ✻	*Valerianella rimosa*
Chenopodium rubrum ✻	*Lepidium ruderale*	*Portulaca oleracea*	*Xanthium strumarium*
Chenopodium urbicum	*Lycopsis arvensis*		
Erstnachweise aus der Völkerwanderungszeit (600 - 1.000 n. Chr.) liegen nicht vor			
Erstnachweise seit dem Frühmittelalter (600 - 1.000 n. Chr.)			
Bunias orientalis	*Leonurus cardiaca*	*Neslia paniculata*	*Veronica opaca*
Euphorbia platyphyllos	*Melampyrum arvense*	*Ornithopus perpusillus*	*Veronica triphyllos*
Lathyrus tuberosus			
Erstnachweise seit dem Hochhmittelalter (1.000 - 1.200 n. Chr.)			
Arnoseris minima	*Camelina alyssum*	*Nepeta pannonica*	*Silene dioica*
Asperugo procumbens ✻	*Matricaria chamomilla*		
Erstnachweise seit dem Spätmittelalter (1.200 - 1.500 n. Chr.)			
Alopecurus myosuroides	*Barbarea stricta*	*Lactuca serriola*	*Lepidium campestre*
Antriscus sylvestris ✻			
Erstnachweise ab der Neuzeit (1500 n. Chr.)			
Adonis aestivalis	*Camelina microcarpa*	*Gagea villosa*	*Myagrum perfoliatum*
Adonis flammaea	*Camelina pilosa*	*Galinsoga ciliata*	*Ornithogalum umbellatum*
Ajuga chamaepitys	*Caucalis latifolia*	*Galinsoga parviflora*	*Oxalis fontana*
Allium vineale	*Chaenarrhinum minus*	*Geranium rotundifolium*	*Papaver hybridum*
Amaranthus albus	*Conringia orientalis*	*Iberis amara*	*Phleum paniculatum*
Amaranthus blitoides	*Diplotaxis muralis*	*Kickxia elatine*	*Scandix pecten-veneris*
Amaranthus hybridus agg.	*Eragrostis megastachya*	*Kickxia spuria*	*Senecio vernalis*
Amaranthus retroflexus	*Eragrostis minor*	*Lathyrus hirsutus*	*Silene conica*
Anagallis foemina	*Eragrostis pilosa*	*Legousia hybrida*	*Silene dichotoma*
Anthoxanthum puelii	*Erucastrum gallicum*	*Lepidium heterophyllum*	*Silene linicola*
Atriplex hortensis	*Erysimum cheiranthoides*	*Linaria arvensis*	*Tragus racemosus*
Atriplex tatarica	*Fumaria parviflora*	*Matricaria discoidea*	*Tulipa sylvestris*
Bifora radians	*Gagea pratensis*	*Muscari racemosum*	*Veronica persica*
Calendula arvensis			

Die ruderale Strategie

Für die ruderalen Pflanzenarten von Acker, Gartenland und Siedlungen gilt, daß ihre Wuchsplätze (Biotope) zeitlich befristet sind.
Gemeinsam ist diesen Arten eine kurze Lebensspanne, daß sie relativ viele Samen bilden, die Samen überwiegend langlebig (> 5 Jahre) sind, sehr schnell individuenstarke Bestände aufbauen können, schnell wachsen und eine hohe Invasionskraft für die Besiedlung vegetationsfreier Wuchsplätze mitbringen. Arten mit derartigen Eigenschaften werden als »Ruderalstrategen« bezeichnet. Beispielhaft dafür sind Vogelmiere, Vogel-Knöterich, Hirtentäschelkraut und Kleine Brennessel.

Wer überlebt auf Ackerland?

So alt wie der Ackerbau selber ist letztlich auch die Konkurrenz zwischen unseren Kulturpflanzen und den Ackerwildkräutern. Denn die Kulturpflanzen vermögen es nicht, ihren Lebensraum restlos auszufüllen und alle übrigen Pflanzen daraus zu verdrängen. Über welche Eigenschaften müssen nun aber Ackerwildkräuter verfügen, um gegenüber den Kulturpflanzen überhaupt konkurrenzfähig zu sein?

Raps ist eine winterannuelle Kulturart. Von Anfang Mai bis Anfang Juni fallen in vielen Gegenden die leuchtend gelben Rapsfelder auf.

- Ackerwildkräuter müssen zunächst in ihrem Lebensrhythmus an den der Kulturpflanze angepaßt sein, d. h. sie müssen sich wie diese von der Keimung bis zur Fruchtreife rasch entwickeln. Pflanzen, die einen kurzen Entwicklungsgang besitzen, sind die einjährigen Pflanzen, auch Annuelle oder Therophyten genannt. Sie sind es, die den größten Teil der Arten auf Äckern ausmachen.
- Außerdem müssen die Ackerwildkräuter in der Lage sein, eine zeitweilige Beschattung zu ertragen oder ihr – wie Ackerwinden, Wicken und Platterbsen – durch Emporklettern zu entgehen.
- Ob einjährig oder ausdauernd – Ackerwildkräuter müssen sich nach mechanischer Beschädigung oder nach dem Umwenden der Erdschollen leicht regenerieren können.

Nirgends aber bietet bzw. bot die Naturlandschaft Mitteleuropas Standorte und Pflanzenkombinationen, die denen unserer Äcker gleichen!
Schon seit den 30er Jahren des 20. Jahrhunderts ist bekannt, daß die Arten der Äcker gute Zeiger für Standortqualitäten sind. Ihr Vorkommen auf bestimmten Böden ist nicht zufällig, sondern ihre Artenkombinationen werden gesetzmäßig von ihrer Umwelt geprägt.
Wenn die Erde umgebrochen oder das Saatbeet einer Kulturpflanze frisch bereitet ist, hat es zwar den Anschein, als sei der Acker unbelebt und als entstünde die Wildkrautgemeinschft später ganz von neuem. In Wirklichkeit ist sie aber immer vorhanden, wenn auch zeitweilig nur im Verborgenen (latent) als Samen oder in Form von regenerationsfähigen Organen im Boden.
Je nachdem, ob Hackfrüchte (Kartoffeln, Rüben), Blattfrüchte (Mais) oder Wintergetreide (Weizen, Roggen, Gerste) angebaut werden, wechselt die Vegetation auf einem Acker. »Warum«, fragt man sich, »werden mal die einen, mal die anderen begünstigt?« Die Ursache liegt im Zeitpunkt der letzten Bearbeitung, denn es ist zwischen drei Gruppen innerhalb der Ackerwildkräuter zu unterscheiden:

- Die einen können zu jeder Jahreszeit keimen (Acker-Hundskamille, Hirtentäschel, Kornblume, Raps, Senf, Acker-Spörgel, Persischer Ehrenpreis, Zottel-Wicke u. a.).
- Andere Arten keimen nur bei kühlen Bodentemperaturen unter 15 °C (Acker-Steinsame, Rundblättriges Hasenohr, Klatsch-Mohn, Acker-Rittersporn, Acker-Wachtelweizen, Frühlings-Ehrenpreis u. a.).
- Eine weitere Gruppe keimt erst bei Bodentemperaturen, die über 15 °C liegen (Strahlenlose Kamille, Zurückgekrümmter Fuchsschwanz, Vielsamiger Gänsefuß, Sumpf-Ruhrkraut, Acker-Günsel, Fingerhirse u. a.).

Aufgrund der Ansprüche der verschiedenen Arten an unterschiedliche Bodentemperaturen bei der Keimung entwickeln sich also entweder Wintergetreide- oder Hack- und Blattfruchtgesellschaften. Nur aus diesem Grunde zeichnen sich Wintergetreideflächen oft durch Aspekte des Klatsch-Mohns und die Blattfrüchte durch die Dominanz von Fuchsschwanz (*Amaranthus retroflexus*) und Gänsefuß aus.
Neben der Differenzierung durch die Art des Anbaues erfolgt eine weitere aufgrund der Standortansprüche einzelner Arten an Lichtverhältnisse, Bodenreaktionsverhältnisse, Nährstoffverhältnisse und Wassergehalt des Bodens.
Diese Indikatorarten bilden den Grundstock für regional und standörtlich sehr variable Ackerwildkrautgemeinschaften, die in der entsprechenden Fachliteratur ausführlich beschrieben sind (vgl. OBERDORFER 1983, HÜPPE und HOFMEISTER 1990, auch Bestimmungsteil in diesem Buch).

ökologischer Standortfaktor	Arten
a) Licht	
lichtliebende Arten	Kletten-Labkraut *(Galium aparine)*, Winden-Knöterich *(Fallopia convolvulus)*, Knollige Platterbse *(Lathyrus tuberosus)* u. a.
b) Bodenreaktion	
ausgeprägte Säurezeiger	Kleiner Ampfer *(Rumex acetosella)*, Acker-Spörgel *(Spergula arvensis)*, Hungerblümchen *(Erophila verna)*, Bauernsenf *(Teesdalea nudicaulis)*, Einjähriger Knäuel *(Scleranthus annuus)*, Dreifingeriger Ehrenpreis *(Veronica triphyllos)*, Filzkraut-Arten *(Filago species)* u. a.
Säurezeiger i. w. S.	Acker-Frauenmantel *(Aphanes arvensis)*, Raps *(Raphanus raphanis-trum)*, Windhalm *(Apera spica-venti)*, Acker-Krummhals *(Lycopsis arvensis)* u. a.
schwach saure, neutrale bis schwach basische Böden bevorzugend	Echte Kamille *(Matricaria chamomilla)*, Einjähriges Rispengras *(Poa annua)*, Kohl-Gänsedistel *(Sonchus oleraceus)*, Acker-Stiefmütterchen *(Viola arvensis)*, Acker-Vergißmeinnicht *(Myosotis arvensis)*, Acker-Fuchsschwanz *(Amaranthus retroflexus)* u. a.
± Kalk bevorzugende Arten	Senf *(Sinapis arvensis)*, Erdrauch *(Fumaria officinalis)*, Acker-Gänsedistel *(Sonchus arvensis)*, Glänzender Ehrenpreis *(Veronica polita)*, Nacht-Lichtnelke *(Silene noctiflora)*, Sonnenwend-Wolfsmilch *(Euphorbia helioscopia)*, Venusspiegel *(Legousia speculum-veneris)* u. a.
Kalkzeiger	Acker-Rittersporn *(Consolida regalis)*, Knollige Platterbse *(Lathyrus tuberosus)*, Adonisröschen *(Adonis aestivalis)*, Tännelkraut *(Kickxia spuria)*, Finkensame *(Neslia paniculata)* u. a.
c) Nährstoffverhältnisse	
nährstoffarme Standorte anzeigende Arten	Kleiner Ampfer *(Rumex acetosella)*, Hungerblümchen *(Erophila verna)*, Bauernsenf *(Teesdalea nudicaulis)*, Schmalwand *(Arabidopsis thaliana)*, Einjähriger Knäuel *(Scleranthus annuus)*, Dreifingeriger Ehrenpreis *(Veronica triphyllos)*, Filzkraut-Arten *(Filago species)* u. a.
mäßig stickstoffreiche Standorte anzeigende Arten	Echte Kamille *(Matricaria chamomilla)*, Glänzender Ehrenpreis *(Veronica polita)*, Efeublättriger Ehrenpreis *(Veronica hederifolia)*, Persischer Ehrenpreis *(Veronica persica)*, Kleine Wolfsmilch *(Euphorbia exigua)*, Klatsch-Mohn *(Papaver rhoeas)* u. a.
stickstoffreiche Standorte anzeigende Arten	Fuchsschwanz-Arten *(Amaranthus species)*, Schwarzer Nachtschatten *(Solanum nigrum)*, Kleine Brennessel *(Urtica urens)*, Hühnerhirse *(Echinochloa crus-galli)*, Vielsamiger Gänsefuß *(Chenopodium polyspermum)*, Melde-Arten *(Atriplex species)* u. a.
d) Bodenfeuchtigkeit	
Nässe im Unterboden anzeigende Arten	Acker-Schachtelhalm *(Equisetum arvense)*, Huflattich *(Tussilago farfara)*, Wasser-Knöterich *(Polygonum amphibium var. terrestre)* u. a.
Staunässe anzeigende Arten	Kriechendes Straußgras *(Agrostis stolonifera)*, Acker-Minze *(Mentha arvensis)*, Gemeines Rispengras *(Poa trivialis)*, Gänse-Fingerkraut *(Potentilla anserina)*, Kriechender Hahnenfuß *(Ranunculus repens)*, Sumpf-Ziest *(Stachys palustris)* u. a.
Feuchte in der Krume anzeigende Arten	Sumpf-Ruhrkraut *(Gnaphalium uliginosum)*, Kröten-Binse *(Juncus bufonius)*, Wasserpfeffer *(Polygonum hydropiper)*, Niederliegendes Mastkraut *(Sagina procumbens)* u. a.

Ökologische Standortansprüche von Ackerwildkräutern (nach ELLENBERG 1996).

Von der Dreifelderwirtschaft zur industriellen Pflanzenproduktion

Weit reicht der Blick in das Land. Blumenreiche Wiesen, verschiedene Äcker, Hecken, Streuobstwiesen, markante Einzelbäume auf Weideflächen, das den Bachlauf säumende Gehölz und die verschiedenen Waldinseln fügen sich zu einem vielgestaltigen Landschaftsmosaik. Eine Landschaft wie aus dem Bilderbuch – Landschaft, wie wir sie aus vielen Reiseprospekten aus so mancher Urlaubsregion Deutschlands, Österreichs und der Schweiz mit verschiedenen Abwandlungen kennen. Landschaftsräume, die es gerade wegen ihres Erlebniswertes zu erhalten gilt und die durch vielfachen Strukturwandel in der europäischen Landwirtschaft hochgradig bedroht sind. Was wir heute bei einer Radtour oder bei einer Wanderung als erlebniswerte Erholungslandschaft empfinden, hat eine reichhaltige Geschichte hinter sich. Denn schon nach den Völkerwanderungen (bis 568 n. Chr.) begannen die planmäßigen Erschließungen der Landschaften durch die Klöster. Neusiedler stießen auch in solche Waldungen vor, die bis dahin höchstens randlich durch Weidebetrieb beeinflußt waren und begannen so auch mit deren Umwandlung. Bis zum 12. Jahrhundert war die heutige Wald- und Feldverteilung im wesentlichen abgeschlossen; Ortsnamen mit den Endungen auf »...rode, ...rade« gehen meist auf diesen Zeitabschnitt zurück.

Lichtbedürftige Ackerwildkräuter wie Kornrade, Kornblume oder Kamille waren kennzeichnend für lückige, ertragsschwache Wintergetreidefelder.

Die Dreifelderwirtschaft – Sicherung der Nachhaltigkeit in der Pflanzenproduktion

Um 800 n. Chr. führte Karl der Große (742 bis 814 n. Chr.) auf seinen Staatsgütern zur Verbesserung der Ertragssicherheit die Dreifelderwirtschaft ein: Neben Sommerung und Brache wurde die Winterung eingeführt. Während des gesamten Mittelalters und bis ins 17. Jahrhundert hinein herrschte in Mitteleuropa als ackerbauliches Nutzungssystem die Dreifelderwirtschaft vor.

Diese Fruchtfolge machte es notwendig, die ackerbaulich nutzbaren Gebiete einer Gemarkung in Bereiche zu unterteilen, die einheitlich genutzt werden konnten: Die Gewannflur. Die Ackerfläche wurde in drei Abschnitte (= Gewanne) für Sommerung, Winterung und Brache mit Beweidung unterteilt, um im Brachejahr eine genügend große Allmendefläche für die Beweidung zu haben. Entsprechend der Zahl der Höfe waren diese Gewanne in gleich große Streifen (= Zelgen) gegliedert. Es herrschte Flurzwang; d. h. die Zelgen eines Gewannes unterlagen dem gleichen Anbau. Die Gewanne und Zelgen wurden gegen das weidende Vieh mit Lesesteinwällen, Mauern oder Hecken abgetrennt. Zwischen den Gewannen verliefen Triftwege, wo das Vieh durch die Feldflur ziehen konnte, ohne die Äcker zu beschädigen.

Im Brachejahr wird der Aufwuchs unerwünschter Begleitarten durch eine regelmäßige Bodenbearbeitung entscheidend reduziert. Sie kann auf Brachen besonders intensiv erfolgen, da hier auf Kulturpflanzen keine Rücksicht genommen werden muß. Zur Zeit der Dreifelderwirtschaft war das mehrmalige Pflügen und Eggen der Brache die wichtigste Maßnahme zur Eindämmung des Unkrautaufwuchses. Die sehr flache Bodenbearbeitung konnte Wurzelunkräuter jedoch nie vollständig verdrängen. Viel stärker als heute beherrschten daher mehrjährige Arten der Wiesen, Säume, Trocken- und Halbtrockenrasen die Ackerbegleitflora dieser Anbauperiode.

Die unkrautregulierende Wirkung der Beweidung ist differenziert zu bewerten. Vorteile ergaben sich vor allem aus der mühelosen Bekämpfung einjähriger Arten auf den Stoppel- und Brachefeldern. Arten mit guter Anpassung an Beweidung (rosetten- oder grasartige Pflanzen) oder Arten, die vom Weidevieh verschmäht werden wie Hundskamille, Wolfsmilch- und Ampfer-Arten u. a. wurden dagegen selektiv gefördert. Die Wildkrautvegetation der Äcker hatte einen höheren Grasanteil als heute, der durch die Beweidung im Brachejahr gefördert wurde.

In den Kulturen kennzeichnen eine Reihe arbeitsintensiver mechanischer Unkrautbekämpfungsmaßnahmen den Ackerbau der Dreifelderwirtschaft. Immer wieder wird das Jäten der Felder mit der Hand oder speziellen Handgeräten und Werk-

Der Grünährige Fuchsschwanz wurde 1891 aus Amerika nach Mitteleuropa eingeschleppt. In Hackfruchtkulturen und Maisäckern warmer Regionen gedeiht er am besten.

Mittelalterliche Darstellung der Getreideernte (Schneiden des Getreides, Binden von Garben) und der Pflugarbeit (vierspännig mit Ochsen).

Ackerbaumethoden der Dreifelderwirtschaft (Mittelalter bis Ende des 19. Jahrhunderts)		Einfluß auf die Ackerwildkrautvegetation
ANBAU:		
Bodenbearbeitung	Flache Pflugfurche (Bearbeitung nur im Brachejahr und nach der Winterung).	Begünstigung mehrjähriger Ackerwildkräuter, die aufgrund der flachen, reduzierten Bodenbearbeitung nur bedingt reguliert werden können.
	Später oder fehlender Stoppelumbruch.	Förderung spätreifender Arten, die ihre Entwicklung bis zur Ernte erst teilweise abgeschlossen haben (sog. Stoppel- und Bracheunkräuter: *Nigella arvensis, Stachys annua, Silene noctiflora, Kickxia spuria* u. a.).
Saattermine	Späte Frühjahrsaussaat mit zeitlicher Verzögerung zwischen erster Bearbeitung und eigentlicher Bestellung.	Regulierung der Gesamtverunkrautung, besonders Frühjahrskeimer mit eng begrenztem Keimoptimum (*Avena fatua, Galeopsis tetrahit* u. a.) können zurückgedrängt werden.
	Frühe Wintersaat.	Gute Entwicklungsmöglichkeitenfür winterannuelle Arten der Getreide (*Adonis aestivalis, A. flammea, Consolida regalis, Ranunculus arvensis, Centaurea cyanus* u. a.).
Aussaattechnik	Breitsaat mit der Hand.	Förderung lichtliebender Arten durch lückigen Stand der Kulturen.
Saatgutreinigung	Verwendung von Sieben, Reitern, Worfelschaufeln und Wannen.	Ständige Samennachlieferung durch schlecht gereinigtes Saatgut. Darauf angewiesen sind Arten mit kurzlebigen Samen und wenig winterharten Keimlingen, deren Überleben auf dem Acker von der regelmäßigen Aussaat mit dem Saatgut abhängig ist (*Bromus secalinus, Agrostemma githago, Lolium temulentum, Orlaya grandiflora* u. a.).
PFLEGE:		
Düngung	Vergleichsweise geringe Stallmistdüngung der Brache vor der Winterung.	Aufbau artenreicher Ackerwildkrautbestände, Begünstigung von konkurrenzschwachen, licht- und wärmeliebenden Arten durch lückigen Stand der Kulturen (*Bupleurum rotundifolium, Caucalis platycarpos, Ajuga chamaepitys, Scandix pecten-veneris* u.a.).
Mechanische Bestandespflege	Vorwiegend Handarbeit: Mehrmaliges Jäten und Hacken besonders der konkurrenzschwachen Kulturen (Kartoffeln, Rüben, Lein, Erbsen, Linsen).	Regulierung der Gesamtverunkrautung.
	Ausstechen und Ausziehen.	Regulierung einzelner, problematischer Arten (*Avena fatua, Vicia species, Cirsium arvense, Sonchus arvensis* u.a.).
Beweidung	Stoppel- und Brachefelder sowie Getreidekulturen vor dem Schossen.	Förderung von Arten mit guter Anpassung an die Beweidung (Rosetten- und Grasartige), selektive Begünstigung von Arten, die vom Weidevieh verschmäht werden (*Anthemis arvensis, Carduus acanthoides, C. nutans, Euphorbia species* u.a.); Regulierung einjähriger Ackerwildkräuter, Verbreitung von klettfrüchtigen Arten durch Schafe (*Caucalis platycarpos, Torilis arvensis, Cynoglossum officinale* u.a.).
FRUCHTFOLGE:		
Sommergetreide / Wintergetreide	Einseitige (Getreide-)Fruchtfolge, kein Anbau von Hackfrüchten.	Wenig Entwicklungsmöglichkeiten für spätkeimende, sommerannuelle Arten.
Brache	"Intensive" Bodenbearbeitung durch mehrmaliges Pflügen und Eggen (ab Juni).	Eindämmung der mehrjährigen Ackerwildkrautvegetation.
ERNTE:		
Mahd	Verwendung von Sichel und Sense, Binden, Aufstellen, Nachtrocknen und Einfahren der Garben.	Anreicherung des Samenvorrates im Boden (viele Samen und Früchte bleiben bei dieser Ernteweise auf dem Acker), mitgeerntete Arten können beim Trocknen der Garben noch ausreifen und aussamen.
Drusch	Hofdrusch mit dem Dreschflegel.	Samen / Früchte mit harten Samenschalen / Früchten werden beim Dreschen herausgeschlagen und können so schneller keimen (*Neslia paniculata, Adonis aestivalis, Legousia speculum-veneris* u.a.).
	Verwertung der Druschabfälle als Viehfutter und Einstreumaterial.	Nachlieferung von Ackerwildkrautsamen über schlecht vergorenen Stallmist.

zeugen genannt. Daneben wurden aber auch einzelne Arten gezielt bekämpft. Weit verbreitet war etwa bis in die 70er Jahre des 20. Jahrhunderts das sogenannte Distelstechen oder das Ausziehen des Flughafers (*Avena fatua*), der im Sommer den Kulturhafer oder die Gerste überragte.
Die Einführung des Systems der Dreifelderwirtschaft und verbesserte Vorratshaltung hatten zur Folge, daß Überschüsse in der Nahrungsmittelproduktion erwirtschaftet werden konnten, die zur Versorgung von Adel, Klerus und einer städtischen Bevölkerung ausreichten: Der Schritt von der Subsistenz zur Tausch- oder Marktwirtschaft war getan, die städtische Kultur des Mittelalters konnte sich entwickeln.

Eine der stickstoffsammelnden Ackerpflanzen ist die Esparsette. Sie wurde vorwiegend in Kalkstein-Landschaften als Futterpflanze für Pferde angebaut.

Die Verbesserte Dreifelderwirtschaft – Mit der Neuzeit beginnt die Mechanisierung

Nach dem Rückgang der Bevölkerungszahlen, den der 30-jährige Krieg (1618 bis 1648 n. Chr.) verursacht hatte, nahm die Wachstumrate im 18. Jahrhundert stetig zu. Beackerbares Land wurde knapp, so daß der Ackerbau auch auf weniger günstige Lagen ausgeweitet werden mußte. In diese Zeit fallen die Kultivierungen großer Moorgebiete wie des Oderbruchs durch Friedrich den Großen (ab 1746) oder des Donau-Mooses durch Kurfürst Karl Theodor (ab 1792).
Auch die einjährige Brache eines Drittels der gesamten Ackerbaufläche konnte man sich nicht mehr leisten und man bestellte sie mit Luzerne, Rotklee oder Esparsette, die außerdem die Bodenfruchtbarkeit erhöhten. Die nach der Entdeckung Amerikas (1492 n. Chr.) bei uns eingeführten Kulturarten – zunächst nur Kartoffeln und später Tabak und Mais – wurden ebenfalls überwiegend auf den Brachflächen angebaut. So entwickelte sich eine Fruchtfolge mit echten Hackfruchtkulturen. Verbesserte landwirtschaftliche Geräte (zahlreiche Pflugformen, Eggen, Walzen, Kultivatoren, Drillmaschinen u. a.) erleichterten und steigerten die Wirksamkeit der Bodenbearbeitung. Das erweiterte Kulturpflanzenspektrum hatte auch Veränderungen im Artenspektrum der Äcker zur Folge: Mit dem Rückgang der beweideten Brachflächen nahm der Anteil an ausdauernden Gräsern ab, dafür kam es zur Ausbildung von Getreide- und Hackfruchtgemeinschaften. Einjährige aus der Neuen Welt (Neophyten wie Behaartes und Kleinblütiges Knopfkraut, Kanadisches Berufkraut u. a.) wanderten mit dem sich erweiternden Kulturpflanzenspektrum in die vorhandenen Ackerbiotope ein.
Die Verbesserte Dreifelderwirtschaft führte zu einer deutlichen Steigerung der landwirtschaftlichen Erzeugungsleistung. Die gleichzeitig einsetzende Industrialisierung zog Arbeitskräfte aus der Landwirtschaft ab und zwang die Bauern zu arbeitswirtschaftlicher Rationalisierung. Die Erkenntnis Justus von Liebigs (1840), daß Pflanzen ihre Nährstoffe in mineralischer Form aufnehmen, führte schließlich zur Verwendung von Mineraldüngern, deren großtechnische Herstellung durch die Industrialisierung möglich wurde.
Ab 1900 bekamen dann technisch-naturwissenschaftliche Erkenntnisse Bedeutung in der Landwirtschaft, die zu einer nachhaltigen Steigerung der Pflanzenproduktion führten. Die Verwendung von leistungsfähigen Zuchtsorten, die Verbesserung der Bodenbearbeitung, eine sorgfältige Fruchtfolgeplanung und der Einsatz von Mineraldüngern steigerten die Erträge von 1900 bis 1950 um ca. 1,5 bis 2 Prozent jährlich.
Die Lebensgemeinschaften des Ackerlandes waren in dieser Zeit von natürlichen Standortfaktoren und mechanischer Wildkrautregulierung geprägt.
Während der Unkrautdruck im einseitigen Getreideanbau der Dreifelderwirtschaft durch das regelmäßige Brachejahr ausgeglichen werden konnte, wurde die Zurückdrängung der Ackerwildkräuter in der Verbesserten Dreifelderwirtschaft zu einer Aufgabe der gesamten Fruchtfolgegestaltung. Durch die Verwendung einer größeren Zahl von Kulturarten und ihre entsprechende Kombination innerhalb der Fruchtfolge konnten die meisten Unkräuter erfolgreich bekämpft werden.

Links: Ackerbaumethoden der Dreifelderwirtschaft und ihr Einfluß auf die Ackerwildkrautvegetation (aus SIEBEN & OTTE 1992).

Links: Die giftige Kornrade, ein Saatunkraut, wurde jährlich neu mit verunreinigtem Getreidesaatgut auf den Äckern ausgesät. Mit der Mechanisierung der Saatgutreinigung gelang ihre Eindämmung.

Unten: Der Kartoffelanbau ersetzte das Brachejahr in der Fruchtfolge der traditionellen Dreifelderwirtschaft und führte zur Verbesserten Dreifelderwirtschaft.

Im allgemeinen können mit dichten Feldfutterbeständen die besten Erfolge bei der Unkrautregulierung erzielt werden. Daneben trägt aber auch der stark schattende Roggen oder der Anbau von Hackfrüchten zur Reinigung der Felder bei. Die unkrautunterdrückernde Wirkung der aufgrund ihrer langsamen Jugendentwicklung sehr konkurrenzschwachen Hackfruchtkulturen (Kartoffeln, Rüben, Kohl) beruht dabei vor allem auf den intensiven mechanischen Pflegemaßnahmen, die zur Förderung dieser Bestände durchgeführt werden müssen. Diesen unkrautmindernden Fruchtfolgegliedern stehen unkrautempfindliche Kulturarten gegenüber, zu denen Erbsen, Linsen und Lein gehören.

Die Bodenbearbeitung in der Phase der Verbesserten Dreifelderwirtschaft führte bereits zu deutlichen Veränderungen; insbesondere durch das tiefere Pflügen (bis zu 30 cm Tiefe) wurden Zwiebelpflanzen wie Goldstern-Arten oder Runder Lauch stark zurückgedrängt.

Einfluß der Saatgutreinigung auf die Ackervegetation

Die Verunreinigung des Saat- und Mahlgutes mit Unkrautsamen bildete jahrhundertelang ein schwerwiegendes Problem. Die giftigen Samen der Kornrade etwa konnten ebensowenig ent-

Die Samen des Acker-Wachtelweizens ließen sich nur schwer aus dem Brotgetreide aussieben und wurden mit gemahlen. Das Mehl verfärbte sich und wurde bitter.

fernt werden wie die harten Samen des Steinsames, die eine schnelle Abnutzung der Mahlsteine verursachten. In der Phase der Verbesserten Dreifelderwirtschaft, die durch die einsetzende Mechanisierung der Landwirtschaft gekennzeichnet ist, wurde die Saatgutreinigung entscheidend verbessert. Dies hat tiefgreifende Veränderungen in der Vegetation der Äcker hervorgerufen. Bis ins 19. Jahrhundert beschränkte sich die Reinigung des Getreides nämlich weitgehend auf das Aussieben von leeren Ähren und Halmteilen und die Abtrennung der noch verbliebenen Spreu mit Hilfe der Worfelschaufel. Das Getreide wurde dabei schräg in die Luft geworfen, wo dann Körner, Bruchkörner, Unkrautsamen und Spelzen durch ihr spezifisches Eigengewicht unterschiedlich weit flogen und dadurch getrennt wurden. Durch die Unzulänglichkeit dieses Reinigungsverfahrens konnten Ackerwildkräuter mit kurzlebigen Samen und wenig winterharten Keimlingen, die auf eine regelmäßige Aussaat mit dem Getreide angewiesen sind, jahrhundertelang auf unseren Feldern überleben.
Die Mechanisierung der Getreidereinigung wurde durch die Entwicklung der Windfege eingeleitet, die am Ende des 19. Jahrhunderts überall Verwendung fand. Der genossenschaftliche Betrieb von Reinigungsanlagen beschleunigte die Verwendung von gereinigtem Saatgut, so daß sich bereits vor Beginn der Intensivlandwirtschaft (ab 1950) deutliche Veränderungen im Artenspektrum abzeichneten. Typische Saatunkräuter wie Taumel-Lolch, Kornrade oder Roggen-Trespe waren zu diesem Zeitpunkt bereits weitgehend verschwunden. Schon ab 1936 durfte nur noch anerkanntes Saatgut verkauft werden; d. h. in 500 g Getreide-Saatgut waren nur bis zu drei Unkrautsamen zulässig, davor höchstens ein Hederichknoten, kein Flughafer. Durch die steigenden Anforderungen an das Saatgut wurde die betriebseigene Saatgutgewinnung, also die Verwendung des von den Bauern selbst geernteten und gedroschenen Getreides zurückgedrängt und der Saatgutwechsel zur Regel. Mittlerweile ist das Vorkommen der Saatgutunkräuter fast überall erloschen.
Die Regulierung häufiger, schwer bekämpfbarer Arten wie Wicke, Acker-Kratzdistel, Acker-Schachtelhalm u. a. geschah weiterhin fast ausschließlich durch Ausjäten, Ausstechen und Hacken.

Abkehr von der Vielfalt – Hinwendung zu Spezialisierung und Intensivierung in der Pflanzenproduktion

Schnurgerade ziehen sich die Flurbereinigungswege durch die Agrarlandschaft. Am Rand der großflächigen Ackerschläge bleibt kaum ein Streifen übrig, wo sattgrünes kräftiges Gras darauf hindeutet, daß durch Düngung Nährstoffe im Überfluß

Begradigte Feldwege und flurbereinigte Ackerschläge sind leider vielfach Kennzeichen der intensiven Agrarwirtschaft.

Ackerbaumethoden der Verbesserten Dreifelderwirtschaft und ihr Einfluß auf die Ackerwildkrautvegetation (aus SIEBEN & OTTE 1992)

Ackerbaumethoden der Verbesserten Dreifelderwirtschaft (Ende 19. Jh. bis 1950)		**Einfluß auf die Ackerwildkrautvegetation**
ANBAU:		
Bodenbearbeitung	Alljährliche Bodenbearbeitung nach Einführung der verbesserten Dreifel- derwirtschaft, Verbesserung der Pflugtechnik.	Umschichtung des Artengefüges: Mehrjährige Ackerwildkräuter werden zu Gunsten einjähriger Arten vom Acker verdrängt.
Saattermine / -technik	s. Dreifelderwirtschaft	Regulierung der Gesamtverunkrautung, besonders Frühjahrskeimer mit eng begrenztem Keimoptimum *(Avena fatua, Galeopsis tetrahit* u. a.) können zurückgedrängt werden.
Saatgutreinigung	Mechanisierung der Saatgutreinigung, Verwendung der Windfege, ab 1930 allgemeine Verbreitung des Trieurs.	Reduzierung der Gesamtverunkrautung durch verminderte Samennachlieferung, Regulierung problematischer Saatgutunkräuter *(Bromus secalinus, Lolium remotum* u. a.).
PFLEGE:		
Düngung	Einführung der Mineraldüngung und erhöhte Stallmistproduktion: vermehrte Düngergaben.	Zunahme nährstoffbedürftiger Arten.
Mechanische Bestandespflege	Eggen, Hacken oder Striegeln der Getreidekulturen.	Regulierung flachwurzelnder, einjähriger Arten *(Papaver rhoeas, Euphorbia exigua* u. a.).
	Einsatz der Hand- oder Maschinenhacke im Kartoffel-, Rüben-, Raps- und Maisanbau.	Regulierung der Gesamtverunkrautung, Schwächung der Wurzelunkräuter.
FRUCHTFOLGE:		
vielgliedrige Fruchtfolgen	Weites Spektrum kulturartenspezifischer Anbaufaktoren (Saat- und Erntezeit, Art der Bodenbearbeitung, Düngung u. a.).	Ausbildung von Getreide- und Hackfrucht-Ackerwildkrautgesellschaften, Entwicklung eines breiten Artenspektrums.
Roggen	Bestockung im Herbst, schnelles Wachstum im Frühjahr, Bildung hoher, stark schattender Bestände.	Unterdrückung der allgemeinen Verunkrautung durch hohe Konkurrenzkraft gegenüber den Ackerwildkräutern.
Winterweizen Dinkel	Geringe Beschattung des Bodens im Frühjahr durch späte Bestockung.	Gute Entwicklungsmöglichkeiten für Herbst- und Vorfrühjahrskeimer.
Sommergerste Hafer	Langsames Wachstum im Frühjahr, geringe Beschattungswirkung.	Entwicklung von Frühjahrskeimern, Zunahme der Gesamtverunkrautung.
Kartoffeln Rüben Lein	Langsame Jugendentwicklung, daher sehr konkurrenzschwach gegenüber Ackerwildkräutern.	Reduzierung der Gesamtverunkrautung aufgrund intensiver Pflegemaßnahmen (Hacken, Häufeln), Förderung spätkeimender Arten.
Kartoffeln Rüben	Höhere Düngergaben als im Getreideanbau.	Begünstigung von nährstoffliebenden Ackerwildkräutern *(Chenpodium species, Stellaria media, Atriplex patula* u. a.).
Lein	Verwendung von ungereinigtem Saatgut.	Förderung von Lein-Unkräutern *(Camelina alyssum, Silene linicola, Neslia paniculata* u. a.).
Klee, Luzerne Gemenge	Hohe Schattenwirkung, häufiger Schnitt.	Regulierung der mehrjährigen und teilweise auch der einjährigen Arten.
ERNTE:		
Mahd	Verwendung von Mähbindern oder Handmahd, Aufstellen, Trocknen und Einfahren der Garben.	s. Dreifelderwirtschaft
Drusch	Einsatz von Dreschmaschinen.	
	Verwertung der Druschabfälle als Viehfutter und Einstreumaterial.	Nachlieferung von Ackerwildkrautsamen über schlecht vergorenen Stallmist.

Ackerbaumethoden der modernen Intensiv-Landwirtschaft und ihr Einfluß auf die Ackerwildkrautvegetation (aus SIEBEN & OTTE 1992)

Ackerbaumethoden der modernen Intensiv-Landwirtschaft (ab 1950)		**Einfluß auf die Ackerwildkrautvegetation**
ANBAU:		
Bodenbearbeitung	Intensive Bodenbearbeitung mit verbesserten Arbeitsgeräten und leistungsfähigen Zugmaschinen, Pflugtiefe: 25 - 30 cm.	Rückgang der Zwiebelgeophyten *(Gagea villosa, Allium vineale* u.a.). Verdrängung der mehrjährigen Begleitarten der Grünland- und Ruderalpflanzengesellschaften *(Linaria vulgaris, Falcaria vulgaris, Achillea millefolium* u. a.); nur wenige widerstandsfähige Arten *(Agropyron repens, Cirsium arvense, Convolvulus arvensis* u. a.) können sich behaupten.
	Stoppelumbruch direkt nach der Ernte.	Rückgang von Arten deren Blüten- und Fruchtbildung erst nach der Ernte auf dem Stoppelfeld einsetzt *(Stachys annua, Anagallis foemina, Kickxia spuria, Crepis tectorum* u. a.); Regulierung der Wurzelunkräuter.
Saattermine	Frühsaat von Sommergetreide und Rüben in schneller Bearbeitungsfolge.	Zunahme der allgemeinen Verunkrautung, da die Vorvernichtung von Ackerwildkräutern zwischen dem ersten Abschleppen im zeitigen Frühjahr und der Bestellung heute vollständig wegfällt. Arten mit frühen Keimzeiten *(Avena fatua, Galium aparine, Galeopsis tetrahit* u. a.) können sich ausbreiten.
	Frühsaat von Wintergetreide.	Zunahme grasartiger Problemunkräuter *(Apera spica-venti)*.
	Spätsaat von Wintergetreide.	Typische Herbst- und Vorfrühjahrskeimer können sich nur bedingt entwickeln *(Papaver rhoeas, Centaurea cyanus, Veronica hederifolia, Veronica triphyllos* u. a.).
Aussaattechnik	Aussaat in Reihen (Drillsaat), dies ermöglicht den Einsatz maschineller Arbeitsgeräte bei Düngung und Bekämpfung.	Reduzierung der Gesamtverunkrautung durch intensiven Einsatz der Landtechnik.
Saatgutreinigung	Hochtechnisierte Reinigungsverfahren sorgen für unkrautfreies Saatgut; die Verwendung von betriebseigenem Saatgut ist nicht mehr üblich.	Rückgang von Arten mit kurzlebigen Samen und frostempfindlichen Keimlingen deren Existenz bei uns von der Samennachlieferung mit dem Saatgut abhängig war *(Caucalis latifolia, Bromus secalinus, Orlaya grandiflora* u. a.).
Vergrößerung der Schläge	Vernichtung von Feldrainen und Lesesteinriegeln, Vereinheitlichung der verbliebenen Strukturen durch Dünger- und Herbizideintrag.	Arten, die zunehmend auf Ackerrandzonen und Raine verdrängt wurden *(Melampyrum arvense, Vicia species, Falcaria vulgaris* u. a.) verschwinden völlig, Verarmung der Bestände durch fehlende Neueinwanderung von Arten.
PFLEGE:		
Düngung	Verstärkte Mineraldüngung aller Kulturen, gleichzeitig Entwicklung leistungsfähiger Getreidesorten mit rascher Stickstoffverwertung: Ausbildung dichter Bestände mit hohem Beschattungsvermögen.	Deutliche Artenverschiebungen vor allem in den früher wenig oder gar nicht gedüngten Getreidekulturen: Zunahme nitrophiler Arten *(Stellaria media, Chenopodium album, Galium aparine* u. a.), Begünstigung von schattentoleranten, kletternden oder windenden Arten *(Convolvulus arvensis* u. a.), Rückgang von licht- und wärmeliebenden Ackerwildkräutern mit geringer Konkurrenz gegenüber den Kulturpflanzen. Unterdrückung von Leguminosen, die auf mineralisch gedüngten Böden keine Konkurrenzvorteile besitzen, Ausfall von Magerkeitszeigern *(Holosteum umbellatum, Veronica praecox, V. triphyllos* u. a.).
Mechanische Bestandespflege	Ersatz mechanischer Pflegemaßnahmen durch chemische Unkrautbekämpfungsmaßnahmen.	Selektion von hartnäckigen Wurzelunkräutern und Ungräsern.
Herbizid-Einsatz	Verwendung von Kontakt- und Wuchsstoffmitteln, Boden- und Breitbandherbiziden; Anwendung vor, bei oder nach der Saat (bzw. nach der Ernte).	Reduzierung der Gesamtverunkrautung und der Gesamtartenzahl; Umschichtung der Dominanzstrukturen durch selektive Wirkung der Herbizide: Chemisch leicht bekämpfbare Arten (*Sinapis arvensis, Papaver rhoeas, Centaurea cyanus* u.a.) werden gegenüber früher stark zurückgedrängt; Segetalarten mit niedrigen, eng begrenzten Keimtemperaturen verschwinden, andere widerstandsfähige Arten nutzen die konkurrenzfreien Räume zur Massenvermehrung (*Stellaria media, Galium aparine, Setaria species* u.a.); Intraspezifische Selektion herbiziresistenter Rassen; Verringerung des Samenpotentials im Boden.

Ackerbaumethoden der modernen Intensiv-Landwirtschaft (ab 1950)		Einfluß auf die Ackerwildkrautvegetation
FRUCHTFOLGE:		
enge Fruchtfolgen	Geringes Spektrum an Anbaufaktoren, keine Ausrichtung der Fruchtfolgae auf unkrauthemmende Fruchtfolgeglieder.	Förderung einzelner Arten, die gut an den Entwicklungsrhythmus der modernen Kulturarten angepaßt sind. Verringerung des Gesamtartenspektrums.
Ausdehnung bestimmter Kulturarten	Mais: Weite Reihenabstände und späte Jugendentwicklung verursachen geringe Konkurrenzkraft gegenüber Ackerwildkräutern, Einsatz chemischer Bekämpfungsmittel mit großem Wirkungsspektrum gegenüber dikotylen Arten.	Starke Reduzierung der annuellen, dikotylen Arten mit Dauerwirkung für das folgende Jahr. Selektion unempfindlicher Arten bei häufigem Maisanbau *(Convolvulus arvensis, Setaria species, Echinochloa crus-galli* u. a.).
	Raps: Hohe Konkurrenzkraft aufgrund starker Beschattung.	Unterdrückung der gesamten Ackerwildkrautvegetation durch lange und intensive Bodenbedeckung.
Aufgabe bestimmter Kulturarten	Lein	Ausschaltung von Arten mit enger Bindung an diese Kulturart *(Cuscuta epilinum, Silene linicola* u. a.).
	Hackfrüchte (Kartoffeln, Futterrüben)	Förderung mehrjähriger Ackerwildkräuter durch fehlende Bodenbearbeitung während der Anbauperiode *(Convolvulus arvensis, Equisetum arvense, Agropyron repens* u. a.).
ERNTE:		
Mähdrusch	Vollmechanisiertes Ernteverfahren; dessen Durchführung verlangt weitgehend unkrautfreie Bestände.	Rückgang der Gesamtdeckung und Artenzahl durch intensive Bekämpfung.
	Ernte erst bei Totreife des Getreides: Verschiebung des Erntetermins.	Zunahme spätreifender Arten deren Samen vermehrt ausfallen *(Avena fatua* u. a.).
	Abblasen der Spreu auf dem Feld.	Förderung kleinsamiger Ackerwildkräuter *(Polygonum aviculare, Apera spica-venti* u. a.).

vorhanden sind. Bunt blühende Kräuter sind fast verschwunden, und seit einigen Jahren hört man in der Gegend nicht mehr wie früher die Feldlerchen singen. Die Ackerlandschaften in Mitteleuropa sind sehr einheitlich geworden. Für Feldhase, Rebhuhn, Hamster, Kornweihe und andere, früher in den Fluren beheimatete Arten gibt es keinen Überlebensraum mehr. Solchen »Einheitslandschaften« ging ein massiver Strukturwandel in der Landwirtschaft voraus. Die neue Phase in der Pflanzenproduktion setzte in Deutschland, Österreich und der Schweiz um 1950 ein. Die vielfältige, arbeitsintensive Ackernutzung wurde allmählich durch einen spezialisierten, technisierten Pflanzenbau abgelöst. Um Höchsterträge erwirtschaften zu können, wurden die Produktionsmittel und -methoden völlig umgestellt. Vollmechanisierung der Bodenbearbeitungsgänge, Vergrößerung der Ackerschläge, einförmige Fruchtfolgen, Optimierung der Bodenreaktion, Dränung, Bewässerung, Verstärkung der mineralischen Düngung und chemischer Pflanzenschutz zielen auf die Erwirtschaftung von maximalen Erträgen hin.

Durch diese Maßnahmen wurden die ehemalige Vielfalt der Ackerstandorte ausgeglichen und als Folge davon die Agrarbiotope vereinheitlicht. Während in den vorindustriellen Phasen der Landwirtschaft die begrenzten Möglichkeiten der Unkrautregulierung nur geringfügige Auswirkungen auf die Gesamtartenvielfalt der Agrarlandschaft zeigten (es kam v. a. zu mengenmäßigen Umschichtungen des Artengefüges), hat sich die Situation heute entscheidend verändert.

Das Beschattungsvermögen einer Kulturpflanze ist nicht selten ausschlaggebend für ihre Konkurrenzkraft gegenüber den Ackerwildkräutern. Mit dem verstärkten Gebrauch von mineralischen Düngemitteln konnte dieser unkrautregulierende Faktor entscheidend beeinflußt werden. Das hohe Beschattungsvermögen gedüngter Kulturen hat den Rückgang von licht- und wärmeliebenden Arten gefördert. Weitgehend verschwunden sind konkurrenzschwache Magerkeitszeiger wie Doldige Spurre oder Früher Ehrenpreis, die in Zeiten düngerarmer Wirtschaftsweisen weit verbreitet waren.

Mit der Entwicklung chemischer Bekämpfungsmittel sind viele traditionelle Verfahren zur Unkrautregulierung hinfällig geworden. So können heute auch mit pflanzenbaulich ungünstigen Fruchtfolgen hohe ackerbauliche Erträge erzielt werden. Die verstärkt auftretende Verunkrautung in engen Fruchtfolgen kann über den Einsatz von Herbiziden ausgeglichen werden. Die Ausrichtung einer Fruchtfolge nach unkrautregulierenden Gesichtspunkten ist heute kaum noch üblich. Zusätzlich bedingt der Einsatz von Herbiziden eine Reduzierung der Bodenbearbeitung.

Mit Hilfe von Herbiziden lassen sich die Kulturpflanzenbestände jetzt nahezu unkrautfrei halten. Durch die ständige Weiterentwicklung von Wirkstoffen können mittlerweile fast alle Arten, auch sogenannte Problemunkräuter, wirksam bekämpft werden.

Durch den meist nur selektiv wirkenden Herbizideinsatz werden vor allem empfindliche Ackerwildkräuter dezimiert, zu denen früher sehr häufige Arten wie Acker-Senf, Klatsch-Mohn und Kornblume gehören.

In die freigewordenen Wuchsorte drängen Arten, die gegen das eingesetzte Herbizid unempfindlich sind. Dazu gehören etwa Hühnerhirse, Borstenhirse und Fingerhirse-Arten. Es entstehen moderne Acker-Lebensgemeinschaften, die aus wenigen, oft dominanten Arten aufgebaut sind.

Da in den Getreidekulturen vorwiegend dikotyle Ackerunkräuter bekämpft werden, erfahren »Ungräser« wie Flughafer, Windhalm oder Quecke eine indirekte Förderung und avancieren zu Problemunkräutern. Gegen die verbliebenen Arten kann der Herbizideinsatz weiter spezifiziert werden, so daß es neben quantitativen auch zu qualitativen Bestandsveränderungen in der Wildkrautflora kommt.

Insgesamt kann die Herbizidanwendung jedoch nicht als alleinige Ursache für die starke Vereinheitlichung heutiger Ackerlebensräume angesehen werden, vielmehr stehen häufiger Herbizideinsatz, hohe Düngergaben und die engen Fruchtfolgen des Intensiv-Ackerbaus in engem Zusammenhang. Nicht nur die Auswirkungen auf Pflanzen- und Tierwelt sind zu nennen, sondern auch die langfristigen, negativen Folgen für Böden und Grundwasser.

Von einer Pflanzenart leben mehr als 20 Insekten

Die Bedeutung einer arten- und individuenreichen Ackerwildkrautflora für die Fauna auf Äckern hat Bernd Heydemann deutlich aufgezeigt. So leben an den 100 häufigsten Pflanzenarten der Äcker ca. 1200 phytophage (pflanzenfressende)

Im Naturhaushalt vielgestaltiger Ackerfluren spielen Laufkäfer – wie etwa der Lederlaufkäfer – eine wichtige Rolle bei der Schädlingsregulierung.

Tierarten (ohne Blütenbesucher). Man rechnet weiterhin mit etwa ebenso vielen, von diesen abhängigen, räuberischen (episitischen und parasitischen) Arten. Es wurde festgestellt, daß die Artenqualität und -quantität von Blattwanzen von einer gleichmäßig lückigen Krautschicht in Getreideäckern abhängig ist. Bei Untersuchungen der Auswirkungen abgestufter Produktionsintensitäten auf die Aktivitätsabundanz von Laufkäfern und auf die Selbstregulation von Agrarökosystemen, die Karl-Heinz Pawlitzki anstellte, ergaben sich Anhaltspunkte dafür, daß in einer kleinparzelligen, reich strukturierten Agrarlandschaft die gezielte Anwendung von Agrochemikalien für die betroffene Laufkäferfauna keine existenzbedrohenden Auswirkungen haben muß – solange sich genügend große Reservate in unbehandelten oder anders behandelten Nachbarkulturen anbieten.

Differenzierter ist dagegen die Situation in intensiven Produktionslagen zu beurteilen. Hier sind neben dem Chemieeinsatz vor allem die Verengung der Fruchtfolge und die Vergrößerung der Anbauflächen als die wichtigsten Gefährdungsursachen für den Bestand der Frühlingstiere zu nennen. Wegen ihrer Bindung an Wintergetreide kommt es durch Zunahme des Zuckerrüben- und Maisanbaus auf häufig größer werdenden Schlägen zu einem Flächenverlust für Frühlingstiere. Es entstehen sogenannte »Biotopinseln«, die von gleichartigen Lebensräumen so weit isoliert sind, daß der Austausch zwischen verschiedenen Populationen nicht mehr möglich ist. Zu- und Abwanderungen zum Ausgleich von Populationsverlusten und -überschüssen finden wegen der großen Entfernungen kaum noch statt.

Rebhuhn – Grenzliniengänger in der Feldflur

Über Jahrhunderte gehörten Rebhuhnketten zum vertrauten Bild in der Feldflur. Flurbereinigungen, Chemiekalieneinsatz, veränderte Wirtschaftsweisen und viele andere Faktoren brachten Rebhuhnbestände vielerorts an den Rand des Aussterbens. Dabei ist es noch nicht zu spät. Denn Rebhuhn-Populationen reagieren und profitieren relativ schnell von wildkrautreichen Äckern und nahe liegenden oder angrenzenden ungenutzten »Altgrasbeständen«.
Wo zur Förderung des Rebhuhns derartige Strukturen neu oder wieder geschaffen worden sind, erholen sich die Bestände innerhalb kurzer Zeit. Denn das Rebhuhn braucht für die Aufzucht seiner Küken eiweißreiches Futter, das überwiegend von Insekten stammt. Die Altvögel ernähren sich im Sommer dagegen vorwiegend vegetarisch von Samen der vor Ort vorkommenden Wildpflanzen. Ackerwildkräuter liefern bereits im Frühsommer beides: Samennahrung für die Altvögel und Insektennahrung in Form von Kerbtieren, die an den Wildpflanzen leben, für die Jungvögel.
Das Rebhuhn gilt als »Grenzliniengänger« in der Feldflur: Wo die Grenzliniendichte zwischen Äckern und Feldrändern mit Rainen, Hecken, Gräben oder Wegrändern gering ist – weil die Ackerschläge zu groß sind –, findet es keine Überlebensmöglichkeit.

Der Feldhamster zählt heute zu den stark gefährdeten Kleinsäugern der Agrarlandschaft.

Feldhamster: sicheres Versteck unter dem gedeckten Tisch verloren

Der Feldhamster zählte zu den Charaktertieren der Lößbodenlandschaften. Dabei hatten die Menschen im Laufe der Zeit eine unterschiedliche Einstellung zu dem hübschen, aber aggressiven Kleinsäuger. Alfred Brehm beschreibt ihn 1887 noch wie folgt: »Dieses leiblich recht hübsche, geistig aber um so häßlichere, boshafte und bissige Geschöpf (...) erreicht eine Gesamtlänge von ungefähr 30 cm, wovon auf den Schwanz etwa 5 cm kommen. Gewöhnlich ist die Färbung des Oberkörpers ein lichtes Braungelb, welches wegen der schwarzspitzigen Grannen ins Grauliches spielt.« (...) »In einigen Gegenden zieht der Mensch regelrecht gegen den Hamster zu Felde (...) z. B. gibt es Leute, welche sich ein Geschäft daraus machen, die Hamster auszugraben und umzubringen.« (zitiert nach J. Teubner et al. 1996). Der Feldhamster gräbt bis zu zwei Meter tiefe Baue mit Gängen und Kammern in die Erde, wo er Vorräte für den Winter »hamstert«, die bis 15 kg Getreide, Rüben, Kartoffeln und Kohl betragen können.
Noch um 1950 wurden in der ehemaligen DDR jährlich bis zu zwei Millionen Hamster – vor allem in den Schwarzerdegebieten der ehemaligen Bezirke Magdeburg und Halle – gefangen. Die Felle wurden u. a. als Innenfutter für teure Mäntel verarbeitet. Aber diese Zeiten sind vorbei; in der Roten Liste der Wirbeltiere der Bundesrepublik Deutschland wird der Feldhamster als »stark gefährdet« eingestuft.
So ist auch der Rückgang dieses ehemals so häufigen Säugetieres aus den tiefgründigen Löß- und Lehmböden sowie lehmigen Sandlandschaften ein Indikator für die veränderten Bedingungen in der Pflanzenproduktion. Als maßgebliche Ursachen für die verschlechterten Lebensbedingungen des Feldhamsters gilt die schnelle und verlustarme Ernte mit sofortigem Stoppelumbruch, die großflächige Bewirtschaftung und tiefe Bodenbearbeitung, die den Tieren wenig Zeit zum Eintragen der Wintervorräte läßt, die Beschädigung ihrer Baue sowie der Einsatz von Insektiziden. Auch die Ausbringung von Gülle, Bodenverfestigung durch schwere Landmaschinen, verarmte Fruchtfolgen, die Beseitigung von Kleinstrukturen sowie der Straßenverkehr haben den Feldhamster an den Rand der Ausrottung gebracht.
Die großen Hamsterbestände der mitteldeutschen Bördelandschaften bildeten die Hauptnahrungsgrundlage für zahlreiche Greifvögel wie den Roten Milan, der hier bis in den 70er Jahren des 20. Jahrhunderts seine weltweit höchsten Siedlungsdichten erreichte.
Generell kann dazu festgestellt werden, daß die Hauptursachen für den Rückgang typischer Tierarten tradioneller Agrarlandschaften im qualitativ veränderten und nicht mehr kontinuierlich ausreichenden Nahrungsangebot begründet liegen – in unseren eutrophierenden Agrarlandschaften herrscht also für viele Tiere Nahrungsmangel!

In Reih und Glied – die Welt der Sonderkulturen

Die Abendsonne taucht die Terrasse des Seehotels in mildes Abendlicht; zu dieser Tageszeit ist die Aussicht auf den romantischen Bodensee besonders attraktiv. Jetzt noch ein gutes Essen und zuerst ein frisch gezapftes, kühles Bier – das macht Appetit! Und anschließend ein herrliches Spargelgericht mit einem regionalen trockenen Wein. Oh, wie das schmeckt!
Was wir so oftmals genießen, kommt aus intensivem Anbau. In Reih und Glied werden seit Jahrhunderten Weinreben, Hopfen und die begehrten Spargelstangen angebaut. Sonderkulturen wie Wein, Hopfen oder Spargel benötigen spezielle Klima- und Bodenbedingungen. Deshalb haben sie regionale Anbauschwerpunkte und tragen aufgrund ihrer Konzentrierung wesentlich zur Eigenart von Weinbau, Hopfen- und Spargel-Landschaften bei.

Die Hallertau – das größte Hopfenanbaugebiet der Erde

Bereits die Babylonier und Ägypter verwendeten den Hopfen als aromatische Pflanze bei der Herstellung von Bier, und die Wenden waren es, die mit großer Wahrscheinlichkeit zur Völkerwanderungszeit den Hopfen nach Mitteleuropa brachten. Urkundlich wird er erstmals im Jahre 736 beim Kloster Geisenfeld (Lkr. Pfaffenhofen/Ilm) erwähnt. Im frühen Mittelalter wurde in Deutschland noch fast überall Wein angebaut. Flurnamen wie Weinleite, Weinberg, Weinsteig etc. deuten darauf hin. Wahrscheinlich durch Klimaverschlechterung und den 30jährigen Krieg bedingt, trat der Weinbau zurück. Dagegen entwickelte sich die Braukunst. Im Jahr 1516 erließ Herzog Wilhelm IV das »Reinheitsgebot« der Brauordnung: Für die Bierherstellung sollen keine anderen »Stücke als Gerste, Hopfen, Wasser verwendet und gebraucht werden«. Dies ist bis heute gültig und wird von vielen Bierfreunden geschätzt.
Zur Zeit der Pferdefuhrwerke baute man Hopfen überall dort an, wo Bier gebraut wurde. Vor allem in Norddeutschland gab es im späten Mittelalter einen blühenden Hopfenanbau. Durch die Verbesserung der Verkehrsverhältnisse bei gleichzeitig steigender Nachfrage haben sich nach und nach die Anbaugebiete herauskristallisiert, welche die besten klimatischen, bodenbedingten und strukturellen Voraussetzungen haben. Seit 1977 sind diese Anbaugebiete gesetzlich geschützt. Dazu gehören u. a. die Hallertau (= Holledau), Anbaugebiete bei Spalt am Frankenjura, bei Tettnang am Bodensee, im Weimarer Land und in der Goldenen Aue.
Die Hallertau (oder Holledau) ist mit 15232 Hektar (1980) das größte zusammenhängende Hopfenanbaugebiet der Erde. Es ist Teil des Donau-Isar-Hügellandes zwischen den Städten Freising und Abensberg, Pfaffenhofen und Rottenburg an der Laaber, zwischen den Flüssen Ilm im Westen, Amper im Süden, Isar und Laaber im Osten und Donau im Norden.
Der Hopfen als wärmebedürftige Kulturpflanze mit hohem Wasserbedarf im Hochsommer findet dort beste Wachstumsvoraussetzungen, da die aus Lockersedimenten aufgebaute Landschaft (Tertiär, Obere Süßwassermolasse) von wasserstauenden Bodenhorizonten durchzogen ist, die auch bei Trockenheit eine gute Wasserversorgung gewährleisten – der Hopfen wurzelt nämlich bis zu 4 m tief. Hinzu kommt, daß das wellige Relief Windschutz bietet, der notwendig ist, damit der Hopfen »bei der Stange bleibt«.
Der Hopfen (*Humulus lupulus*) gehört zur Pflanzenfamilie der Maulbeergewächse (*Moraceae*) und ist zweihäusig. Nur die unbestäubten weiblichen Pflanzen enthalten die für die Bierbrauerei benutzten Bitterstoffe Humulinone, Humolone und

Ein Hopfengarten kurz vor der Ernte im August.

Hulupone. Nach der Bestäubung der weiblichen Blüte gehen diese Aromastoffe sofort verloren, deshalb ist die Ausrottung der männlichen Hopfenpflanzen in Hopfenanbaugebieten durch Verordnung Pflicht. Der Wilde Hopfen ist eine als Liane wachsende Auenwaldpflanze, die im zeitigen Frühjahr aus einem verholzten Wurzelstock lange Reben austreibt, die sich am natürlichen Standort bis zum Sommer in den Wipfelbereich der Bäume der Weichholzaue hinaufwinden.

Für den Kulturhopfen werden dazu aufwendige Gerüste aufgerichtet (»Hopfengärten«), die aus 8-10 m langen Holzmasten bestehen, welche durch Querdrähte an ihren oberen Enden miteinander verbunden sind und die durch Ankerseile an der Seite gesichert werden. Innerhalb des Rahmens werden Steigdrähte angebracht, an denen die Reben emporranken müssen. Dazu müssen sie per Hand in mehreren Rechtsumdrehungen an den Steigdrähten angelegt werden. Dieses »Hopfenziehen« wurde anfangs durch die sogenannten »Weinzierler« ausgeführt, die dafür Erfahrungen aus der Arbeit an den Weinreben mitbrachten. Der in Altbayern häufige Name »Weinzierl« stammt nach Ruppert ursprünglich von angeworbenen Weinbauern aus Südwestdeutschland. Zu den vielen Arbeitsgängen im Hopfenanbau gehören weiterhin das Ausblättern der Reben bis in eine Höhe von 1 m sowie das Kürzen und Ausgeizen der Seitentriebe, damit Bodenbearbeitung und Pflanzenschutzmaßnahmen unbehindert durchgeführt werden können.

Hopfenkulturen sind sehr anfällig für diverse Pilzinfektionen wie Mehltau und Welkekrankheit sowie tierische Schädlinge wie Hopfen-Blattlaus, Liebstöckelrüßler, Hopfen-Spinnmilbe u. v. a. (GEISSLER 1980). Deshalb wird der Hopfen in der Hauptvegetationszeit (Juli, August) mindestens einmal wöchentlich mit Pflanzenschutzmitteln behandelt. Auch die Düngung ist beträchtlich; sie kann bis zu 300 kg Stickstoff je Hektar und Jahr betragen. Die negativen Auswirkungen auf Böden und Grundwässer sind also beträchtlich.

Die Pflückreife der Hopfenblütenstände ist gegen Ende August erreicht, wenn das charakteristische Hopfenaroma gebildet ist. Früher erfolgte das Pflücken mit der Hand (»Hopfenzupfen«) durch Wanderarbeiter aus dem Böhmer- und Bayerischen Wald, aus der Oberpfalz und aus Tirol. Heute werden dafür Maschinen eingesetzt. Wichtig ist, daß nach dem Pflücken unmittelbar der Trocknungsprozeß erfolgt. Dies geschieht in sogenannten Feuerdarren – das sind eigene Trocknungsgebäude, wo die Hopfendolden auf Horden verteilt werden und bei Temperaturen von 60-65 °C zwischen 8 und 10 Stunden trocknen müssen.

Eine Hopfenanlage im Mai nach dem Anlegen der Reben um die Steigdrähte.

Die getrockneten Hopfendolden werden in sogenannten Hopfenballen abgefüllt; der mittlere Ertrag liegt bei rund 18,4 dt/ha. Der größte Teil der Ernte wird zu einem bereits vor der Ernte festgelegten Preis an eine Genossenschaft abgegeben (»Vertragshopfen«), der Rest wird auf dem freien Markt angeboten (»Freihopfen«). Wenn die Ernte reichlich ausfällt, garantiert der Vertragshopfen gesicherte Einkünfte, und bei mäßiger Ernte der Freihopfen, dessen Preis dann steigt.

Hopfenregionen gelten aufgrund des hohen Agrochemikalieneinsatzes, der starken Düngung und der häufigen Bodenbearbeitungsgänge, die keinen geschlossenen Unterwuchs zulassen, als sehr boden-, gewässer- und luftbelastend. Die Bodenerosion kann 40 bis 200 t/ha jährlich betragen. Kupferhaltige Spritzmittel, die in den Hopfengärten seit 1930 als Fungizid gegen Mehltau eingesetzt wurden, haben dazu geführt, daß die Kupfergehalte in aktuellen und früheren Hopfengärten bis zu 800 ppm betragen können! In sauren Böden wirken diese hohen Gehalte toxisch auf Pflanzenwuchs; mit Kalkung läßt sich dies teilweise abpuffern.

Der Artenreichtum in der Kultur sowie den angrenzenden Kleinstrukturen ist gering. Im Hopfen selber können lediglich sehr kurzlebige Ackerwildkräuter oder Rhizomgeophyten überdauern. Zu ersteren gehören Vogelmiere, Gemeines Kreuzkraut, Hirtentäschelkraut, Stengelumfassende Taubnessel und Einjähriges Rispengras; zu den ausdauernden Quecke, Acker-Schachtelhalm und Acker-Winde. Inzwischen hat man erkannt, daß ein Rasen aus einjährigen Gräsern und Kräutern erosionsmindernd wirkt, somit nützlich ist und vielfach toleriert wird. Anderenorts geht man zur Gründüngung über.

Die Hallertau ist – trotz der Umweltprobleme, die die Konzentration des Hopfenanbaus verursacht/verursacht hat – eine strukturreiche Agarlandschaft mit lebendigem, traditionsreichem Bauerntum. Für die Erhaltung naturnaher Biotope wie Magerrasen und Auewiesen werden große Anstrengungen unternommen, um repräsentative Landschaftsbestandteile als Kennzeichen der Eigenart und als Ausgleichsflächen in dieser intensiv landwirtschaflich genutzten Region zu sichern.

Auf Sand gebaut – Die Spargellandschaft von Schrobenhausen

Der Spargel (*Asparagus officinalis* L.) aus der Pflanzenfamilie der Liliengewächse (*Liliaceae*) gehört zu den edlen Feldgemüsen aus heimischem Anbau, die von Mitte April bis Ende Juni auf den Märkten angeboten werden. Billig ist Spargel nicht, aber von ausgesprochen feinem Geschmack. Und wo

Die Spargelernte erfolgt über das sog. Spargelstechen. Die Erntesaison beginnt mit den ersten warmen Sonnentagen im April und endet am 24. Juni, dem Johannistag.

geschmackliche Anreize für den Kauf nicht ausreichen, fördert das Argument, daß Spargel »gesund ist« und »nicht dick macht«, die Kaufentscheidung.

Man nimmt an, daß der Spargel im Laufe des Mittelalters von Mönchen nach Deutschland gebracht worden ist, denn erst in den Kräuterbüchern des 16. Jahrhunderts häufen sich Beschreibungen und bildliche Angaben. Verwendet wurde der Spargel sowohl als Arznei wie zum Essen. So schreibt Otto Brunfels (1532): »Spargen seind der Herze schleck und vor allen anderen garten kreutere gelobt.« In einem Lehrbuch der landwirtschaftlichen Pflanzenkunde schreibt Langethal (1845) über den Gebrauch des Spargels als Speise: Spargel »wirkt auf die Geschlechtsorgane anregend, gibt dem Harn einen widrigen Geruch und verursacht bei übermäßigem Genusse Bluthamen. Man glaubt, daß ein eigentümlicher Stoff, Asparagin genannt, alle diese Wirkungen hervorbringe.«

Die früheste Verwendung des Spargels ist für Griechenland und Italien zur Zeit des klassischen Altertums belegt; allerdings wurde nicht unsere Spargelart, sonden der Spitzblättrige Spargel (*Asparagus acutifolius*) genutzt. In Italien wachsen dagegen beide Spargelarten und ihre Kultivierung erfolgte in gleicher Art und Weise wie heute – davon berichten die Schriftsteller Cato, Columella und Plinius.

In Europa gibt es 15 verschiedene Arten der Gattung *Asparagus*; ihnen allen ist gemeinsam, daß sie über einen fleischigen Wurzelstock verfügen und nur eine relativ geringe Blattoberfläche haben. Dies sind Merkmale, die für Pflanzen

trockener, warmer Standorte kennzeichnend sind. Die wildwachsende Form des Gemüsespargels ist weit verbreitet von Mittel- über Südeuropa, Nordafrika, Vorderasien bis ins westliche Sibirien.
Vom Gemüsespargel gibt es zwei Sorten: den grünen und den weißen. Dabei schmeckt der grüne Spargel nussig-herzhaft, der Bleichspargel süßlich-mild. In der Bundesrepublik Deutschland, in Österreich und in der Schweiz wird der Bleichspargel bevorzugt, in Frankreich mehr der grüne.
Von 1980 bis 1998 ist die Spargelanbaufläche EU-weit kontinuierlich ausgedehnt worden. Ein junges Spargelanbaugebiet in Deutschland ist die Sandlandschaft bei Schrobenhausen (Lkr. Neuburg-Schrobenhausen) am südlichen Rand des Donau-Mooses. Dort ist die Spargelanbaufläche zur Verbesserung der landwirtschaftlichen Einkommenssituation ausgeweitet worden. Am südlichen Rand des Donau-Mooses sind gegen Ende der Eiszeit weitflächige, schwach lehmige Flugsanddecken und Dünensande abgelagert worden, deren produktionsschwache Böden heute gute Voraussetzungen für den Spargelanbau bieten. Begünstigt wird der Spargelanbau dort außerdem durch niederschlagsarme Winter, warme Sommer und eine lange Vegetationszeit. Zudem bietet die Nähe zu München, Ingolstadt und Augsburg gute Absatzchancen für das teure Gemüse.
Die Sandlandschaft des Donau-Isar-Hügellandes ist eine alte bäuerliche Kulturlandschaft mit wenigen zentralen Märkten und Städten wie z. B. Schrobenhausen mit dem europäischen Spargelmuseum, Hohenwart oder Pöttmes sowie vielen in

Durchtreibender Spargelacker nach der Erntesaison.

Trockentälern eingebetteten Haufendörfern und Einzelgehöften. Oft belegen eine helm- oder zwiebelförmige Kirchturmhaube oder die Spitze eines Maibaums, die das hügelige Land überragen, die Lage eines versteckten Dorfes.
Das Landschaftsbild ist gekennzeichnet durch artenarme Kiefernforste auf erodierten Kuppenlagen, an lehmigeren Steilhängen können es auch kiefernreiche Fichtenforste sein, deren Ränder vereinzelt mit Stiel- oder Trauben-Eichen bestockt sind. Naturnahe Laubwälder gibt es nirgends mehr. Nur Eschen, Schwarzerlen, Weiden und Pappeln säumen Bachläufe und kleine Flüsse und erinnern an ehemalige Auenwälder.
Die Landwirtschaft ist geprägt von Ackerbau und Viehhaltung. Vorherrschende Ackerkulturen auf den sandigen Böden sind neben Spargel Winterroggen, Kartoffeln und Mais; daneben noch Raps, Sommer- und Wintergerste. In feuchten Talauen dominiert Grünland; aber überall, wo es möglich ist, wird es in produktivere Maisanbaufläche umgewandelt. Der sinkende Grünlandanteil wird begleitet vom Rückgang der Störche und Brachvögel in dieser Region.
Im Zuge von Flurbereinigungsverfahren zwischen 1970 und 1985 wurde in vielen Gemarkungen des Gebietes der Anbau von Spargel empfohlen und unterstützt. Spargel ist eine mehrjährige Staude mit einem horizontal verlaufenden Rhizomsystem, aus dem sie im Frühjahr senkrecht nach oben wachsende Laubsprosse schiebt. Das Ernteprodukt sind die Sproßteile, wenn diese aus dem Boden hervorzuwachsen beginnen. Geerntet werden beim Bleichspargel nur die unterirdischen »bleichen« Laubsprosse, die noch kein Chlorophyll entwickelt haben. Damit die erntbaren Sproßteile möglichst lang sind, werden über den Rhizomen im zeitigen Frühjahr bis zu 40 cm hohe Dämme (= Bifänge) aufgehäuft, in denen die Spargelstangen bis zu 20 cm lang gerade nach oben wachsen können. Je Hektar müssen etwa 17000 Pflanzen gesetzt werden; dabei beträgt der Reihenabstand ca. 1,5 m und der Pflanzabstand 0,4 m.

Ernte der begehrten Sprosse

Die Spargelsaison fängt im allgemeinen Mitte April nach den ersten warmen Sonnentagen an. Das Spargelstechen beginnt meistens bereits in den frühen Morgenstunden. Dann sieht man, wie die Spargelstecher mit Spankörben zwischen den Dämmen entlang gehen und überall dort, wo der glatt gestrichene Sand Risse zeigt, den Damm vorsichtig mit zwei Fingern aufkratzen, bis die Spargelspitze sichtbar ist. Dann wird die Stange bis zur Basis freigelegt und dort mit einem Spargelmesser abgestochen. Dieses Gerät ähnelt einem gebogenen Stecheisen mit Holzgriff und hat eine Schneidbreite von ca.

Folgende Rezeptvorschläge sollen den Appetit anregen:

Gekochter Stangenspargel
Spargel vom Kopf zum Schnittende schälen (Schalen zu Spargelsuppe verwenden oder trocknen), Enden abschneiden. Die Spargelstangen waschen, zu 6 bis 8 Stangen bündeln, in kochendes gesalzenes und mit einem Teelöffel Zucker versetztes Wasser legen, nach dem Aufkochen bei schwacher Hitze gar kochen. Die Bündel vorsichtig herausnehmen und heiß mit zerlassener Butter und frischen Kartoffeln servieren.
Abwandlungen: 1. Semmelmehl in brauner Butter anrösten, den Spargel damit übergießen; 2. Rohen oder gekochten Schinken oder Scheiben von geräuchertem Lachs zum Spargel reichen; 3. Kalbschnitzel oder -koteletts als Beigabe servieren; 4. Sauce hollandaise zum Spargel auftragen. Chacun à son goût!

2,5 cm. Nach dem Abstechen der Spargelstange wird das Loch mit dem ausgehobenen Sand wieder aufgefüllt und abschließend mit einer Glättkelle sorgfältig glatt gestrichen. Nur unter diesen pfleglichen Bedingungen ist es möglich, täglich bis zu zweimal die neu nachschiebenden Spargelstangen zu erkennen und zu ernten. Im Betrieb wird der Spargel gewaschen, nach Güteklassen sortiert, auf Normlänge zugeschnitten und in einer Kühlkammer bis zur Abholung durch einen Händler gelagert.
Der letzte Tag der Spargelernte ist der 24. Juni (»Johanni«). Danach werden die Dämme auseinandergepflügt und mit bis zu 200 kg Stickstoff pro Hektar und Jahr gedüngt. Die im Sommer austreibenden, sich beblätternden Spargelstangen lagern nämlich die Assimilate in die Rhizome ein, die im Folgejahr geerntet werden sollen. Neben der mineralischen wird in zweijährigem Abstand noch eine organische Düngung mit Mist durchgeführt.
Das Diät-Gemüse Spargel ist hinsichtlich Anbau und Ernte sehr anspruchsvoll. Aus Gründen des Boden- und Gewässerschutzes ist die andauernde Ausweitung von Spargelanbaugebieten nicht unbedenklich, da die Auswaschungsgefahr von Nitrat aus sandigen Böden ins Grundwasser groß ist. Außerdem leisten Spargelfelder keinen wesentlichen Beitrag zur Artenanreicherung der Agrarlandschaft, denn nur im Zeitraum von Anfang Juli bis Ende September finden in Spargeläckern keine mechanischen Bearbeitungsgänge statt. In dieser kurzen Spanne können sich nur sehr kurzlebige Pflanzenarten wie Kleine Brennessel, Hühnerhirse, Kleinblütiges Knopfkraut, Einjähriges Rispengras, Vogelmiere oder Portulak entwickeln. Allerdings bieten die aufgewachsenen Spargelpflanzen Deckung für Rebhühner, Wachteln, Kaninchen und Erdkröten.

In den Weinbergen: Natur und Kultur Hand in Hand

Rebterrassen kleben am steilen Hang. Die über Generationen hinweg aufgeschichteten Naturstein-Trockenmauern sind jetzt in der Sonne durch das sattgrüne Laub der Reben kaum zu sehen. Hier an der Mosel liegt eines der nördlichsten Weinbaugebiete Deutschlands. Zumeist reichen die endlosen Rebenbänder bis an den Fluß und werden nur von nacktem Fels und Waldstücken unterbrochen.
Ein ähnliches Bild bietet sich in vielen anderen Fluß- und Seenlandschaften Deutschlands, Österreichs oder der Schweiz. Sei es am Rhein mit den Rheingauweinen, den rheinhessischen, pfälzischen sowie badischen Weinen, an der Mosel, Ruwer oder Saar mit dem Moselwein, am Main mit den Frankenweinen, am Neckar und den Nebenflüssen mit den Württemberger Weinen und an vielen anderen Flüssen auch mit kleinen Anbaugebieten wie Elbe, Saale, Unstrut. In der Schweiz liegen die Hauptweinbaugebiete am Genfer See und in den Kantonen Neuenburg, Tessin, Waadt und Wallis, während in Österreich, wo man von Weingärten spricht, die Trauben am Ostabfall des Wiener Waldes, des Leithagebirges im Burgenland, des Manhartsberges, in der Wachau und im mittleren Murrtal reifen.

Lange Tradition

An Rhein und Mosel stehen die Rebstöcke schon seit 18 Jahrhunderten. Römische Händler, Kolonisten und Soldaten haben vermutlich im 2. Jhdt. n. Chr. den Weinbau (*Vitis vinifera*, Familie Weinrebengewächse, *Vitaceae*) hier eingeführt. Die griechische Variante der Rebstockpflanzung hatten schon vorher die Phönizier von Marseille aus zumindest bis in das obere Elsaß gebracht. Das belegen Rebmesser, die nicht die italienische, sondern die griechische Form besaßen. Später förderten die einzelnen Landesherren den Weinbau weiter. Karl der Große erließ in seiner Landgüterordnung (»Capitulare de villis et curtis imperialibus«) um 800 genaue Anweisungen für den Weinbau. Und schließlich spielten auch die Klöster bis ins 19. Jahrhundert eine bedeutende Rolle bei der Verbreitung der Reben und waren die eigentlichen Zentren der Weinkultur, wie etwa das Zisterzienserkloster Eberbach in Rheinhessen, wo noch heute die Prämierung der besten hessischen Weine stattfindet. Sie hatten sich vor allem bei der Erschließung und Terrassierung neuer Gebiete große Verdienste erworben. Für den Gottesdienst brauchten sie wegen des Gebots der Reinheit unverfälschte, also naturreine Weine.
Im 19. Jahrhundert erlitt dann der Weinanbau einen großen Rückschlag, als sich die aus Amerika eingeschleppten

Links: Im Bereich alter Steillagenweinberge gehen Natur und Kultur vielfach Hand in Hand.

Rechts: Traditionell wird der Boden in so mancher Weinbaugegend mit Strohauflage vor dem Abschwemmen geschützt. Allmählich wird diese Methode durch Dauerbegrünung ersetzt.

Schädlinge bzw. Rebkrankheiten Reblaus, Mehltau und Peronospora ausbreiteten. Die Weinwirtschaft Europas hat sich zwar davon erholt, doch in vielen Gebieten wurden Randlagen nicht mehr bestockt. Davon zeugen mancherorts noch heute terrassierte, mit alten Obstbäumen (Ersatzkultur) bestandene oder bewaldete Bereiche.

Woher die einzelnen der über 8000 Rebsorten stammen, liegt vielfach im Dunkeln.

Ahnenforschung bei den Reben

Über die Ursprünge der verschiedenen Rebsorten wurde schon viel diskutiert und spekuliert. Schon der römische Naturforscher Plinius zählte im 1. Jahrhundert nach der Zeitenwende 91 Sorten auf. Heute kennt man weltweit 8000 Rebsorten, eingeordnet und systematisiert in Kleinarten, Rassen und Abänderungen.

Alle europäischen Kultursorten gehen auf die formenreiche europäisch-vorderasiatische Wildrebe zurück, eine Liane des feuchten Auwaldes. Diese Wildrebe ist zweihäusig, d. h. männliche und weibliche Blüten wachsen bis auf wenige Ausnahmen auf verschiedenen Pflanzen; die Kulturreben dagegen sind einhäusig. Wildreben aus dem Donauraum sind die Vorfahren des Silvaners, einer ebenfalls alten und stark zurückgegangenen Sorte, sowie des Lembergers und vermutlich auch des Blauen Portugiesers. Riesling und Traminer hingegen stammen mit großer Wahrscheinlichkeit von Wildreben des Rheintales ab. Der großbeerige, meist in Württemberg angebaute Trollinger ist italienischer Herkunft; wie sein alter Name »Tirolinger« schon sagt, kam er über Südtirol nach Deutschland. Der Gutedel stammt sogar aus Ägypten. In der Oase Fayum soll es heute noch ein wildes Vorkommen dieser Reben geben. Aber wer weiß, vielleicht wurde sie einst von den Römern dorthin verbracht.

Anders als die in Auwäldern gedeihende wilde Weinrebe vertragen die Abkömmlinge viel Trockenheit. Weinstöcke brauchen ein ausgeglichenes, sonniges Klima; lange Sommer müssen viel Wärme geben. Gegen Spät- und Frühfröste sowie kalte Winter und übermäßigen Regen (Pilzbefall) sind Reben empfindlich. So setzt das Klima dem Weinbau Grenzen – nicht jedoch der Verbreitung der abgefüllten, edlen Tropfen.

Eine merkwürdige Erscheinung sind die zumeist zweizinkigen Greifranken. Sie stehen wie die Blütenstände den Blättern gegenüber und vollführen suchende Kreise. Sobald sie einen festen Gegenstand erreicht haben, schlingen sie sich innerhalb einer Stunde um diesen und verankern sich mit einer Spirale.

Von eigentlichem kulinarischem Interesse sind die meist mehrsamigen Beeren der Trauben. Sie sind zuckerreich und enthalten Wein- und Apfelsäure. Die Umwandlung des ausgepreßten, süßen Saftes in berauschenden Alkohol ist der Arbeit der Weinhefe zu verdanken. Verschiedene Heferassen kommen auf der Oberfläche der Beeren vor und gelangen – wenn sie nicht mit Fungiziden vertrieben werden – direkt vom Weinberg in die Gärfässer.

Kunstfelsen im Kleinen: Trockenmauern der Weinberghänge

Die Sonne brennt den ganzen Tage auf den Hang, und die Hitze staut sich zwischen den Rebenzeilen. Boden und Gestein scheinen fast schon zu glühen, die Steine der alten Weinbergmauern haben sich auf beinahe 70 °C aufgeheizt. Die kunstvoll aufgerichteten Mauern wirken vor allem wie ein gigantischer Wärmespeicher, der nachts die Wärme abgibt und so ein ausgeglichenes Kleinklima schafft. Als Bischof Günther von Speyer seinen Abt Dieter vor mehr als 700 Jahren anwies, den Maulbronner Südhang des zumeist bewaldeten Elfinger Berges als Weinberg herzurichten und mit Mauern zu terrassieren, sollten hauptsächlich ebene Flächen für den Rebenanbau gewonnen werden. Das Ergebnis, »ein Mauerwerk artig zu Terrassen verbunden« (so Goethe über die aufgesetzten Steinreihen im Neckartal anläßlich seiner Reise 1797 in die Schweiz), ist an solchen durch die steile Hanglage zum Glück nicht planierfähigen Hängen noch heute zu bewundern.

Links: Natursteinmauern und -staffeln verzahnen sich mit dem alten Wetterunterstand und anstehendem Fels zu wertvollen Kleinlebensräumen.

Rechts: Alte Weinbergterrassen – Kunstlandschaften von hohem ökologischen Wert.

Generationen von Weinbauern haben aus zumeist bewaldeten Naturlandschaften die großartigen Kulturlandschaften historischer Weinberge mit Trockenmauern geschaffen.
Dort, wo die Hänge nicht von der Flurbereinigung glattplaniert werden konnten, sind die Trockenmauern Oasen für wärme- und trockenheitsliebende Pflanzen und Tiere. Unter den Rebstöcken haben sich in den Ritzen Mauerpfeffer, Hauswurz, Mauerraute, Zymbelkraut oder der Braune Streifenfarn angesiedelt. Sie alle können aufgrund verschiedener Anpassungen Hitze gut überstehen. Der Natternkopf schützt sich durch seine Behaarung. Wilder Majoran oder Hauhechel haben verholzte Stengel und können daher an den warmen Mauern sehr gut die Feuchtigkeit halten.
Tiere haben es noch einfacher, weil sie in den »Mausgängen«, der Ritzenwelt des Mauerwerks, geschützte Winkel finden. So etwa die Schwarze Ameise, die sich von den fettreichen Samen einiger hier vorkommender Pflanzen wie dem Schöllkraut ernährt. Sie transportiert diese Samen zu ihrem Bau in den Mauerfugen und trägt, wenn sie sie verliert, unfreiwillig zur Verbreitung der Pflanze bei. Der Mauerfuchs – ein Tagschmetterling –, Harlekin-Spinnen, Mörtelbienen, der Plattgedrückte Steinpicker – eine Felsenschnecke – sowie etliche andere Arten finden bei unwirtlichen Bedingungen hier sicheren Unterschlupf.
Die Ursache für das Verschwinden vieler früherer Weinbergpflanzen ist außer in der Rebflurbereinigung in den modernen, tief lockernden Bodenfräsen zu sehen, welche die Zwiebeln und Wurzeln der Gewächse beschädigen und unterpflügen, so daß sie nicht mehr zur Entwicklung kommen können. Hinzu kommt die vernichtende Auswirkung von Herbiziden. Dabei sind die Pflanzen eigentlich auf das in Weinbergen übliche Hacken eingestellt. Wenn etwa die Wurzeln der Wilden Tulpe durch die einfache Bodenbearbeitung an die Erdoberfläche gelangen, treiben sie neue Wurzeln in die Erde, aus denen sich eine neue Zwiebel entwickelnt. Auf diese oder ähnliche Art haben viele Pflanzen in den Weinbergen einst Fuß fassen können.

Wärmespeicher und Lebensraum zugleich

Zwischen den Weinbergsparzellen am Rhein, im Neckarland an den Hängen der Seitentäler, im Mainfränkischen Raum, im Rhônetal und auch am Genfer See finden sich auch heute noch in nicht flurbereinigten Gebieten mächtige Steinpackungen: Steinriegel. Die meisten Steinriegel gehen bis auf die Anfänge des Weinbaus zurück und sind oft über 500 Jahre alt. Mauerpfeffer, Weiße Fetthenne, Schmalblättriger Hohlzahn, Große Fetthenne oder der Natternkopf – viele dieser Arten haben die Steinwelt mit Hilfe der Ameisen erobert, die an den sonnigen Plätzen ihre feinerdereichen Baue errichten und diese dann noch zufällig mit Arten einsäen, deren ölhaltige Samenanhängsel sie fressen. Zugleich sind die Steinriegel Lebensraum verschiedener Eidechsenarten, Schlingnattern und anderer Lebensraumspezialisten. Die Steinriegel sind also gar nicht so unwirtlich, wie sie zunächst aussehen, denn die durchlüfteten Ritzen wirken allzu großer Hitze entgegen.
Die Beerenfrüchte tragenden Gehölze werden von Grünfink, Star und verschiedenen Drosseln verbreitet, die sich auf herausragende Steine setzen. Erstbesiedler unter den Sträuchern

ist in der Regel die Schlehe. Weitere beerentragende Heckengehölze wie Weiß- oder Kreuzdorn, Hartriegel, Pfaffenhütchen, Wilde Stachelbeere, Wolliger Schneeball, Wildrosen oder Liguster folgen. Zuvor hat sich oft die Waldrebe mit ihren silbrig glänzenden Fruchtständen über die Steinwälle geschlungen. All diese Sträucher lassen auf und neben den Steinriegeln nach und nach eine dichte Hecke entstehen, so daß von dem harten Untergrund nichts mehr zu sehen ist.
Auch Bäume wie Wildkirsche, Felsenbirne, Wildapfel, Eiche oder Feldahorn können sich daruntermischen. Dann ist es allerdings vorbei mit dem Nachtspeicherofen – der noch nicht überwachsene Steinriegel wirkt nämlich ähnlich wie die Trockenmauer: tagsüber heizt er sich auf, um nachts die Wärme abzugeben.

Plattgewalzt
Anfang der 70er Jahre: Riesige Planierraupen verwandeln kleinstrukturierte und im Laufe von mehr als einem Jahrtausend gewachsene und gepflegte Rebengärten am Kaiserstuhl in Südbaden innerhalb von Tagen und Wochen in eine Mondlandschaft. Häßliche, landschaftsfremde Großterrassen, Erosion, verändertes Kleinklima und ein dramatischer Artenschwund sind die Folge.
Der Sturm auf die Weinberge zwischen 1965 und 1990 blieb nicht folgenlos. In der badischen Stadtgemeinde Vogtsburg entstanden innerhalb eines Jahres Böschungsschäden von 3 Millionen Mark. Ähnlich in der rheinland-pfälzischen Gemeinde Nierstein am Rhein. Dort hat der Regen im ersten Jahr nach der Flurbereinigung knapp 500 Tonnen Erde pro Hektar abgeschwemmt. Andererseits ist es den Weinbauern kaum zu verdenken, wenn sie sich einfachere Bewirtschaftungsbedingungen wünschen. Und mit der Abschaffung der kleinlagentypischen Bewirtschaftung ist – von den Steillagen abgesehen – eine maschinengerechte Bewirtschaftung möglich geworden. Die Reben hat man freilich zum Träger der Trauben degradiert, und die Schädlinge der riesigen Monokulturen betrachtet man nur als lästige Nebenerscheinung und nicht als Mangelerscheinung und Alarmzeichen für eine falsche Bewirtschaftung. Gegen die Virus- und Pilzerkrankungen der Rebe stehen heute etwa 200 chemische Mixturen zur Verfügung. Sie werden vielerorts von Flugzeugen und Hubschraubern auf die Stöcke niedergespritzt. Doch die komplizierten Kohlenwasserstoffverbindungen, von den Herstellern als »fast so wichtig wie die Sonne« gepriesen, können sich bis zu 30 Jahren in der Natur halten. Wo die Rebflurbereinigung bereits die meisten der mehr als 500 höheren Pflanzen und 5000 Tierarten vernichtet hat, lassen nun die chemischen Einsatzmittel den Neubesiedlern keine Chance.
Doch es gibt einen Hoffnungsschimmer: In zahlreichen Weinbauregionen haben die Winzer nach anfänglichem Zögern damit begonnen, die nach modernen Gesichtspunkten angelegten Rebhänge zu begrünen. Am günstigsten erwiesen sich bei verschiedenen Versuchen solche Bereiche, wo der Boden alle zwei Jahre gestört, d. h. begrünt ist und nur oberflächlich aufgelockert wird. So wird zum einen der Boden gegen Erosion geschützt und andererseits der Eintrag von Chemikalien und Düngestoffen in Folge der natürlichen Gründüngung reduziert. In solchen Bereichen kehren jetzt auch wieder alte Weinberg-Begleitpflanzen wie die Traubenhyazinthe zurück.
Freilich können solche Maßnahmen ebenso wie die jetzt häufig verwendeten Pheromon-Präparate, die zur natürlichen Schädlingsbekämpfung eingesetzt werden, die Strukturvielfalt der mit Trockenmauern terrassierten Hänge nicht ersetzen. Bei den Pheromon-Präparaten werden weibliche Pheromone des Traubenwicklers aus Ampullen verströmt, so daß die Männchen die Weibchen nicht mehr finden können (Verwirrmethode).
Viele Naturschützer fordern deshalb eine ökologische Nachrüstung in den nach altem Muster flurbereinigten Rebhängen. Zugleich ist es wichtig, daß in den noch erhaltenen Steillagenbereichen die Weingärtner Zuschüsse erhalten, damit sie die aufwendige Pflege der Landschaft fortführen und so auch das Überleben vieler an die historische Weinbaulandschaft geknüpfter Tier- und Pflanzenarten sichern.

Alte Steinriegel sind Heimat für Überlebensspezialisten wie die Schlingnatter.

Was unterscheidet Dorf und Stadt? Nicht nur die Größe

Ob es sich bei einer Siedlung um ein Dorf oder eine Stadt handelt, wird neben der Größe nach funktionalen Kriterien bestimmt.

Hauptkennzeichen ländlicher Siedlungen war lange Zeit, daß der primäre Sektor (Landwirtschaft, Forstwirtschaft, Fischerei, Sammelwirtschaft) im Wirtschaftsleben der Bevölkerungsstruktur gegeben war. Diese Kennzeichnung trifft heute nicht mehr zu, da der Anteil der in der Landwirtschaft Tätigen allein in der Bundesrepublik Deutschland von 1950 bis 1998 von 24,8 Prozent auf 2,6 Prozent gesunken ist – also die Haupterwerbsquellen auch in ländlich strukturierten Siedlungen nicht mehr unbedingt aus landwirtschaftlichen Tätigkeiten kommen.

Deshalb spricht man heute in Mitteleuropa auch dann von »ländlicher Siedlung«, wenn im äußeren Bild einer Siedlung das heutige oder frühere Vorherrschen agrarischer Wirtschaftsformen prägend wirkt. Vor allem das Überdauern von Bausubstanz, die ursprünglich »ländlichem« Wohnen und Wirtschaften diente, sollte als kennzeichnendes Merkmal ländlicher Siedlungen angesehen werden. Eine subjektive Einschätzung, wenn man bedenkt, wie stark heutzutage städtische Elemente wie großflächige Gewerbegebiete, Einkaufszentren, Grünflächen oder der industrieartige Betrieb der modernen Landwirtschaft die traditionellen Siedlungen verändern. Als verstädtert gelten Ortschaften, in denen der ursprünglich ländliche Charakter durch neu angelegte Wohnviertel auf einen relativ kleinen Ortskern zurückgedrängt ist.

Innerhalb der ländlichen Siedlungen ist zwischen Gruppen- und Einzelsiedlungen zu unterscheiden. Dabei sind Weiler (lat. villa = Landhaus, Landgut) kleine Gruppensiedlungen mit weniger als 20 Wohnstätten oder mit Einwohnerzahlen, die unter 100 liegen, und Dörfer die entsprechend größeren Gruppensiedlungen. Neben den eigentlichen Dörfern gibt es noch Mittelpunktssiedlungen, in denen soziale und wirtschaftliche Erfordernisse umliegender Ortschaften erfüllt werden, z. B. Marktsiedlungen, Pfarrdörfer etc.

Weiterhin gibt es Siedlungen, die zwischen Stadt und Land stehen, wo Landwirtschaft nicht (mehr) die Haupterwerbsquelle für die Bevölkerung darstellt, und die deshalb auch nur eingeschränkt autark sind (waren). Dazu gehören Gewerbe- und Industriesiedlungen (z. B. Bergbau-, Hütten-, Hammersiedlungen, waldgewerbliche Siedlungen, fischereigewerbliche Siedlungen, Siedlungen des Verarbeitungsgewerbes), Verkehrssiedlungen, Fremdenverkehrssiedlungen, Wohnsiedlungen sowie Schutz- und Herrschaftssiedlungen.

Städtische Siedlungen sind von gewisser Größe und geschlossener Ortsform, die eine beachtliche Differenzierung des Ortsbildes aufweist, wo städtisches Leben in ausreichender Breite entfaltet ist und wo eine ausgesprochene Zentralität herrscht. Städte existieren nicht durch sich selbst, sondern sie finden ihre Lebensgrundlagen in den Beziehungen zu einem engeren oder weiteren (ländlichen) Umkreis. Die städtische Kultur konn-

Ein Storchennest vermittelt das Bild ländlicher Idylle. Wo Störche noch genügend Nahrung finden, ist in der Tat noch ein hohes ökologisches Potential in der Landschaft vorhanden.

Haufendorf: Eingebettet in Grünland und Ackerland, der Horizont begrenzt durch Wald – so ist noch immer die Vorstellung von einer traditionellen ländlichen Siedlung.

te sich erst entwickeln, als man neben der Subsistenzwirtschaft zur Tausch- oder Marktwirtschaft überging – ein Prozeß, der erst durch die Einführung des Systems der Dreifelderwirtschaft und verbesserte Vorratshaltung möglich wurde.
In besonderem Ausmaß hat die industrielle Revolution die Evolution der Stadtkultur gefördert.
Nach besonderen Funktionen, die in der Erwerbsstruktur von Städten vorherrschend sind, kann unterschieden werden zwischen Bergbau-, Industrie-, Fremdenverkehrs- und Verkehrsstädten. Nach der Größe unterscheidet man Landstädte (2 000 bis 5 000 Einwohner), Kleinstädte (5 000 bis 20 000 Einwohner), Mittelstädte (20 000 bis 100 000 Einwohner), Großstädte (100 000 bis 500 000 Einwohner) und Metropolen (> 500 000 Einwohner).

Welche Lebensräume bieten ländliche und städtische Siedlungen?

Für die Auswahl eines Siedlungsortes war es wichtig, daß einerseits ausreichend Wasser in der Nähe war, daß die Entwässerung gewährleistet war und daß die Entfernung zu Acker- und Grünland nicht zu weit war. Außerdem sollten für den Siedlungsbereich keine guten, besser landwirtschaftlich nutzbaren Flächen verloren gehen. Deshalb erfolgten Siedlungsgründungen schon »bei den Linienbandkeramikern zwischen einem feuchten und einem trockenem Ökotop, d. h. zwischen Lößackerflächen und Bach- oder Flußtälern – ganz so ähnlich, wie das noch heute in Lößbörden bei großen Haufendörfern der Fall ist«. Viele unserer alten dörflichen Sied-

Streuobstwiesengürtel, die früher für jedes Dorf typisch waren, bilden die räumliche und standörtliche Übergangszone zwischen Siedlung und umgebender Feldflur.

lungen zeugen von großer Sensibilität im Umgang mit dem naturräumlich bedingten Relief. Es entstanden bauliche Anlagen auf gleich gerichteten, gleich flachen oder flachgeneigten Flächen, und naturräumlich bedeutende Erhebungen oder Richtungsverschwenkungen wurden baulich als Schwerpunkte betont.

Die Reliefunterschiede haben aber auch Verbreitungsschwerpunkte bei den vorkommenden Arten zur Folge. So häufen sich in den Talauen Arten feuchter, nasser, amphibischer und aquatischer Standorte und an Steilhängen diejenigen magerer und trockener.

Neben dem Haufendorf oder Gewanndorf gibt es das Hufendorf oder Reihendorf, wo die Gehöfte in sich geschlossen ein- oder doppelreihig weiträumig an einem Weg liegen und wo die landwirtschaftlichen Anwesen direkt in Felder und Wiesen übergehen.

Der Begriff »Hufe« bezieht sich auf ein altes Feldmaß; dabei beträgt die fränkische Hufe 23,9 Hektar und die sächsische 12,0 Hektar. Diese Feldmaße legte man bei der Neugründung von Siedlungen im 18. Jahrhundert zugrunde, als man dazu überging, dünnbesiedelte Mittelgebirge über die Anlage

Auf Bauschutt aus Mörtel, Kalk- und Ziegelsteinresten stellt sich im Siedlungsbereich eine von einjährigen Pflanzenarten beherrschte Vegetation ein, in der heute seltene Arten wie der Klebrige Gänsefuß vorkommen können.

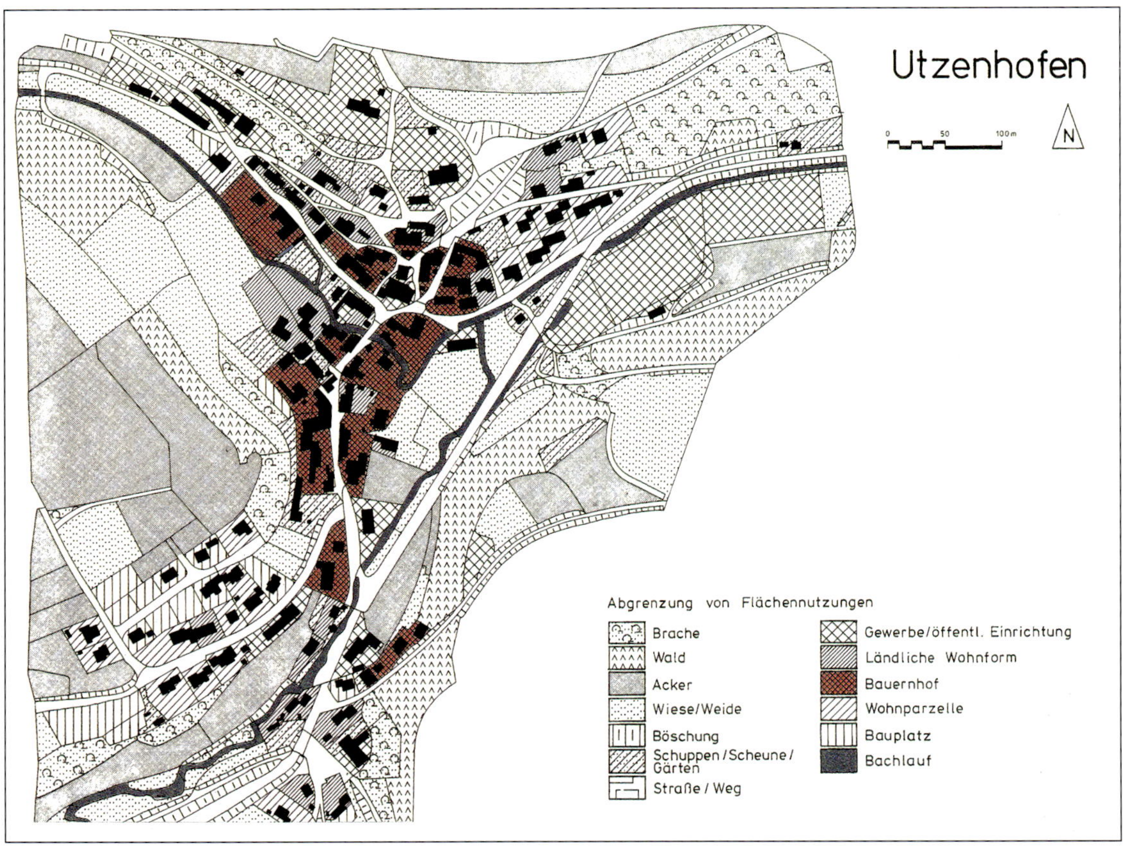

Ländliche Siedlungen lassen sich in ein Mosaik von Flächennutzungen gliedern, denen man typische Lebensgemeinschaften von Pflanzen und Tieren zuordnen kann.

von Waldhufendörfern zu erschließen. Weiterhin gibt es das Straßendorf, das dem Hufendorf ähnlich ist, wo die Bebauung aber geschlossen ist und doppelseitig an einer Straße liegt. Wenn von dieser dichten Bebauung der Dorfplatz (Anger) umschlossen wird, spricht man auch von einem Angerdorf. Beim Rundling sind die Gebäude ringförmig um einen Platz angeordnet. Die neuzeitlichen »Industriedörfer« sind in verschiedensten Formen angelegt, teilweise auch als sogenannte Gartenstädte, die zu Beginn des 20. Jahrhunderts als naturnahe Wohnsiedlungen außerhalb der Großstädte gegründet worden sind (z. B. Hellerau bei Dresden, Gartenberg an der Isar südöstlich von Wolfratshausen).

Neben den Siedlungsformen sind es die Formen und Anordnungen der Gebäude, die das Aussehen von Siedlungen prägen. Die Bauernhauslandschaften Mitteleuropas hat Heinz Ellenberg sowohl aus ökologischer als auch aus historischer Sicht beschrieben und uns in ihrer ganzen Vielfalt zugänglich gemacht. Das äußere, sehr variable Erscheinungsbild von Siedlungen ist auf drei Ursachen (= ökosystemare Funktionen) zurückzuführen – nämlich die Produktions-, Konsumptions- und Entsorgungsfunktion. Ein Ergebnis dieses Funktionsgefüges ist ein vielfältiges Biotoptypenspektrum, das je nach der Art und Intensität von Veränderungen und Störungen, die durch menschliche Nutzungsabsichten bedingt sind, ausgebildet ist.

Die Einflüsse und Auswirkungen des Menschen auf Siedlungsböden beschreibt Frau Krippelova: »Dort, wo er Siedlungen angelegt hatte, wo er Verkehrsstraßen, später Fabriken und andere gesellschaftliche Objekte baute, häufte er näher oder weiter davon entfernt, Abfälle an. So entstanden nach und nach mit der Entwicklung der Zivilisation Sammelplätze von Abfällen aus Haushalten, von den Handwerkern und anderen, die den Beginn heutiger Abfallgruben und Kehrichthaufen bilden.« Diese Siedlungsböden sind dadurch gekennzeichnet, daß der Mensch sie an ihrem ursprünglichen Ort durch Eingriffe verändert oder sie selbst geschaffen hat. Darum nennt man sie anthropogen oder nach dem Lehrbuch der Bodenkunde von Scheffer und Schachtschabel »Kultosole«.

Anthropogene Böden werden in ruderale Aufschüttböden, aufgeschüttete Böden und kultivierte Böden gegliedert. Das Ausgangsmaterial städtischer ruderaler Aufschüttböden ist überwiegend Trümmerschutt, der Forschungsergebnissen zufolge überraschend schnell schon nach 5 bis 25 Jahren zerfällt, denn die Lösung der Karbonate aus dem Mörtel und die Frostsprengung des Ziegelschutts zerkleinern das Substrat in feinkörnigere Komponenten. In ländlichen Siedlungen sind Mörtel- und Ziegelschuttböden im allgemeinen nur kleinflächig vor Mauern und Gebäuden zu finden, wo abbröckelnder Putz, Mörtel, Sand, Kies etc. sich konzentrieren.

Differnzierung anthropogener Böden (aus OTTE 1995, nach KRIPPELOVA 1966 und RUNGE 1975).

	Ruderale Aufschüttböden	Aufgeschüttete Böden	Kultivierte Böden
Einteilung nach der Entstehung	Mischung künstlich angehäuften Materials aus organischen Abfällen (Müll, Dung etc.), Erdreich und/oder Gesteinskomponenten (Mörtel, Bau- und Trümmerschutt, Beton, Schotter, Kies, Sand etc.).	Sekundär abgelagertes und verlagertes Erdreich, Sand, Kies und Schotter, die vermischt sein können.	Natürliches, primär abgelagertes Erdreich.
Grundeinfluß des Menschen	Vermischung und Anhäufung von organischen und mineralischen (kalkhaltigen) Komponenten unterschiedlicher Herkünfte.	Aufschüttung von Erdreich Kies, Schotter oder Sand an einem sekundären Standort.	Umschichtung und Fruchtbarmachung der ursprünglichen Bodenhorizonte.
Eingriffe in die Bodenbildung	unregelmäßig.	einmalig.	regelmäßig.
Standort	Alle Ruderalstellen (Müllplätze, Schutthalden, Baustellen, Teilflächen auf Bauernhöfen).	Dämme, Straßen- und Eisenbahnböschungen und Gleisanlagen, Gewerbe- und Industriegebiete, Halden, Lärmschutzwälle etc.	Äcker, Gärten oder Weinberge: Wenn Veränderungen nur den Pflughorizont betreffen, wird die Kennzeichnung »Ap« dem urspr. Bodentyp vorangestellt; bei tiefergehenden Veränderungen, die das autochtone Bodenprofil vollständig umgestalten, verwendet man bei Gärten und Weinbergen die Bezeichnungen *Hortisol* bzw. *Rigosol*.

Im allgemeinen herrschen auf den Wirtschaftshöfen der (ehemaligen) landwirtschaftlichen Anwesen verdichtete Böden aus umgelagertem Erdreich vor, die oft mit Kies vermischt und durch jahrhundertelange bäuerliche Nutzung mit Nährstoffen aus Dung, Mist, Fäkalien von freilaufendem Federvieh, oberflächlicher Versickerung von Jauche etc. angereichert worden sind. Daneben gibt es aufgeschüttete Böden aus Schotter, Kies, Sand und Lehm an Straßenböschungen, auf großflächigen Gewerbegebieten oder im Gleisbereich von Bahnhöfen sowie kultivierte Garten-, Grün- und Ackerlandböden.

Diese heterogenen Standortbedingungen spiegeln sich in der Pflanzendecke wider. Kennzeichnend für die Flora ländlicher Siedlungen ist daher, daß

- Halblicht und Lichtpflanzen vorherrschen,
- Mäßigwärmezeiger bis Wärmezeiger und dem Faktor Wärme gegenüber indifferente Arten überwiegen,
- Arten mit Verbreitungsschwerpunkt im westlichen Europa vorherrschen, jedoch auch Arten mit subkontinentaler Verbreitung vorkommen,
- Mäßigfrischezeiger bis Frischezeiger vorherrschen, daneben aber auch Feuchte- und Nässezeiger und Wasserpflanzen vorkommen,
- Schwachbasenzeiger, Basenzeiger und dem Faktor Bodenreaktion gegenüber indifferente Arten vorherrschen und
- Arten stickstoffärmerer Standorte bis hin zu ausgesprochenen Stickstoffzeigern vorkommen.

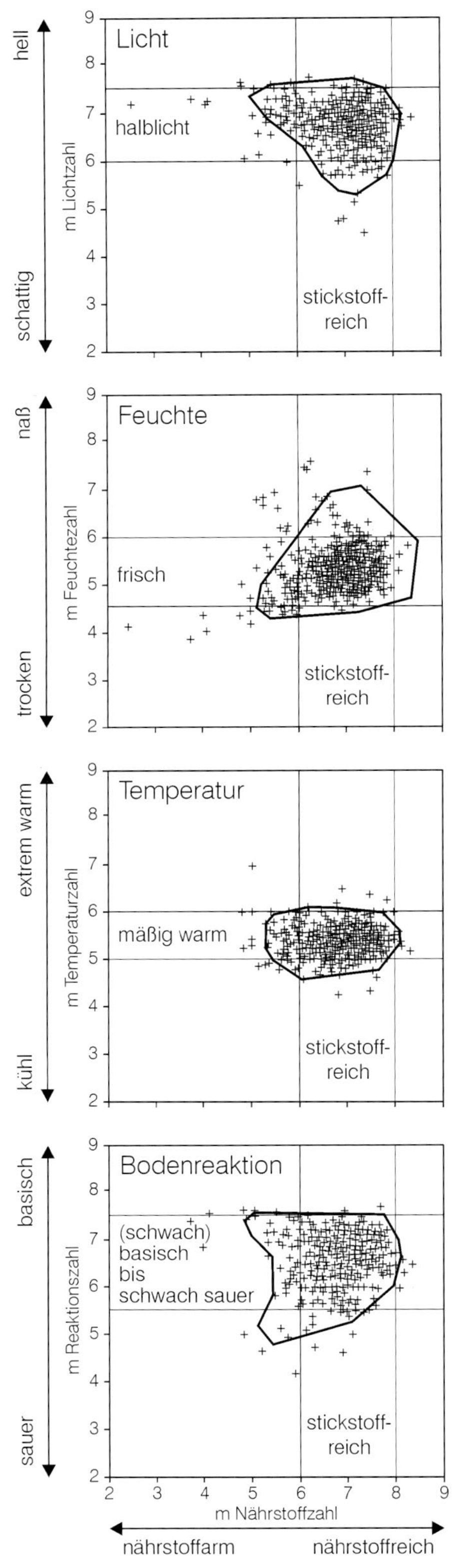

Ökogramme mittlerer Zeigerwerte für Standorte mit der Großen Brennessel. Sie hat ihre Hauptvorkommen dort, wo es stickstoffreich, schwach sauer bis schwach basisch, frisch, halblicht und mäßig warm ist.

Die Brennessel – eine ideale Dorfpflanze

Eine Art, deren standortökologisches Optimum diesen Bereich abdeckt, ist die Große Brennessel. Sie hat ihre Hauptvorkommen dort, wo es stickstoffreich, frisch, schwach sauer bis schwach basisch, halblicht und mäßig warm ist.

In Dörfern spiegeln sich regionale Unterschiede, die durch Klima, Relief und Ausgangsgestein bedingt sind, deutlicher wider als in Städten. Da die Anzahl eigentlicher Dorfarten in ländlichen Siedlungen vergleichsweise niedrig ist, können Arten halbnatürlicher Biotoptypen (z. B. Flußauen, Hutungen, Magerwiesen) das siedlungsspezifische Artenspektrum erheblich bereichern und prägen.

Städte haben dagegen erheblich höhere Artenanteile siedlungsspezifischer Arten, denn größere Standortvielfalt führt zu ansteigenden Artenzahlen bei zunehmender Flächengröße. Arten von Sonderstandorten fallen deshalb weit weniger ins Gewicht.

Arten der inneren Stadtbereiche sind weitgehend licht- und wärmebedürftig, trockenheitsertragend und nährstoffbedürftig. Demnach sind die städtischen Biotoptypen deutlich extremer in ihren Standortverhältnissen als die der ländlichen Siedlungen.

Rauchschwalbe – über Jahrhunderte typischer Kulturfolger der ländlichen Siedlungen. Heute ist sie vielfach durch Aufgabe der Viehhaltung, geschlossene Ställe und Nahrungsmangel bedroht.

Das Wirtschaftsgefüge im Dorf bestimmt das Verbreitungsmuster von Biotoptypen und Arten

Die Umorientierung der Landwirtschaft von einer arbeitsintensiven, vielfältigen zu einer rationalisierten spezialisierten Produktionsweise hat nun dazu geführt, daß auch in den ländlichen Siedlungen viele traditionelle Elemente funktionsunfähig (Wohnhäuser, Scheunen, Stallgebäude, Wege, Straßen u. a.) oder weitgehend überflüssig (Obstwiesen, Weiden für Schweine und Pferde, Dorfanger, Dorfteich, Dunghaufen u. a.) geworden sind.
Der Ausgleich dieser Nachteile auf den Gehöften hat zu großen baulichen Veränderungen und Flächenumwidmungen geführt. Als Folge dieser Entwicklung vollzog und vollzieht sich auch im dorftypischen Biotop- und Artenspektrum ein rasanter Wandel. Da sie sich in Anpassung an eine heute weitgehend historische Nutzungsvielfalt entwickelt hat, ist eine Anpassung an moderne Verhältnisse nicht zu erwarten.

Moderne Biotoptypen wie Spielplätze, Verkehrsflächen, Grundstücke mit öffentlichen Gebäuden oder Neubaugrundstücke bieten zwar Lebensraum für neue, im allgemeinen aber artenärmere Lebensgemeinschaften.
Die Ursachen für den Biotop- und Artenreichtum in ländlichen Siedlungen sind am Beispiel des komplexen Biotoptyps »Traditioneller Bauernhof« dargestellt.

Das Nutzungssystem »Traditioneller Bauernhof«

Da die Nutzung von Flächen an Eigentumsverhältnisse gebunden ist, findet sie innerhalb von Grundstücksgrenzen statt. So ist es möglich, eine Siedlung mittels aneinander angrenzender, gleichartiger oder wechselnder Flächennutzungen (z. B. Bauernhof, modernes Wohngrundstück, Kirche mit Friedhof, Dorfstraße, Gasse) zu gliedern. Diese Flächennutzungen entsprechen Biotoptypen, wenn sie floristisch und faunistisch gekennzeichnet sind.
Nun werden Grundstücke in Siedlungen im allgemeinen nicht so großflächig homogen genutzt wie etwa die landwirtschaftlichen Produktionsflächen Acker- und Grünland, sondern es existieren innerhalb ihrer Abgrenzungen Teilflächen mit unterschiedlichen Funktionen, die charakteristisch für die betreffende Flächennutzung sind. Diese kleinteiligen Nutzungen wie Haus- oder Ziergarten, Hühnerhof, Gänseweide, Obstweide

Die Kleine Klette bevorzugt nährstoffreiche, frische Böden.

u. a. sind in sich wiederum durch Zäune, Bäume, Erdhaufen etc. räumlich strukturiert und mit dafür typischen Lebensgemeinschaften bewachsen.
Ein traditioneller bäuerlicher Betrieb ist ein geregeltes System von Wirtschaften und Arbeiten, wo Pflanzen- und Tierproduktion auf dafür festgelegten Teilflächen stattfinden, die der Selbstversorgung dien(t)en. Im allgemeinen besteht ein Bauernhof aus Wirtschaftsteil, Produktionsteil und dem Bereich von Abstellflächen, Lagerflächen und -gebäuden.

Ein traditioneller Bauernhof ist ein kleinteiliges Nutzungssystem aus Wirtschaftshof, Flächen für Pflanzen- und Tierproduktion sowie Abstell- und Lagerplätzen.

Wirtschafts- und Produktionsteil
Zum Wirtschaftsteil gehören die festen Gebäude wie Wohnhaus, Stallungen, Scheunen und der ständig befahrene und betretene Wirtschaftshof. Hier herrscht die größte Aktivität, die sich in einer hohen Dynamik der Benutzung der Gebäude sowie der mechanischen Belastung der Hoffläche äußert.
Der Produktionsteil gliedert sich in Teilflächen, die vorrangig der Pflanzen- oder Tierproduktion dienen:

Zu den Flächen der Pflanzenproduktion gehören die intensiv gepflegten Haus- und Ziergärten. Sie dienen der Erzeugung von Gemüse, Obst und Blumenschmuck. Ihre Beete werden regelmäßig gehackt und gedüngt. Auch die extensiv genutzten Obstgärten, -wiesen und -weiden, die vorrangig der Produktion von Obst dien(t)en, zählen dazu.

Die Grasnarbe unter und zwischen den Bäumen wird gemäht (wenn die Obsterzeugung am wichtigsten war) und/oder beweidet. Hier erfolgt die Nutzung ebenfalls in einem festgelegten zeitlichen Rhythmus. Obstwiesen werden regelmäßig gemäht und sind meistens noch Auslauf für Federvieh.

Oben links: Steinmarder finden Lebensraum in wenig genutzten Scheunen und Stallgebäuden.

Unten links: Bauerngärten werden intensiv genutzt. Auf den Gemüsebeeten wird regelmäßig gejätet und gedüngt.

Oben rechts: In Hühnerhöfen entwickeln sich um die Scharrlöcher herum, wo die Hühner Staubbäder nehmen, kurzlebige Pflanzenarten wie die Kleine Brennessel.

Unten rechts: Im aufgewühlten Boden der früher häufigen Sauwiesen (hier Schwäbisch-Hällische Schweine) gedeiht die Kleine Klette besonders gut.

In Obstbaum-bestandenen Weiden wird im Frühjahr und Spätsommer Großvieh eingekoppelt. Die Bevorzugung des Baumschattens als Standfläche führt auf den Baumscheiben zu einer erheblichen Nährstoffanreicherung, so daß sich Nährstoffgradienten zwischen Baumscheiben, Viehunterständen, Weidezaun u. ä. ausbilden konnten.
Demgegenüber sind Tierproduktionsflächen intensiv genutzte Parzellen. Dazu zählen Hühnerhof, Enten- und Gänsewiese, Sauweide oder Heimweide für Pferde, Kühe und Jungvieh. Aufgrund der speziellen Aktivitäten, des Freßverhaltens und der bevorzugten Aufenthaltsplätze der Tiere sind nährstoffreiche bis eutrophierte Flächen entstanden, die je nach Bewegungsverhalten der Tiere verdichtet (Enten, Gänse, Pferde, Rinder) oder aufgekratzt (Hühner) sind.

Abstell- und Lagerplätze

Der Bereich der Abstellflächen, Lagerflächen und -gebäude dient der Vorratshaltung von Futtermitteln, der Ablagerung von Dung und/oder als Abstellfläche für Geräte und Maschinen. Er befindet sich in der Übergangszone zwischen Wirtschafts- und Produktionsteil.
Abstellflächen werden zwar intensiv genutzt, jedoch ist die Dynamik, mit der dort gewirtschaftet wird, gering bzw. findet oft nur saisonal statt. So wird der Dunghaufen zwar täglich beschickt, wird aber nur zu bestimmten Zeiten abgefahren. Ähnliches gilt für die Benutzung solcher Gerätschaften, die etwa nur zur Aussaat oder Ernte verwendet werden, oder für Holzstöße und Mieten (für Gras, Mais), die zu einer bestimmten

Oben: Zu jedem Bauernhof gehörte früher ein Dunghaufen. Salzverträgliche Pflanzenarten wie Roter und Blaugrüner Gänsefuß besiedeln diese nährstoffreichen Standorte.

Unten: An den Ufern von Dorfweihern wurden früher fast überall Enten und Gänse gehalten. In der schlammigen Uferzone wachsen Ampfer-Knöterich, Nickender Zweizahn und Flohkraut.

Jahreszeit aufgeschichtet und eingefahren werden und dann relativ lange unverändert an Ort und Stelle liegen bleiben. Von ausgelaufener Jauche, Silobrühe, unabsichtlich verbreitetem Mist, Stroh etc. sind diese Nutzungsparzellen stellenweise extrem mit Nährstoffen – vor allem mit Phosphat – angereichert. Da sich im Bereich der Abstell- und Lagerflächen Wirtschafts- und Produktionsteil berühren, finden Nutzungsüberschneidungen statt. Wenn Hühner beispielsweise nicht in einer eingezäunten Parzelle gehalten werden, können sie alle übrigen, ihnen zusagenden Standorte beeinflussen. Liegt der Dunghaufen im Wirtschaftshof, so findet u. U. eine erhebliche Eutrophierung auf dem Hof statt.

Dies bedeutet, Bauernhöfe haben unterschiedliche Betriebsformen mit unterschiedlichem Viehbesatz. In längeren Zeiträumen bilden sich auf den einzelnen Grundstücken Teilflächen heraus, die unterschiedliche Funktionen haben und verschieden genutzt werden (Teilnutzungen, z. B. ein Hühnerhof). Dafür sind bestimmte Einrichtungen typisch (wie Hühnerstall oder Zaun). An ihren Begrenzungslinien bilden sich Übergangszonen zur Umgebung aus, die Wuchsorte für bestimmte dorftypische Lebensgemeinschaften sind.

Bauernhoftypische Pflanzen

Ihren Verbreitungsschwerpunkt auf bäuerlich genutzten und der Selbstversorgung dienenden Grundstücken haben Gänse-Malve, Kleiner Storchschnabel, Guter Heinrich, Kleine Brennessel, Kleine Klette und Wilde Malve. Von ihren Verbreitungszentren – den bäuerlichen Grundstücken – ausgehend, überziehen sie mit geringer Stetigkeit das gesamte Dorfgebiet, mit Ausnahme feuchter bis nasser Flächen.

Gänse-Malve, Kleine Brennessel und Kleiner Storchschnabel kommen dort vor, wo mehrmals im Jahr lockerer, vegetationsfreier Boden entsteht. Die höchste Stetigkeit haben sie in Hühnerhöfen und Gänseweiden. Die Hauptvorkommen des Guten Heinrich – der Dorfpflanze an sich – liegen im Bereich von Wirtschaftshöfen, Hühnerhöfen und Dorfgassen. Außerdem kommt er mit geringerer Stetigkeit im Bereich der Verkehrsflächen auf Mittelstreifen, Fahrspuren, Wegrändern und Grünstreifen vor.

Sauweiden dienen dem Auslauf von tragenden Sauen. Dort hat die Kleine Klette einen Verbreitungsschwerpunkt. Da sie zweijährig ist, benötigt sie immer wieder offenen Boden für die Keimung. Die Samen der Kleinen Klette lösen sich aber erst im Verlaufe eines Verrottungsprozesses aus den Klettenfrüchten – ein Prozeß, der durch wühlende Schweine gefördert wird.

Die Wilde Malve ist ausdauernd und wächst bevorzugt vor besonnten, warmen Schuppenwänden oder anderen, relativ störungsfreien Stellen.

Während die Mauerraute ausschließlich in Mauer- und Felsfugen wächst, kommen Weiße und Scharfe Fetthenne bevorzugt auf Mauerkronen vor. Sie sind aber auch auf anderen trockenen, besonnten, sandig-grusig-kiesigen und deshalb konkurrenzarmen Standorten wie Kies-Wegen oder Gleiszwickeln und stillgelegten Gleisen auf Bahnhöfen zu finden.

Das giftige Schwarze Bilsenkraut gehört zur Familie der Nachtschattengewächse. Es war als Heil- und Drogenpflanze weit verbreitet.

Stadtbiotope – gibt es so etwas überhaupt?

Natur in der Stadt? Bei einem Fotowettbewerb zu diesem Thema wurden Portraits von Mohrle der Hauskatze, den Geranien, die den Blumenschmuckwettbewerb gewonnen haben oder von den Spatzen und Meisen am winterlichen Futterhäuschen eingesandt.
Daß es noch ganz andere, durchaus wilde Stadtnatur gibt, wurde erst mit Beginn der ökologischen Stadtforschung und den Stadtbiotopkartierungen ab etwa 1980 bekannt. Bis dahin galt das Klischee »Belebtes Umland – lebensfeindliche Stadt«. Vergleicht man die Ergebnisse der Stadtbiotopkartierungen großer Städte mit dem Arteninventar intensiv genutzter Agrarflächen, fällt auf, daß sich im Bezug auf den Arten- und Biotopschutz die Verhältnisse in manchen Fällen sogar umgedreht haben: Artenreichtum in den Stadtbiotopen – Artenarmut in den Monokulturen der intensiv genutzten Agrarlandschaften.

Auch in Städten kann sich urwüchsig anzusehende Natur entwickeln.

Der Kleiber ist in fast allen städtischen Parkanlagen und Villenvierteln regelmäßig zu beobachten.

Neben typisch städtischen Arten, die ihre Heimat seit langem auch in den Siedlungen des Menschen hatten, wie Hausrotschwanz, Kellerassel, Stubenfliege etc., sind es Arten trockener, warmer und nährstoffreicher Standorte, denen städtische Biotope als Lebensraum zur Verfügung stehen. Besonders artenreich sind Industrie- und Gewerbebrachen. Auch alte Park- und Villengebiete sowie Ränder von Bahnlinien, Straßen und Kanälen im Siedlungsbereich haben in der Regel hohe Artenzahlen und können mit seltenen Arten aufwarten. Je älter die Biotope und je extensiver die Nutzung, desto reicher und wertvoller ihr Inventar an Arten. In Städten mischen sich Arten naturnaher und naturferner Biotope. Je nach wirtschaftlicher oder sozialer Lage werden bestimmte Stadtbiotope gefördert: Der Leerstand von Gewerbegebieten etwa fördert manche Arten, die normalerweise Extremstandorte besiedeln wie Felsbereiche, natürliche Geröllhalden oder steppenähnliche Bereiche. Nach dem Zweiten Weltkrieg erlebten die ruderalen Arten der Trümmerflächen auf dem Gebäudeschutt der zerstörten Häuser eine Blüte. Bedingt durch den Ferntransport tauchen in Städten immer wieder Pflanzenarten anderer Länder und Erdteile auf, z. B. Nachtkerze, Götterbaum, Robinie oder Sommerflieder. Es gibt in

Städten aber auch Relikte naturnaher Biozönosen wie etwa Waldreste oder naturnahe Flußauen wie die Isar, die München noch mit eingeschränkter Flußdynamik durchfließt.
Obwohl die Stadtentwicklung die ursprünglichen Standortvoraussetzungen verändert hat und die Umweltbedingungen deutlich vom Umland abweichen, sind vormalige naturräumliche Gegebenheiten noch wirksam.
Die Arbeitsgruppe Artenschutzprogramm Berlin hat schon 1984 eine Gliederung der Nutzungsstrukturen aufgestellt, die hier wiedergegeben ist und die sich mit ortstypischen Anpassungen in allen Städten anwenden läßt.
Folgende Zonen und Strukturen sind zu nennen:

Moderne Innenstadt

Zone mit dichter Bebauung und hohem Versiegelungsgrad durch Straßen und Gebäude. Große Grünflächen fehlen außer in Form historischer Parkanlagen, die aufgrund ihres ideellen Wertes nicht der Bebauung geopfert wurden. Die Vegetation beschränkt sich häufig auf mobiles Grün als Kübelpflanzung, pflegeleichte immmergrüne Rabatten mit Kriechsträuchern (z. B. *Cotoneaster* ssp.) und einzeln stehende Bäume. Auf Brachflächen oder Baustellen, die längere Zeit sich selbst überlassen bleiben, kann sich spontane Vegetation einstellen; ebenso an Rändern von Parkplätzen oder auf Baumscheiben. Durch Dach- und Wandbegrünungen erfährt das biologische Inventar eine Aufwertung.

Das Nebeneinander von moderner Architektur und ruinösen Gebäuderesten bestimmt häufig den Naturschutzwert von Stadtbiotopen.

City-Randzone mit Blockbebauung

Häuserblocks mit Innenhöfen, in die nachträglich Gewerbebauten, Garagen und Parkplätze hineingebaut wurden. Auch hier ist der Grünflächenanteil eher gering und der Versiegelungsgrad hoch. Sind Grünflächen vorhanden, enthalten sie oft einen alten Baumbestand und Straucharten, die zur Bebauungszeit in Mode waren. Außerdem finden sich mitunter überrankte Schuppen und verwilderte Gärten sowie Mauern mit Mauerfugengesellschaften. In diesem Stadium der Umwandlung nimmt die biologische Wertigkeit zu. Bedroht wird sie dann durch Maßnahmen der Stadterneuerung, wenn Aspekte des Arten- und Biotopschutzes nicht berücksichtigt werden.

City-Randzone mit mehrgeschossiger Zeilenbebauung und Punkthochhäusern

Der Freiflächenanteil ist in dieser Zone höher, was auf die Baugesetzgebung zurückzuführen ist. Jedoch sind die Grünflächen oft monoton gestaltet und intensiv gepflegt. Pflegeleichte, standortfremde Baum- und Strauchpflanzungen sowie intensiv gepflegte Zierrasenflächen dominieren. Der Umbau in eine naturnahe Pflanzung, die Extensivierung der Rasenpflege hin zu Wiesenbeständen oder die Förderung von ungesteuerter Vegetationsentwicklung könnte diesen Biotopkomplex im Hinblick auf die biologische Bedeutung und den Erlebniswert für die Anwohner aufwerten.

Einfamilien- und Reihenhausgebiete der äußeren Stadtrandzone

Die Bebauungsdichte ist ähnlich hoch wie im Geschoßwohnungsbau, die Freiflächen werden hauptsächlich privat genutzt. Es handelt sich überwiegend um Ziergärten mit pflegeleichten Sträuchern und Modepflanzen wie Blaufichte, Korkenzieherweide, Bambusstauden oder Pampasgras. Intensiv gepflegter Zierrasen und Blumenrabatten ergänzen diese Vielfalt. Pflanzenarten und Baumaterialien entstammen den Bau- und Gartenmärkten, ebenso die zum Einsatz gebrachten Dünger und Spritzmittel. Die Besitzer richten sich in Gartengestaltung und Pflege in erster Linie nach Vorbildern der Werbung.
Abweichend hiervon agieren die Besitzer älterer Gärten, die über langjährige, eigene gärtnerische Erfahrung verfügen und auch Methoden vielfältiger Gartengestaltung und -nutzung beherrschen. Die Veränderungspotentiale zur ökologischen Auf-

wertung dieser Flächen sind hoch. Aufgrund neuer wissenschaftlicher Erkenntnisse müssen Verbesserungen im Rahmen gezielter Umweltbildung ansetzen. Dringend erforderlich ist deshalb die Multiplikatorenschulung, etwa bei Architekten, Wohnbaugesellschaften, Gartenbaufirmen oder Verkäufern in Baumärkten. Obwohl die Akademie für Natur- und Umweltschutz Baden-Württemberg und andere Umweltbildungsstätten hier schon Vorarbeit geleistet haben, sind diese Anstrengungen noch zu verstärken.

Alte Parkanlagen und Villengebiete mit großen Gärten

Diese beiden Biotoptypen ähneln sich stark. Charakteristisch ist der alte Baumbestand, der sich häufig auch aus exotischen Arten zusammensetzt und länger erhalten wird als dies in Wirtschaftswäldern der Fall ist. Typisch sind vielfach Kräuter der Wald- und Wiesen- sowie der stickstoffliebenden Saumvegetation. Bei extensiver Pflege erhöht sich das Artenpotential. Typisch für die Vogelwelt sind Höhlen- und Buschbrüter. Für Säugetiere wie Eichhörnchen, Baummarder oder Kaninchen stellen sie wichtige, ruhige Lebensräume dar. In Stuttgart gibt es sogar eine innerstädtische Feldhasenpopulation, die ihren Lebensraum einem alten Landschaftspark verdankt.

Stadtrandzone mit Industrie- und Gewerbegebieten

Unterscheidbar sind zwei Typen von Gewerbe- und Industriearealen. Zum einen Gewerbegebiete überwiegend mit Einkaufszentren wie Bau-, Möbel- und Supermärkten, Autohäusern sowie Handwerks- und kleineren Industriebetrieben. Typisch ist ein hoher Versiegelungsgrad. Grünstrukturen gliedern sich häufig in Rasen-, Kriechstrauch- und Zierpflanzungen. Nur selten wird die Chance genutzt, solche Bereiche naturnäher, also in Form »gezielter Wildnis« zu gestalten.

Alte Parkanlagen und Villengrundstücke mit großen Gärten sind die »grünen Lungen« der Städte.

Links: Typischer Bewohner naturnah belassener, alter Gärten und Parks – die Ringeltaube

Unten: Schloßgärten sind aufwendig geplante und gepflegte Lebensräume mit einer großen Anzahl exotischer Zierstauden und -gehölze.

Der zweite Typus besteht aus Produktionsanlagen der Groß- und Schwerindustrie. Diese gehen in Deutschland, Österreich und der Schweiz durch den Strukturwandel mehr und mehr zurück. In den Städten und vor allem in den Industrieagglomerationen der Montan- und Schwerindustrie entwickeln sich so Industriebrachen – allein im Ruhrgebiet um 1990 rund 6000 Hektar. Zusammen mit dem Industrieerwartungsgelände an den Stadträndern stellen sie für Jahre und Jahrzehnte bedeutendste Übergangs- und Sukzessionsflächen größerer Ausdehnung dar. Auf Industriebrachen in Essen konnten 615 Pflanzenarten festgestellt werden. Naturschutzziel ist es, diese Lebensräume auf Zeit nach dem Rotationsprinzip so zu entwickeln, daß nicht ihre Lage, sondern ihr Flächenanteil und ihr Arteninventar stabil bleiben.

Stadtrandzone mit Stadterweiterungsbiet

In dieser Zone herrscht eine hohe Dynamik durch Umnutzungen. Unterschieden werden zwei Typen der Nutzung: Erstens geplante städtebauliche Bereiche, aus denen Trabantenstädte entstehen, und zweitens Bereiche, in denen die Entwicklung unkontrolliert abläuft und sich alte Nutzungen wie Wald, Landwirtschaft oder Gartenbau mit neuen Nutzungen wie Neubausiedlungen, Brachen und Baustellen durchdringen. Während beim ersten Typus der Trabantenstädte ökologische Belange in der Regel nicht berücksichtigt werden, entstehen beim zweiten Typus zwangsläufig Restflächen, die die spontane Ansiedlung von Arten begünstigen.
Je ungeplanter die Entwicklung verlief, desto höher ist häufig die Durchdringung der Nutzung und infolgedessen die Biodiversität. Ungenutzte Grenzflächen, Planungsruinen, Brachen von Fehlplanungen wechseln mit Schrottplätzen, Kleingartenkolonien und alten Stadtrandgärten oder Resten von Streuobstwiesen ab. Der Anteil junger Entwicklungs- und Saumbiotope ist in diesem Biotopkomplex überdurchschnittlich hoch.

Trassenränder im Siedlungsbereich

Bei diesem urbanen Biotoptyp handelt es sich um linienförmige Infrastruktureinrichtungen, die die Städte durchziehen und mit dem Umland verbinden. Im einzelnen sind es Ränder von Verkehrsstraßen, Abstandsflächen und Zwischenräume von Verkehrsknoten, Dämme von Bahnanlagen, Streifen zwischen

Gleisen und Straßen oder Mauern und Steinschüttungen entlang von Kanälen. Diese Flächen werden extensiv gepflegt, seitdem die Verwendung von Pestiziden untersagt ist. Breite Streifen tragen oftmals ruderalisierte Magerrasen und mehrjährige Hochstaudenfluren, Gebüsche oder Vorwaldstadien. Schmalere Straßenränder, insbesondere wenn sie häufig gestört sind, tragen einjährige Wildkrautbestände, ebenso Baumscheiben, die nicht gärtnerisch bepflanzt sind.

Zu Stadtbiotopen zählen aber auch Einzelobjekte wie Solitärbäume, Mauern, Keller, Dachböden, Baumscheiben oder kleinere Bodenanrisse.

Die Stadtwüste lebt

Das Stadtklima ist extremer als das des Umlandes. Die Luft ist zum Zentrum hin erwärmt, die Luftfeuchtigkeit vermindert, der Luftaustausch herabgesetzt. Aufgrund der hohen Versiegelung läuft das Niederschlagswasser schnell ab; das Grundwasser ist abgesenkt.

Die Böden im Siedlungsraum sind häufig durch mechanische Belastung verdichtet, reich an Karbonaten, an Stickstoff sowie anderen Pflanzennährstoffen, aber auch an Schwermetallen und Salzen.

Ausgangssubstrate für anthropogene Stadtböden sind Gemische aus natürlichen, technogenen und umgelagerten Substraten. Technosole entwickeln sich aus Trümmerschutt, vorwiegend Bauschutt wie gebrochenem Stein, Ziegel, Kalk, Mörtel, Beton. Auch Teer- und Bitumenreste, Holz, Metall, Glas, Aschen oder Schlacken gibt es hier. In alten, über Jahrhunderte bewirtschafteten Stadtgärten haben sich sogenannte Hortisole gebildet – Böden, die aus der gärtnerischen Bewirtschaftung entstanden sind und einen hohen Humusanteil aufweisen.

Typische Standorte an Kies- und Sandabbaustellen sind Rohböden, die bei ausbleibender Dynamik der Gehölzsukzession unterliegen.

Aus dieser Vielfalt an abiotischen Standortvoraussetzungen und menschengeformten Strukturen resultiert eine hohe Biodiversität. Von nährstoffarmen Sanden bis zu humusreichen Gartenböden lassen sich alle denkbaren Substrate entdecken, und damit entstehen Entwicklungsmöglichkeiten für Pionierrasen, Magerrasen, Ruderalgesellschaften. Im folgenden werden einige wichtige Pflanzengemeinschaften städtischer Biotoptypen angeführt; dabei sind Standorteigenschaften und Alter der Biotoptypen die entscheidenden, differenzierenden Parameter:

Junge, durchlässige und sandige Rohböden tragen Dachtrespenrasen, Nachtkerzenbestände, Mäusegerstenrasen sowie Initialstadien von Sandrasen; ältere ruderalisierte Sandrasen dagegen Sandohr- und Goldruten-Bestände, danach Sandbirken-Vorwälder und Robinienwälder.

Junge, durchlässige, kiesige Rohböden sind durch Natternkopf-Steinkleegesellschaften, ältere durch ruderalisierte Trokkenrasen und ausdauernde Hochstaudengesellschaften sowie Birken-Weiden-Vorwald charakterisiert.

Rohböden aus Schottern und Steinen tragen als Pioniergesellschaften Felsgrusfluren oder Platthalm-Rispenrasen, später bildet sich über Gebüschanflug ein Birken-Weiden-Vorwald.

Frische bis nasse Rohböden aus Lehm und Ton tragen als erste Besiedelungsstadien Lehmacker-Wildkrautgesellschaften, Huflattichbestände sowie Tritt- und Flutrasen. Danach entwickeln sich Queckenrasen und Weiden-Holundergebüsche sowie Vorwälder mit Eschen und Ahorn.

Auf Bauschuttgemischen dominieren in den Initialstadien Weidenröschen und Rautengesellschaften, später Beifußgestrüpp, Klettenfluren, Sommerfliedergebüsche sowie Vorwäler mit Esche, Ahorn und Robinie.

Auf Gartenböden mit hohem Humusanteil besteht das erste Besiedelungsstadium aus Garten-Wildkrautgesellschaften, später erscheinen Knoblauchsraukensäume, Giersch-Brennessel-Gesellschaften und Queckenrasen. Den Abschluß bilden Brombeergebüsche, Holundergebüsche und Eschen-Ahorn-Vorwald.

Eine Besonderheit stellen die Vogelknöterichfluren auf trockenem Substrat und die Wegerichfluren auf frischem Substrat dar. Sie entwickeln sich bei starker Tritteinwirkung.

Leben zwischen Schienen und Schwellen – vom Adler zum ICE

Aus dem Schlot entweichen gewaltige Dampfwolken, ein Schnauben und Stampfen läßt die Luft erzittern, Funken stieben, Räder fangen an, sich langsam zu bewegen. Bald wiederholen sich die Ausatmungen des Schlotes immer schneller. Pferde scheuen, Kinder schreien, Kanonendonner, eine Kapelle spielt die Nationalhymne, und eine Menge Schaulustiger jubelt den Fahrgästen im vorüberfahrenden Wagenzug zu. Es ist der 7. Dezember 1835 – Geburtsstunde der Bahnbiotope im deutschsprachigen Europa und erste Fahrt einer dampfgetriebenen Eisenbahn in Deutschland von Nürnberg nach Fürth. Das Dampfroß, die »Adler« getaufte Lokomotive, stammt aus England, von wo aus die Dampfmaschine des Erfinders James Watt ihren Siegeszug um die Welt antrat und wo schon 1804 die erste Lokomotive auf Schienen fuhr. So war England das Mutterland der Eisenbahn. Bereits um 1850 verfügte England über ein Streckennetz von über 10600 Kilometer. Belgien war das erste Dampfbahnland des Kontinents. Etwas später als in den deutschen Staaten begann das Eisenbahnzeitalter in Östereich. Die erste österreichische Eisenbahn fuhr am 23.11.1837 von Floridsdorf nach Wagram; die erste Schweizer Bahn 1847 von Zürich nach Baden, die sogenannte Spanisch-Brötli-Bahn.

Für den Schienenweg waren besondere Konstruktionen notwendig, die erst entwickelt werden mußten. So bestand die erste Bahnlinie zwischen Nürnberg und Fürth aus einem 60 Zentimeter hohen Damm, in den Stein- und Holzquader eingelassen waren, die etwa 35 Zentimeter aus dem Boden ragten. Auf ihnen wurden die Schienen befestigt. Erst später verwendete man hölzerne Querschwellen, die mit Steinkohlenteeröl getränkt wurden, um das rasche Faulen des Holzes zu verhindern. Für das Schienennetz mußten Berge untertunnelt und Flüsse überspannt werden. In Oberau entstand der erste Eisenbahntunnel, bei Riesa über die Elbe die erste größere deutsche Eisenbahnbrücke, eine Holzkonstruktion, die auf gemauerten Pfeilern ruhte. Die technischen Bauwerke in Natur- und Kulturlandschaften entwickelten sich zu neuen Biotopen für unterschiedlichste Lebensgemeinschaften. Brücken boten Nistgelegenheiten, Tunnelsysteme mit Seitenstollen und Belüftungsschächten entwickelten sich zu künstlichen Höhlensystemen, in denen etwa Fledermäuse leben konnten. Dämme und Einschnitte, Bahnhöfe und Rangierflächen kennzeichneten das

Am Rand von Bahntrassen siedeln in kalkhaltigen Schotterkörpern Wurzelpioniere wie Kanadische Goldrute, Land-Reitgras oder Rosmarin-Weidenröschen.

sich schnell verdichtende Netz der Bahnlinien. Im Staatengebiet des Deutschen Zollvereins wurden bis 1840 annähernd 500 Kilometer Bahnstrecken gebaut, etwa die »Hofstrecke« Berlin-Potsdam 1839 oder die Staatsbahn zwischen Mannheim und Heidelberg im Großherzogtum Baden 1840. Im Königreich Württemberg eröffnete die Teilstrecke Cannstatt-Untertürkheim 1845.

Harte Arbeit ebnet der Eisenbahn den Weg

Der Ausbau des Streckennetzes, gefördert durch Aktiengesellschaften, verlief parallel zum Industrialisierungsprozeß ab Mitte des 19. Jahrhunderts so turbulent, daß Deutschland bis 1910 von einem Schienennetz von 61148 Kilometern Länge durchzogen war. Diese enormen Bauleistungen wurden überwiegend in Handarbeit und unter schlechtesten sozialen Bedingungen ausgeführt – von Saison- und Wanderarbeitern, die durch den schnellen wirtschaftlichen Wandel, z. B. aus dem Handwerk oder aus der Landwirtschaft freigesetzt wurden und von der Massenarmut bedroht waren. Gewaltige Erdmassen aus Durchstichen oder für Dämme wurden über weite Strecken mit dem Schubkarren, mit Trollwägen und Fuhrwerken transportiert. Die Dämme wurden schichtenweise aufgeschüttet und eingestampft, damit sie sich nicht setzten. Oft war es auch erforderlich, das Terrain zwangsweise zu erwerben. So erließ man schon 1835 eigens für den Eisenbahnbau in Sachsen ein Expropriationsgesetz (Enteignungsgesetz).

Wie kein anderes Verkehrsmittel steht die Eisenbahn für schnellen und billigen Massentransport und damit als Symbol für die industrielle Revolution. Sie half den rasch wachsenden Bedarf an Kohle und Eisen für die Schwerindustrie zu decken und erschloß Absatzmärkte. Die Eisenbahn beschleunigte die Ablösung der feudalen Agrarstaaten durch bürgerliche Industriestaaten. Der Postkutschenzeit machte sie über das Intermezzo der Eisenbahnkutsche, eine von Pferden auf Schienen gezogene Bahn, schließlich den Garaus und übernahm den Personen- und Güterverkehr. Für rund 100 Jahre bedeutete die Eisenbahn wirtschaftliche Macht und Prosperität. Sie war das bestimmende Verkehrsmittel. Erst Mitte des 19. Jahrhunderts fiel sie im Konkurrenzkampf mit dem Auto und dem Flugzeug immer mehr zurück, um mit den Hochgeschwindigkeitszügen in den 90er Jahren des 20. Jahrhunderts eine Renaissance zu erleben.

Die Bahn machte vielfach Geschichte und wurde für manche zum Schicksal: In einem versiegelten Waggon wurde der Revolutionär Wladimir Iljitsch Lenin nach Rußland gefahren; Soldaten, Kriegsmaterial, Pferde oder deportierte Juden und Flüchtlinge wurden mit der Bahn transportiert. Manch altes Gleisgelände, wie etwa der Anhalter Bahnhof in Berlin, auf dem Wald die Stellwerke und Schienen für lange Zeit überwucherte, könnte von menschlichen Schicksalen erzählen.

Auch die Dampfrösser des sogenannten »Wilden Westens« Nordamerikas, die »Transsibirische Eisenbahn« Innerasiens oder die legendäre »Bagdadbahn« sind eng mit der Geschichte von Pionieren, Landnahmen und expandierenden Reichen verknüpft.

Auch Pflanzen und Tiere fahren Zug

Die Bahn als Transportmittel befördert als blinde Passagiere auch Tier- und Pflanzenarten. Stellen wir uns einen Güterwagen vor, der einige Tage auf einem Rangiergleis in Mailand steht. Eine Mörtelbiene legt ihre Eier in ein Hohleisen an der Türverriegelung. Der Wagen fährt dahin und dorthin, ja quer durch ganz Europa und wird im nächsten Jahr an einem

Oben: Verzicht auf Chemie macht's möglich: blütenübersäte Bahnanlage

Rechts: Viele Tier- und Pflanzenarten haben sich als sog. Bahnwanderer entlang der Gleisanlagen weit verbreitet.

So manche trockene Bahnböschung ist Lebensraum aus zweiter Hand – etwa für Magerstandort-Zeiger wie das Helm-Knabenkraut.

Sommertag in München abgestellt. Die jungen Mörtelbienen fliegen aus und finden in den angrenzenden blütenreichen Bahnbiotopen erste Nahrung. Eine neue Generation Bienen hat den Weg über die Alpen gefunden. Oder Samen von Ackerunkräutern, die mit Getreide in den Säcken mitverladen, transportiert und meist durch Verschütten beim Umladen ausgesät wurden. In vielen Fällen läßt sich der Wanderweg von bahnbegleitenden Organismen direkt mit dem Streckennetz in Verbindung bringen. So wurde etwa bei einer Untersuchung der Bahnvegetation in Stuttgart eine Verbindung der Arten zum Oberrheintal nachgewiesen.

Aufgrund ihrer internationalen Austauschfunktion sind Bahnstrecken oft auch erster Ansiedlungsort von Neozoen oder Neophyten, also Tieren und Pflanzen, die als Neueinwanderer gelten. So wurde etwa das in Südafrika beheimatete Schmalblättrige Greiskraut im Ruhrgebiet erstmalig 1978 am Bochumer Hauptbahnhof entdeckt. Bereits zehn Jahre später hatte es das Ruhrgebiet via Straße und Schiene flächendeckend besiedelt und die Grenze nach Norden und Osten überschritten. Die Massenvorkommen tauchen heute weite Gleisflächen zur Blütezeit in leuchtendes Gelb.

Zu den typischen »Bahnwanderern« zählen die Strahlenlose Kamille aus Asien, die Gewöhnliche Nachtkerze aus Nordamerika, das Kleine Liebesgras, die Hohe Rauke und die Gelbe Resede aus Südeuropa und dem Mittelmeergebiet. Eine Berliner Spezialität ist der Klebrige Gänsefuß, der aus dem östlichen Mittelmeerraum stammt und nur hier nördlich der Alpen Fuß faßte.

Häufig sind die Bahnflächen mit ihren sonnenexponierten Schotterflächen Sekundärbiotope für Arten trockenwarmer Primärbiotope wie natürliche Flußtäler mit Sand- und Kiesbänken oder Felsen. Auch manche Arten magerer Standorte der Kulturlandschaft, wie die Bewohner historischer Mauern von Weinbergen oder der bäuerlichen Kulturlandschaft, können sich hier über eine längere Zeit halten. Oft sind natürliche Lebensräume wie Flußläufe längs dem technischen Ausbau zum Opfer gefallen und die Arten leben nur noch im Sekundärbiotop Bahngelände wie gerettete Schiffbrüchige auf einer Insel.

Lebensraum Bahnhof

Erstaunlich ist der Artenreichtum auf Bahnflächen! So stellte man auf dem rund 100 Hektar großen Gelände des Stuttgarter Bahnhofes 400 Arten von Farn- und Blütenpflanzen, 29 Brutvogelarten, 110 Wildbienen- und Wespenarten, 85 Nachtfalter- und 21 Tagfalterarten, 8 Heuschrecken- und 30 Laufkäferarten fest. Das Artenspektrum ist jedoch noch höher, da nicht alle Artengruppen vollständig untersucht wurden. Für den hohen Artenschutzwert der Flächen maßgeblich ist auch der hohe Anteil seltener und vom Aussterben bedrohter Arten. So umfaßt das Stuttgarter Beispiel insgesamt 60 Arten von der Roten Liste der vom Aussterben bedrohten Tier- und Pflanzenarten, z. B. Binsen-Knorpellattich, Schönen Pippau oder Behaartes Bruchkraut, Faltenwespe (*Euodynerus dantici*), Maskenbiene, Grabwespe oder Blauflügelige Ödlandschrecke, die beinahe als Charakterart der Bahnbiotope gelten kann. So sind es denn oft Gruppen wärmeliebender Arten wie Reptilien, Ameisen, Schmetterlinge oder Wildbienen, die besonders individuenreich im Bereich von Bahnbiotopen leben. Auch die sehr wärmeliebende Spinnenassel, die vor allem im Mittelmeerraum verbreitet ist, kommt auf dem Stuttgarter Bahngelände vor.

Im Bezug auf die Wildbienenvorkommen ist dieses Bahngelände in Baden-Württemberg neben der Oberrheinebene und dem Taubertal einmalig. Auch kommen ähnliche Standorte mit Arten der Felsheide in Süddeutschland kaum noch vor. Die nächsten großflächigen Felsheiden befinden sich im Ahr- und Nahetal sowie in der Südschweiz (Wallis).

Solche besonderen Beispiele lassen sich mehrfach finden. Vor allem ältere Bahnbiotope haben regionale und überregionale Bedeutung für den Arten- und Biotopschutz. So ist von Trockenmauern entlang einer Bahnstrecke in Passau ein Vorkommen der seltenen Smaragdeidechse bekannt.

Typisch für die eigentlichen Verkehrsflächen der Gleisanlagen sind besonnte, feinerde- und nährstoffarme Schotter sowie grusige Substrate mit überwiegend warmem Mikroklima. Auf stark befahrenen Strecken finden hier durch Gleisbau- und Unterhaltungsarbeiten häufig Bodenumlagerungen und -veränderungen statt. Um den Betriebsablauf nicht zu stören, ist starke Vegetationsentwicklung unerwünscht und wird durch die Betreiber der Bahnanlage unterbunden – früher überwiegend mechanisch, heute durch den Einsatz von Totalherbiziden. Alternative Verfahren wie der Einsatz von Infrarotgeräten oder die Verwendung von Heißdampf werden untersucht. Dabei ist im Rahmen einer Umweltverträglichkeitsprüfung zu ermitteln, welches der Verfahren – chemisch, thermisch oder mechanisch – am besten abschneidet.
Auf den behandelten Flächen gedeihen Pionierpflanzengesellschaften wie die Mauerpfeffer-Gesellschaft oder die einjährige Gesellschaft des Dreifingerigen Steinbrechs. Sie profitieren vom turnusgemäßen Einsatz der Spritzzüge, da so diesen niederwüchsigen Pflanzengesellschaften regelmäßig wiederkehrende Rohbodenverhältnisse verschafft werden, wo sie sich immer wieder neu entwickeln können. Höherwüchsige, sie beschattende Konkurrenzpflanzen werden durch den Einsatz der Herbizide unterdrückt.
In Bereichen, wo diese intensive Bahnanlagenunterhaltung aufhört, etwa bei Stillegung von Bahnhöfen und Gleisanlagen, gewinnen die höherwüchsigen Arten die Oberhand. Die Weiterentwicklung läuft über mehrjährige Stauden- und Ruderalgesellschaften wie etwa die Natternkopf-Steinklee-Gesellschaft oder die Möhren-Bitterkraut-Gesellschaft zu typischen Gebüschgesellschaften der Bahnbiotope wie dem Schmetterlingsstrauchgebüsch. Rangierbahnhöfe, Gleisharfen (ein Bündel von Auszugsgleisen, das in ein Hauptgleis mündet) oder große Sackbahnhöfe verfügen oft über ein reiches Biotopmosaik dieser sehr blütenreichen und farbenfrohen Pflanzengesellschaften.

Leben entlang der Gleise

Eine ganz andere Gruppe von Biotoptypen der Bahnanlagen stellen die Einschnitte und Dämme entlang der Bahnlinien dar. Ihre Vegetation hat sich ebenfalls häufig auf mageren und nährstoffarmen Substraten der anstehenden Gesteinsformationen und Rohböden entwickelt, die beim Bau angeschnitten oder aufgeschüttet wurden. Ohne Humusauflage und ungedüngt lieferten sie das Substrat für die Entwicklung von Mager-, Halbtrocken- und Trockenrasen. An Quellaustritten in den angeschnittenen Gesteinsschichten oder in Vertiefungen der begleitenden Entwässerungsgräben entstanden auch Feuchtbiotope, die die Vielfalt der Lebensräume und Arten noch weiter erhöhten. Schäfer und Kleinbauern nutzten diese Flächen zur Futtergewinnung, ebenso ärmere Bevölkerungsschichten, die hier Futter für Ziegen oder Stallkaninchen sammelten. Deshalb waren die Bahnböschungen früher immer kurz abgeweidet oder gemäht, wie historische Fotos belegen. Mit dem Rückgang der kleinbäuerlichen Landwirtschaft fiel diese Nutzung mehr und mehr brach und die Flächen versandeten und verbuschten. Die Bahn mußte die Pflege übernehmen. So wurde in der Dampflokomotivenzeit das abgestorbene Gras auch abgebrannt, um der Brandgefahr durch den Funkenflug aus den Schornsteinen zu begegnen. Heute ist das Abflammen verboten, da hierdurch Kleintiere wie Insekten, Igel oder Schnecken verbrannt werden.
Mit der Elektrifizierung und verschärften Sparmaßnahmen der Bahn verzichtet diese ganz auf eine Pflege der Böschungen, was zu Biotopverlusten führt. Heute überwiegen dort, wo nicht Naturschutzpflegetrupps die regelmäßige Mahd übernommen haben, Gehölzsukzessionen. Häufig sind Robiniengebüsche zu finden, die trocken-warme Standorte bevorzugen und in den 40er Jahren oft als Bienenfutter an Bahnanlagen gepflanzt wurden.
In Baden-Württemberg wurden an Bahnhöfen oft Ulmen angepflanzt, z. B. in Crailsheim oder in Freiberg a. N. Eine erwähnenswerte Besonderheit stellen auch die sogenannten Bahnlandwirte dar – ein Zusammenschluß von Pächtern und Nutzern der Bahnneben- und Verschnittflächen, welche diese häufig wie Kleingärten nutzen. Mit der Privatisierung und Konsolidierung der Bahn in Deutschland werden viele Bahnflächen veräußert und einer anderen Nutzung zugeführt, ohne daß bisher der Bedeutung der Bahnbiotope größere Beachtung geschenkt worden wäre. Denkbar wäre es, etwa einen Fonds zum Schutz und zur Pflege artenreicher Bahnbiotope einzurichten. Es bleibt zu hoffen, daß auch in Zeiten der Hochgeschwindigkeitszüge der Naturschutz auf Bahngeländen nicht buchstäblich auf der »Strecke« bleibt.

Ackerland- und Siedlungsbiotope erkennen, bestimmen, schützen

Steckbriefe
zu den einzelnen
Biotoptypen

Welcher Biotop ist das?

Über Jahrhunderte waren die Menschen Bestandteil der von ihnen geschaffenen und erhaltenen Kulturlandschaften Mitteleuropas. Eingebunden in die Regelmechanismen des Naturkreislaufs waren Siedlungen und Ackerland auf vielfältigste Weise miteinander verknüpft. Es war der Mensch, der durch die Anlage von Äckern und die damit verbundene Wirtschaftsweise eine Vielzahl neuer Lebensräume schuf. Durch traditionelle Nutzungsformen bis zur Mitte des 20. Jahrhunderts entstanden artenreiche, heute stark bedrohte Lebensräume. Viele Arten erfuhren unter diesen Voraussetzungen eine viel weitere Verbreitung und höhere Individuendichte als dies in den »ungenutzten«, natürlichen Lebensräumen möglich war. Mit der Technisierung und Industrialisierung in der agrarischen Produktion wurde die großflächige Bewirtschaftung der Fluren möglich und produktivste Agrarlandschaften entstanden.
Heute hat ein Großteil der Bevölkerung keine Beziehung mehr zur umgebenden Kulturlandschaft und ihren vielgestaltigen Formen. Wo können Landbewohner und Städter heute noch Feldhase und Rebhuhn, Feldlerche oder gar Kornweihe sehen? Wer kennt noch vormalige »Allerweltspflanzen« wie Ackerrittersporn und Kornrade? Welches Kind hat heute noch die Chance, am Rande von Äckern Eidechsen zu entdecken? Wer kann heute noch einen blauen Kornblumenstrauß nach Hause tragen?
Auch die Siedlungen verarmen immer mehr an Wildpflanzen und wildlebenden Tieren. Im Zentrum vieler Großstädte haben Wildpflanzen kaum mehr eine Überlebenschance, und auf dem Land sind auch schon die dörflichen Nutzungsformen mit ihrer einstigen Vielfalt an Wildkräutern und Wildtieren dem landwirtschaftlichen Wandel und einem oft falsch verstandenen Sauberkeitsempfinden zum Opfer gefallen.
Selbst viele jener Menschen, die sich selbst als umweltbewußt und naturinteressiert einschätzen, wissen nicht, wie vielfältig sich die menschlichen Einflüsse auf die Agrarlandschaften und auf die Umwelt insgesamt auswirken. Nachdem in den letzten Jahren immer deutlicher wurde, wie notwendig ein umfassender Biotopschutz ist, müssen wir jetzt die Voraussetzungen – auch für die wertvollen Biotope der Siedlungen und des Ackerlandes – schaffen. Die wichtigste davon ist ein geändertes Naturbewußtsein. Damit der Mensch aber den Wert und die Bedeutung der Natur begreifen kann, muß er ihre Formenvielfalt kennen: Umfangreiches Wissen über die verschiedenen Biotope, über ihre Entstehung, mögliche Gefährdungsursachen und die sich daraus ergebende Schutzbedürftigkeit ist dafür die Grundlage.

Der nachfolgende Bestimmungsteil ermöglicht es zum einen, die verschiedenen Lebensräume von Siedlungen und Ackerland sowie deren unterschiedliche Entstehung aus verschiedenen Nutzungsformen zu erkennen, zum anderen liefert er Informationen, die nötig sind, um den Pflege- und Erhaltungszustand sowie Verbesserungsmöglichkeiten und mögliche Gefährdungen einzuschätzen. Auch Einsteiger in den Biotopschutz erhalten anhand der allgemein verständlichen Biotop-Steckbriefe die wichtigsten Grundinformationen – in Stichworten und mit fotografischen Lebensraumportraits. Grundstückbesitzern, Städten, Gemeinden, Fachbehörden, Landwirten und allen anderen Interessierten liefern die Biotop-Steckbriefe Erstinformationen über die Einordnung und die Bedeutung der unterschiedlichen Lebensräume. Naturschutzgruppen, Planern und mit Biotoperfassungen betrauten Personen wird in einem komprimierten Überblick die Einschätzung dieser Ackerland- und Siedlungsbiotope erleichtert.
Bei der Bestimmung von Lebensräumen und erst recht bei den sehr stark durch das menschliche Wirtschaften beeinflußten Lebensräumen ist jedoch immer zu beachten, daß Natur keine Grenzen kennt. Zwischen den verschiedenen Biotoptypen gibt es eine Vielzahl von Zwischen- und Übergangsformen. Gerade in Siedlungen besitzen viele Biotope eine Vielzahl von Kleinstrukturen, die jede für sich einen eigenen Lebensraum darstellen, obwohl sie auf engstem Raum nebeneinander vorkommen.
Die Einteilung in Biotoptypen kann der Vielfalt der Natur mit ihren Übergängen zwischen den unterschiedlichen Lebensräumen natürlich nicht im vollen Umfang gerecht werden. Dennoch lassen sich über das Vorkommen bestimmter Pflanzen- und Tierarten, über die landschaftliche Erscheinungsform oder über die kultur- und naturhistorische Entstehungsgeschichte Lebensräume als solche definieren und beschreiben.
Zur leichteren Orientierung beim Nachschlagen und Vergleichen sind die Biotop-Steckbriefe nach folgendem Schema aufgebaut:

Kennzeichen: beschreibt die wichtigsten Erkennungsmerkmale der einzelnen Biotoptypen und deren Entstehung. Unter diesem Stichwort finden sich auch Besonderheiten einzelner Biotoptypen sowie bedeutende kulturhistorische Aspekte.

Verbreitung/Vorkommen: informiert über klimatische und auf die Landschaftsform bezogene Besonderheiten einschließlich der nutzungsbedingten Aspekte der jeweils typischen Standorte und nennt regionale Verbreitungsschwerpunkte.

Standortmerkmale: enthält Angaben zu den geologischen, klimatischen und anthropogenen Verhältnissen, die für die Biotoptypen kennzeichnend sind: Böden, Wasserhaushalt, Mineral- bzw. Nährstoffhaushalt.

Charakteristische Arten: in dieser Rubrik sind Pflanzen- und Tierarten aufgelistet, die für den beschriebenen Biotoptyp charakteristisch sind. Aufgeführt sind dabei sogenannte Leitarten und sonstige typische Arten, die im jeweiligen Biotoptyp vorkommen können. Ein bestimmter Biotoptyp liegt natürlich auch vor, wenn einzelne Arten nicht vorhanden sind. Die Auflistung gibt somit eine Tendenz und Erkennungshilfe für den einzelnen Lebensraum und dessen Abgrenzung gegenüber ähnlichen Biotoptypen.

Nutzung: stellt historische und aktuelle Formen der Nutzung dar und beschreibt stichwortartig ihre Folgen für die Ausprägungen der einzelnen Lebensraumtypen.

Ökologische Bedeutung: geht auf die Funktion jedes Biotoptyps als Lebensraum für Tiere und Pflanzen ebenso ein wie auf seine abiotischen Funktionen im Landschaftshaushalt.

Gefährdung: macht auf die je nach Biotoptyp sehr unterschiedlichen Gefährdungsursachen – wie etwa Intensivnutzung oder Nutzungsaufgabe, Strukturwandel usw. – aufmerksam. In den Steckbriefen sind unter dem Stichwort »Gefährdung« auch jene Belastungen aufgelistet, die vom jeweiligen Biotoptyp ausgehend negativ auf umliegende Standorte, ihren Wasserhaushalt und/oder das Meso- und Mikroklima wirken.

Schutz und Pflege: soweit überhaupt möglich und sinnvoll, wird hier auf die ökologische Sicherung und Verbesserung der jeweiligen Biotoptypensituation eingegangen.

Basenreiche Äcker

Kennzeichen: Klatsch-Mohnreiche Äcker der Winter- und Sommerkulturen. Selbst in ackerbaulichen Intensivgebieten zeichnet die signalrote Blütenfarbe von Klatsch-Mohn (*Papaver rhoeas*) Ackerränder sowie Flächen nach, die von Herbiziden verschont wurden.

Verbreitung/Vorkommen: Ursprung und Hauptverbreitung im submediterranen und südlichen Mitteleuropa. In Deutschland, Österreich und der Schweiz in den Wintergetreide-, Sommerfrucht- und Hackfruchtkulturen über Kalkverwitterungs- sowie basenreichen Lehm- und Tonböden. Dazu gehören Kalkscherbenböden über Muschelkalk und Weißem Jura, quartäre Kalkschotterböden im Alpenvorland, kalkreiche Auenböden, Schwarzerdeböden in Mitteldeutschland, Böden der Jungmoränenlandschaften in Nordwest-, Nord- und Nordostdeutschland, tiefgründige Böden über Basaltgestein u. a.

Standortmerkmale: Wärmebegünstigte Klimaregionen mit relativ langer Vegetationsperiode. Lückige Kulturpflanzenbestände auf zur Austrocknung neigenden Böden (fehlende Niederschläge bei Flachgründigkeit und/oder hohem Tongehalt u. ä.) bieten günstige Voraussetzungen für die Entwicklung artenreicher Agrarbiozönosen. Dort ist die Produktivität der Kulturpflanzenbestände nicht optimal, in lückigen Beständen erlangen kleinwüchsigere Magerkeitszeiger Konkurrenzvorteile. Ackerstandorte aus Rendzinen, Schwarzerden, Parabraunerden, basenreichen Braunerden und Auenböden sind reich an Kalzium und Magnesium; die pH-Werte (gemessen in Wasser) betragen auf kalkreichen Böden 7,2 bis 7,8; in kalkarmen, basenreichen Gebieten liegen sie um den Neutralwert.

Charakteristische Arten: Flora: In basereichen Äckern allgemein häufig: Klatsch-Mohn (*Papaver rhoeas*), Acker-Senf (*Sinapis arvensis*), Acker-Hellerkraut (*Thlaspi arvense*), Persischer Ehrenpreis (*Veronica persica*), Flug-Hafer (*Avena fatua*), Acker-Fuchsschwanz (*Alopecurus pratensis*) und Ge-

In lückigem Getreide kann der niedrigwüchsige Venusspiegel dichte Teppiche bilden.

schlitzter Storchschnabel (*Geranium dissectum*). Hohe standörtliche Vielfalt und Kulturpflanzenspektrum innerhalb der basenreichen Äcker; deshalb deutliche Unterschiede im Artenspektrum.

Echte Kalkzeiger: Sommer-Adonisröschen (*Adonis aestivalis*), Haft-Dolde (*Caucalis platycarpos*), Venuskamm (*Scandix pecten-veneris*), Acker-Wachtelweizen (*Melampyrum arvense*), Rundblättriges Hasenohr (*Bupleurum rotundifolium*), Finkensame (*Neslia paniculata*), Knollige Platterbse (*Lathyrus tuberosus*) u. a. m.

Kalk- und Basen-bevorzugende Arten: Acker-Rittersporn (*Consolida regalis*), Nacht-Lichtnelke (*Silene noctiflora*), Venusspiegel (*Legousia speculum-veneris*), Sonnenwend-Wolfsmilch (*Euphorbia helioscopia*), Glänzender Ehrenpreis (*Veronica polita*), Erdrauch (*Fumaria officinalis*), Acker-Senf (*Sinapis arvensis*), Acker-Gänsedistel (*Sonchus arvensis*).

Daneben deutliche Beziehungen im Artenspektrum zur angebauten Kulturart: Typisch für die lange Anbauperiode des Wintergetreides sind Klatsch-Mohn (*Papaver rhoeas*), Sommer-Adonisröschen (*Adonis aestivalis*), Haft-Dolde (*Caucalis platycarpos*), Venuskamm (*Scandix pecten-veneris*), Knollige Platterbse (*Lathyrus tuberosus*), Acker-Steinsame (*Buglossoides arvensis*) oder Rundblättriges Hasenohr (*Bupleurum rotundifolium*). Auf dem gleichen Ackerstandort können bei

Acker-Rittersporn (links) und Klatsch-Mohn (rechts) sind typisch für kalk- und basenreiche Böden.

Sommergetreide-Anbau Flug-Hafer (*Avena fatua*), Finkensame (*Neslia paniculata*), Nacht-Lichtnelke (*Silene noctiflora*), Tännelkraut (*Kickxia spuria*) oder Einjähriger Ziest (*Stachys annua*) vorherrschen und im Hackfrucht-Anbau Erdrauch (*Fumaria officinalis*), Acker-Hellerkraut (*Thlaspi arvense*), Glänzender Ehrenpreis (*Veronica polita*), Weißer Gänsefuß (*Chenopodium album*) u. v. a.
Fauna: Die differenzierte Ackerwildkrautvegetation wird durch eine artenreiche Tierwelt ergänzt: Bedeutsam für Humus- und Grobporenbildung sind Regenwürmer (*Lumbricidae*), vor allem in tonreichen, zur Verdichtung neigenden Böden. An Kulturpflanzen und Ackerwildkräutern saugen phytophage Wanzen (*Heteroptera*) und Blattläuse (*Homoptera/Aphidina*). Daneben leben diverse Blattkäfer (*Chrysomelidae*) als Schädlinge von Kulturpflanzen wie Getreide- und Kartoffelkäfer (*Leptinotarsa decemlineata*), zahlreiche Erdflohkäfer (z. B. *Longitarsus* ssp.), Rübenschildkäfer; zu den Schnellkäfern (*Harpalinae/Elateridae*) zählen Getreidelaufkäfer (*Zabrus tenebrioides*) und Saat-Schnellkäfer, der Rübenderbrüßler (*Bothynoderes punctiventris*) zu den *Cleoninae*.
Kennzeichnend für warme Ackerstandorte sind Reptilien wie Zaun-Eidechse (*Lacerta agilis*) und Blindschleiche (*Anguis fragilis*) und bodenbrütende Vogelarten wie Rebhuhn (*Perdix perdix*), Fasan (*Phasianus colchicus*), Wachtel (*Coturnix coturnix*), Feldlerche (*Alauda arvensis*), Grauammer (*Emberiza calandra*) und sehr selten der Ortolan (*Emberiza hortulana*). Kleinsäuger wie Feldmäuse (*Microtus arvalis*) mit hoher Vermehrungsrate sind Hauptnahrung für Greifvögel, Eulen und andere Beutegreifer. Kennzeichnend für Löß- und Lehmbödenlandschaften ist der Feldhamster (*Cricetus cricetus*), der seine Erdwohnungen bis zu zwei Meter tief in weichen Untergrund eingräbt und dort in Vorratskammern bis zu 15 kg Getreidekörner, Rüben, Kartoffeln oder Kohl »hamstert«.

Nutzung: Vorherrschend heute auf basenreichen Ackerstandorten die Winterungen Winter-Weizen, Winter-Gerste und Raps; bei Sommerung Silo-, Körnermais und Sommer-Gerste, im Hackfruchtanbau Zucker-Rüben.

Ökologische Bedeutung: Wichtige Habitatfunktion für die ackertypische Pflanzen- und Tierwelt, Vernetzungsfunktionen zwischen Biotoptypen der Agrarlandschaft, Pflanzenschutzfunktionen im Rahmen des Integrierten Pflanzenschutzes (= gleichzeitige Anwesenheit von Nützlings- und Schädlingspopulationen) und Bodenschutzfunktionen zu Zeiten, wenn der Kulturpflanzenbestand die optimale Bodendeckung noch nicht erreicht hat.

Gefährdung: Während der Phasen der Dreifelderwirtschaft (Mittelalter bis Ende des 19. Jhdt.) und der Verbesserten Dreifelderwirtschaft (Ende des 19. Jhdt. bis 1950) hatten begrenzte Möglichkeiten der Unkraut- und Schädlingsbekämpfung nur geringe Auswirkungen auf die Gesamtartenvielfalt der Agrarlandschaft.
Seitdem entscheidende Veränderungen in Anbau, Pflege und Ernte sowie Fruchtfolgegestaltung: Düngung, Herbizideinsatz und verengte Fruchtfolgen fördern schattentolerante, kletternde, windende Pflanzenarten, unterdrücken licht- und wärmeliebende konkurrenzschwache Magerkeitszeiger, selektieren hartnäckige Wurzelunkräuter und schwer zu regulierende Gräser. Vor allem werden Gesamtverkrautung und Gesamtartenzahlen reduziert sowie die Dominanzverhältnisse durch selektiv wirkende Herbizide völlig verändert, die Samengehalte im Ackerboden sinken. Außerdem Gefährdung von Ackerbiozönosen in ertragsschwachen und peripheren Regionen wegen allgemeinen Rückzugs der Ackernutzung.

Links: Der Erdrauch bevorzugt Hackfruchtkulturen auf nährstoff-, kalk- und basenreichen Böden.

Unten: Ackerrandstreifen sind besonders auffällig, wenn Klatsch-Mohn zur Dominanz kommt.

Schutz und Pflege: Förderung einer flächendeckenden, naturschonenden, an die jeweiligen naturräumlichen Bedingungen angepaßten Landwirtschaft. Einrichtung von agrochemikalienfreien Vorranggebieten für Agrarbiozönosen (> 10 ha) in allen Naturräumen. Einbindung derartiger Gebiete mit großflächigen Naturschutzgebieten in Landschaftspflegeprogramme (nutzungsintegrierender Naturschutz!). Stärkere Förderung agrochemikalienfreier Ackerrandstreifen, vor allem an häufig frequentierten Stellen (neben Straßen, entlang von Rad- und Wanderwegen etc.) und in ertragreichen ackerbaulichen Gebieten (z. B. Börde- und Gäulandschaften). Breite Umweltbildung.

Basenarme Äcker

Kennzeichen: Spörgel-reiche Äcker der Winter- und Sommerkulturen. Bestände oft lückig.

Verbreitung/Vorkommen: In atlantisch bis subatlantisch getönten Klimaregionen. Sowohl in Wintergetreide-, Sommerfrucht- wie Hackfruchtkulturen vorkommend. Bevorzugt auf kalk- und basenarmen, mehr oder weniger sauren Sand- und Lehmböden, z. B. in kalkfreien Flugsandgebieten und über kalkfreien, sandigen Auensedimenten, am Rande größerer Flußniederungen, in den Altmoränenlandschaften Nordwest-, Nord-, Nordost- und Süddeutschlands sowohl auf Sanderflächen wie versauerten, tiefgründigen Lehmböden; in silikatischen Mittelgebirgslandschaften auch auf lehmigen, sauren (flachgründigen) Braunerden, in (tertiären) Lockersedimentlandschaften über entkalkten Löß- und Lehmböden u. a.

Standortmerkmale: Kühl gemäßigtes, niederschlagsreiches Klima mit relativ langer Vegetationsperiode. Je nach Tiefgründigkeit, Nährstoffzustand, pH-Wert und Korngrößenverteilung im Boden kommt eine breite Spanne unterschiedlich ertragreicher basenarmer Ackerstandorte vor: Unter ozeanischem Klimaeinfluß sandige, basen- und nährstoffarme, saure Standorte (z. B. Podsole); unter subozeanischem bis subkontinentalem, sommerwarmen Klimaeinfluß sandig-lehmige, besser basen- und nährstoffversorgte, saure bis schwach saure Standorte (z. B. saure Braunerden, Regosole) sowie in niederschlagsreichem, wintermildem Klima in allen ackerfähigen Höhenstufen schwach saure bis neutrale, besser nährstoffversorgte Sand-, Lehm- und Tonböden (z. B. saure tiefgründige Braunerden).

Charakteristische Arten: Flora: Allgemeine Kennzeichnung durch Acker-Spörgel (*Spergula arvensis*), Einjähriger Knäuel (*Scleranthus annuus*), Hederich (*Raphanus raphanistrum*), Acker-Hundskamille (*Anthemis arvensis*), Kleiner Sauerampfer (*Rumex acetosella*) und Schmalwand (*Arabidopsis thaliana*).
Da die standörtliche Vielfalt der basenarmen Äcker und das angepaßte Kulturpflanzenspektrum groß sind, deutliche Differenzierungen im Artenspektrum: Als ausgeprägte Säurezeiger gelten Acker-Spörgel (*Spergula arvensis*), Kleiner Sauerampfer (*Rumex acetosella*), Einjähriger Knäuel (*Scleranthus annuus*), Bauernsenf (*Teesdalea nudicaulis*), Hungerblümchen (*Erophila verna*), Filzkraut-Arten (*Filago* spec.), Lämmersalat (*Arnoseris minima*), Aufrechtes Vergißmeinnicht (*Myosotis stricta*). Säurezeiger i. w. S. sind Acker-Frauenmantel (*Aphanes arvensis*), Hederich (*Raphanus raphanistrum*), Acker-Krummhals (*Lycopsis arvensis*). Schwach saure, neutrale bis schwach basische Böden bevorzugen Echte Kamille (*Matricaria chamomilla*), Einjähriges Rispengras (*Poa annua*), Acker-Stiefmütterchen (*Viola arvensis*), Acker-Vergißmeinnicht (*Myosotis arvensis*), Acker-Fuchsschwanz (*Alopecurus arvensis*), Windhalm (*Apera spica-venti*) u. a.
Daneben kulturartenbedingte Unterschiede: Typisch für Wintergetreide sind Kornblume (*Centaurea cyanus*), Sand-Mohn (*Papaver argemone*), Dreifingeriger Ehrenpreis (*Veronica triphyllos*), Viersamige Wicke (*Vicia tetrasperma*), Rauhe Wicke (*Vicia hirsuta*), Echte Kamille (*Matricaria chamomilla*). Auf dem gleichen Ackerstandort können bei Sommergetreide-Anbau Acker-Spörgel (*Spergula arvensis*), Saat-Hohlzahn (*Galeopsis segetum*), Zottel-Wicke (*Vicia villosa*), Hasen-Klee (*Trifolium arvense*), Acker-Hundskamille (*Anthemis arvensis*) vorherrschen und im Hackfrucht-Anbau Hühner-Hirse (*Echinochloa crus-galli*), Finger-Hirse (*Digitaria ischaemum*), Borsten-Hirse-Arten (*Setaria* spec.), Kleinblütiges Knopfkraut (*Galinsoga parviflora*), Acker-Fuchsschwanz (*Amaranthus retroflexus*), Einjähriger Knäuel (*Scleranthus annuus*) u. v. a.
Fauna: Wie die basenreichen Äcker bieten auch die basenarmen einer artenreichen Tierwelt Lebensraum: Bedeutsam für Humus- und Grobporenbildung sind Regenwürmer (*Lumbricidae*) vor allem in tonreichen, zur Verdichtung neigenden Böden. An Kulturpflanzen und Ackerwildkräutern saugen phytophage Wanzen (*Heteroptera*) und Blattläuse (*Homoptera/Aphidina*). Diverse Blattkäfer (*Chrysomelidae*) leben als Schädlinge von den Kulturpflanzen, z. B. Getreide- und Kartoffelkäfer (*Leptinotarsa decemlineata*), zahlreiche Erdflohkäfer (z. B. *Longitarsus* ssp.), Rübenschildkäfer. Zu den Schnellkäfern (*Harpalinae/Elateridae*) zählen Getreidelaufkäfer (*Zabrus tenebrioides*) und Saat-Schnellkäfer, der Rübenderbrüßler (*Bothynoderes punctiventris*) zu den *Cleoninae*.

Oben: Auf mageren sandigen Ackerböden wächst das Acker-Filzkraut.

Links: Zu den häufigeren Ackerwildkräutern auf lehmigen Böden zählt die Geruchlose Hundskamille, da sie gegen bestimmte Herbizide resistent ist.

Reptilien wie Zaun-Eidechse (*Lacerta agilis*) und Blindschleiche (*Anguis fragilis*) jagen auf warmen, lückigen Ackerstandorten. Bodenbrütende Vogelarten wie Rebhuhn (*Perdix perdix*), Fasan (*Phasianus colchicus*), Wachtel (*Coturnix coturnix*), Feldlerche (*Alauda arvensis*), Grauammer (*Emberiza calandra*) bauen Nester in Kulturpflanzenbestände. Kleinsäuger mit hoher Vermehrungsrate wie Feldmäuse (*Microtus arvalis*) dienen Greifvögeln, Eulen und Raubtieren als Hauptnahrung. Wildkaninchen (*Oryctolagus cuniculus*) graben ihre Baue in sandige Böden.

Nutzung: Früher vorherrschend auf sauren, sandigen Ackerstandorten im Wintergetreide Winter-Roggen (seltener Winter-Gerste), bei Sommerung Hafer oder Buchweizen und im Hackfruchtanbau Kartoffeln. Heute aufgrund von Kalkung und Düngung nahezu alle Kulturpflanzen möglich.

Ökologische Bedeutung: vgl. Basenreiche Äcker.

Gefährdung: vgl. Basenreiche Äcker. Regelmäßige Aufkalkung ehemals saurer Ackerstandorte hat zu einem drastischen Rückgang der Säurezeiger unter den Ackerwildkräutern geführt. So ist die an extrem nährstoffarme und saure Bedingungen angepaßte atlantisch verbreitete Lämmerkraut-Gesellschaft fast gänzlich verschwunden und durch anspruchsvollere Arten ersetzt worden.

Schutz und Pflege: Förderung einer flächendeckenden, naturschonenden und an die jeweiligen naturräumlichen Bedingungen angepaßten Landwirtschaft. Einrichtung von agrochemikalienfreien Vorranggebieten für Agrarbiozönosen (> 10 ha) in allen Naturräumen. Anbindung derartiger Gebiete an großflächige Naturschutzgebiete, Einbindung in Landschaftspflegeprogramme (nutzungsintegrierender Naturschutz!). Fortführung der seit 20 Jahren existierenden agrochemikalienfreien Ackerrandstreifenprogramme – vor allem an häufig frequentierten Stellen neben Straßen, entlang von Rad- und Wanderwegen etc., um damit die Öffentlichkeit über ästhetisch reizvolle Blühaspekte für die Schutzbemühungen der Agarbiozönosen zu gewinnen.

Oben: Lockere sandige Ackerstandorte sind Lebensraum des Wildkaninchens.

Links: Die durch Saatgutreinigung heute selten gewordene Kornblume ist eine typische Wintergetreideart.

Brachacker

Kennzeichen: Zeitlich begrenzte Nicht-Nutzung landwirtschaftlicher Flächen, die nach der Brache wieder ihrer ursprünglichen oder einer neuen (ertragbringenden) Funktion zugeführt werden. Bei einjähriger Brache herrschen annuelle Ackerwildkräuter vor, die aus dem Samenvorrat des Bodens auskeimen, bei mehrjähriger Brache kommen ab dem zweiten Jahr ausdauernde Hochstauden und grasartige Bestände auf. Werden diese nicht abgemäht oder abgeschlegelt, können sich nach vier bis fünf Jahren erste Pioniergehölze wie Weiden (*Salix* ssp.), Rosen (*Rosa* ssp.), Holunder (*Sambucus*), Birken (*Betula* ssp.) einstellen.

Verbreitung/Vorkommen: Ursprünglich Teil der Mittelalterlichen Dreifelderwirtschaft: Gewannflur mit Einteilung in Zelgen für Sommerung, Winterung und Brache. War bis ins 19. Jhdt. allgemein verbreitet. Ab 19. Jhdt. wurde die Brachzelge mit neuen Kulturpflanzen wie Kartoffeln, Futter- und Zucker-Rüben bebaut. Mittelalterliche Dreifelderwirtschaft in Anklängen noch bis etwa 1980 in ertragsschwachen Landschaften wie Schwäbisch-Fränkische Alb und im Alpenraum (Egartwirtschaft im Wallis) zu finden, wo Weideviehhaltung höhere Erträge als Ackerbau abwirft. Moderne Form der Brache, sog. Flächenstillegung, umfaßte um 1995 ca. 10 % der ackerbaulich nutzbaren Fläche in Deutschland. In allen Ackerbaugebieten verbreitet.

Standortmerkmale: Ursprünglich zur Regulierung von Unkrautaufwuchs und zur Ergänzung des Bodennährstoffvorrates. Mit Schafen und Rindern wurde der Unkrautaufwuchs beweidet, anschließend gepflügt und geeggt. Die heutigen Brachen haben i. d. R. ein sehr viel höheres Nährstoffniveau als früher, bedingt durch vorausgegangene Nutzung.

Charakteristische Arten: Flora: Früher durch Pflügen, Eggen und Beweidung Förderung von Arten mit guter Anpassung an Beweidung. Begünstigung von Weideunkräutern wie Nickende und Stachelige Kratzdistel (*Carduus nutans, C. acanthoides*), Zypressen-Wolfsmilch (*Euphorbia cyparissias*) und klettfrüchtigen Arten wie Haft-Dolde (*Caucalis platycarpos*), Acker-Klettenkerbel (*Torilis arvensis*) oder Hundszunge (*Cynoglossum officinale*). Außerdem alle einjährigen Ackerwildkräuter (vgl. Biotoptyp Basenreiche und Basenarme Äcker).
Flächenstillegungsbrachen länger als ein Jahr Brache. Dadurch Begünstigung ausdauernder Arten des Ackerlandes wie Gemeine und Acker-Kratzdistel (*Cirsium vulgare, C. arvense*) oder Quecke (*Agropyron repens*) und kräftige Hochstauden wie Beifuß (*Artemisia vulgaris*), Brennessel (*Urtica dioica*), Rainfarn (*Tanacetum vulgare*), Stumpfblättriger Ampfer (*Rumex obtusifolius*).

Fauna: Mehrjährige Brachen bieten einer arten- und individuenreichen Insektenwelt mit Laufkäfern (*Carabidae*), Schnellkäfern (*Harpalinae/Elateridae*), Ameisen (*Formica* spec.), Webespinnen (*Araneae*), Wanzen (*Heteroptera*), Schmetterlingen (*Lepidoptera*) sowie diversen Vogelarten der Agrarlandschaften wie Rebhuhn (*Perdix perdix*), Wachtel (*Coturnix coturnix*), Fasan (*Phasianus colchicus*), Distelfink (*Carduelis carduelis*) Nist- und Nahrungshabitate.

Nutzung: Ursprünglich Periode innerhalb eines Anbauzyklus zur Erhaltung und Wiederherstellung der nachhaltigen Ertragsfähigkeit eines Ackerstandortes (Mittelalterliche Dreifelderwirtschaft). Dient heute der Verringerung landwirtschaftlicher Produktionsfläche, zum Abbau von Ernteüberschüssen.

Ökologische Bedeutung: Einjährige Brachen ohne Konkurrenzdruck von Kulturarten und ohne »Unkrautregulierung« sind geeignet, seltene Ackerunkräuter zu fördern. Mehrjährige, ungestörte Brachen mit Hochstauden und Grasartigen bieten mit ihrem massigen Aufwuchs und der hohen Samenproduktion vielen Tieren Nahrungshabitate sowie Sommer- und Überwinterungsquartiere.

Gefährdung: Traditionelle Anbausysteme mit einjähriger Brache in Deutschland, Österreich und der Schweiz aufgegeben.

Schutz und Pflege: Integration von Elementen der traditionellen Dreifelderwirtschaft in Hutungssysteme; z. B. als Pferchäcker mit Nachfrucht Winterroggen. Auf ein- und mehrjährigen Stillegungsflächen keine unkrautregulierenden Maßnahmen im Sommer (z. B. Mulchen) durchführen.

Links: Ackerbrache mit einem Aspekt von Kleinblütiger Königskerze.
Unten: Feldlaufkäfer.

Lein-/Flachsfeld
Faser-Lein

Links: Flachs wird im Frühjahr ausgesät.

Oben: Bäuerinnen bei der Flachsernte 1936.

Unten rechts: Öllein hat mehr Blüten und ist niedrigwüchsiger als Faserlein.

Kennzeichen: Faser-Lein, Flachs (*Linum usitatissimum* var. *typicum*, Familie *Linaceae*) sommerannuelle Kultur mit Aussaattermin bereits im März. Himmelblau, seltener weiß blühend (daher früher die Aufforderung und das heute noch gebräuchliche Sprichwort zur »Fahrt ins Blaue«). Ca. 60-90 cm hoch werdend, bei dichtem Stand in Reihensaat (12-16 cm Weite) nur einen Stengel ausbildend, oben Verzweigung zu lockerer Rispe; im Juli-August bilden sich runde, geschlossen bleibende Kapseln aus. Ernte im September-Oktober.

Verbreitung/Vorkommen: Wächst am besten in gemäßigt feuchtem Klima West-, Mittel- und Osteuropas. Hauptanbaugebiete lagen in den Marschen der Nordsee der Grafschaft Ravensberg bei Bielefeld, den Lößflächen Mitteleuropas, der Schwäbischen Alb, im Alpenvorland, auf den weiten Ebenen Osteuropas und den Gebirgsländern Tirol, Sudeten, Nordkarpaten. Öllein bevorzugt dagegen heiße, trockene Klimate (Mittelmeergebiet, Nordafrika, Türkei, Indien).

Standortmerkmale: Frische, nährstoff- und basenreiche, pH-neutrale Lehmböden in luftfeuchter Klimalage (100 mm Niederschlag im Mai/Juni). Spezifische Fruchtfolgeansprüche mit Anbaupausen von fünf bis sechs Jahren sind einzuhalten.

Charakteristische Arten: Flora: Spezialisierte sommerannuelle Lein-Ackerwildkrautflora mit Lein-Nelke (*Silene linicola*), Lein-Lolch (*Lolium remotum*), Lein-Seide (*Cuscuta epilinum*), Gezähntem Leindotter (*Camelina alyssum*), Saat-Labkraut (*Galium spurium*), Winden-Knöterich (*Fallopia convolvulus*).
Fauna: Der Erdfloh (*Longitarsus* ssp.) lebt von den Keimblättern der Kulturpflanze.

Nutzung: Als Faserpflanze für Textilien und Garne. Aus den Leinsamen wird Leinöl gewonnen, in Mitteleuropa nur für technische Zwecke (Firnis, Lacke, Linoleum). Leinsamen auch für medizinische Zwecke.

Ökologische Bedeutung: Jahrtausende alte Kultivierung hat spezialisierte Flora herausgezüchtet, deren Samen in Größe und Form den Leinsamenkapseln oder Leinsamen ähneln (typische Saatgutunkräuter).

Gefährdung: Begleitflora gilt als ausgestorben; letzte Nachweise stammen von 1954 von der Hochfläche der Schwäbischen Alb.

Schutz und Pflege: Anbau der alten Kulturpflanze zu Demonstrationszwecken in Freilichtmuseen. Rückführung von Leinunkräutern aus Osteuropa, wenn noch vorkommend.

Hanffeld
Faser-Hanf

Kennzeichen: Faser-Hanf (*Cannabis sativa*, Familie *Moraceae*) sommerannuelle, zweihäusige Kulturpflanze. Aussaat im April bei einer Reihenweite von 10-20 cm. Ca. 1,2-3 (5) m hoch werdend, bildet nur einen kräftigen hohlen, vierkantigen Sproß aus, der wenig verzweigt ist. Kennzeichnend die handförmig geteilten, behaarten Blätter.

Verbreitung/Vorkommen: Wohl ursprünglich eine zentralasiatische Auwaldpflanze, heute in der gemäßigten Zone, im Mittelmeergebiet und in den Subtropen wachsend. 1928 Anbau in Deutschland in der Gegend zwischen Unterelbe und Weser, im Flußgebiet der oberen Ems, im Havelland, in Baden, Württemberg, Bayern und Elsaß-Lothringen.

Standortmerkmale: Mehr Sommerwärme als Faser-Lein. Boden sollte tiefgründig, humos, kalkhaltig, stickstoffreich bei guter Wasserversorgung sein. Voraussetzungen z. B. in nährstoffreichen Flußtälern und gut entwässertem Moorland gegeben.

Charakteristische Arten: Früher zur Unkrautbekämpfung eingesetzt, da die hochwüchsige Kultur Unkrautaufwuchs vollständig unterdrückt.

Nutzung: Als Faserpflanze sowohl für sehr feinfädige, weiße, leinwandähnliche Textilien wie für derbe, gröbere, doch äußerst feste Stoffe geeignet (früher verwendet zu Hanfgarn, Segeltuch, Riemen, Feuerwehrschläuchen, Postsäcken, Zelten, Wäscheleinen, Seilen, Stricken, Schiffstauen u. a. m.). Die Samen liefern wertvolles Speiseöl. Weibliche Pflanze produziert in den Tragblättern der Blüten ein Harz, das die Droge Haschisch (und Marihuana nach chemischem Prozeß) enthält. Im hiesigen Klima ist der Drogengehalt relativ gering. Für den Anbau nachwachsender Rohstoffe Sorte ohne Drogengehalt wieder zugelassen.

Ökologische Bedeutung: Ausgezeichnete Vorfrucht, was auf der Unkrautunterdrückung, der intensiven Bodenbedeckung und den hohen Rückständen an Wurzel- und Stoppelresten beruht.

Gefährdung: Hanfanbau in Deutschland seit 1981 verboten. Mit Genehmigung für die Produktion nachwachsender Rohstoffe wieder erlaubt.

Schutz und Pflege: Anbau der alten Kulturpflanze in Freilichtmuseen zu Demonstrationszwecken sinnvoll.

Früher weit verbreitete Nutzpflanzen: Flachs und Hanf (Farbillustration aus Schmeils Naturkundlichem Unterrichtswerk 1926).

Flachs und Hanf. Flachs: 1 Zweig einer blühenden Pflanze. 2 Blüte nach Entfernung von Kelch und Blumenkrone. 3 Schlafende Blüte. 4 Früchte. 5 Querdurchschnittene Frucht; vergr. 6 Frucht, die Samen ausstreut; vergr. Hanf: 7 Zweig mit Staubblüten. 8 Staubblüte.

Spargelacker

Spargelfeld mit glattgezogenen Dämmen zur Zeit der Ernte.

Kennzeichen: Spargel (*Asparagus officinalis*, Familie *Liliaceae*). Im Frühjahr auffällig die vegetationsfreien, bis zu 70 cm breiten und ca. 50 cm hohen und glatt gezogenen Spargelbeete (Dämme, Bifänge), woraus die Spargelrhizome die weißen Spargelstangen (Sproßachsen) mit einer Geschwindigkeit von 3-5 cm täglich senkrecht nach oben schieben. Spargelernte in Deutschland bis zum 24. Juni (Johanni), danach Auseinanderpflügen der Spargelbeete. Die dann aufwachsenden Spargelsprosse entwickeln sich zu weitverzweigten, zart beblätterten, bis zu 1,5 m hoch werdenden Stengeln. Blüten gelb, glockenförmig, Frucht im September (rote Beere). Spargelkraut wird vor Eintritt des Winters vernichtet.

Verbreitung/Vorkommen: Hauptanbaugebiete tiefgründige leichte Böden um Schwetzingen, Ingelheim, Kitzingen, Fürth, Karlsruhe, Freiburg, Kleve, Gütersloh, Nienburg, Lübeck, Erfurt, Gotha, Schrobenhausen, Aurich u. a.

Standortmerkmale: Tiefgründige sandige Böden, die gut mit Humus versorgt werden und sich im Frühjahr schnell erwärmen. Hohe N-Düngung (200 kg/ha) erfolgt allgemein nach der Ernte; bisweilen mineralische Düngung auch zusätzlich während der Ernte. Alle zwei Jahre ergänzende Düngung mit Stallmist.

Charakteristische Arten: Flora: Sommerannuelle, schnellwüchsige, nährstoffbedürftige Arten der Hackfruchtgesellschaften wie Kleine Brennessel (*Urtica urens*), Kleinblütiges Knopfkraut (*Galinsoga parviflora*), Hühner-Hirse (*Echinochloa crus-galli*), Weißer Gänsefuß (*Chenopodium album*), Grüne Borsten-Hirse (*Setaria viridis*), Portulak (*Portulaca oleracea*), Fuchsschwanz-Arten (*Amaranthus* spec.) u. a. m.
Fauna: Spargelgebiete sind i. d. R. Kaninchengebiete. Weil Spargeläcker oft in wärmeren Gebieten angelegt werden, sind diese auch Lebensraum wärmeliebender ursprünglicher Steppenbewohner, z. B. von Knoblauchkröte (*Pelobates fuscus*), Wechselkröte (*Bufo viridis*), Kreuzkröte (*Bufo calamita*). Schadinsekt im Spargelanbau ist die Spargel-Fliege (*Platyparea poeciloptera*).

Nutzung: Gemüsedauerkultur. Nutzung bis zu zehn Jahre möglich; in Deutschland wird vorrangig Bleichspargel geernet. Beliebtes Frühjahrsgemüse mit entwässernder Wirkung.

Ökologische Bedeutung: Bietet Lebensraum für Hackfrucht-Wildkrautgesellschaften, die stark rückläufig sind wegen Abnahme des Kartoffelanbaus, Rückgang des Gemüseanbaus in Hausgärten. Mechanische Unkrautregulierung ist möglich. Allerdings besteht Gefahr der Grundwasserbelastung durch übermäßige Düngung.

Gefährdung: Kein Rückgang der Anbaufläche anzunehmen. Problem jedoch eventuell Zunahme chemischer Unkrautregulierung.

Schutz und Pflege: Mechanische Unkrautbekämpfung anstelle chemischer.

Links: Spargelernte ist Handarbeit.
Mitte: Gemüse-Portulak und Zurückgekrümmter Fuchsschwanz sind wärmebedürftige Wildkräuter im Bereich von Spargeläckern.
Rechts: Knoblauchkröte.

Weinberge

Kennzeichen: Anbauflächen für Rebstöcke. Oft in sonnenexponierter Hanglage, aber auch in ebenem Gelände. Man unterscheidet reich strukturierte, historische Terrassenweinberge und neuzeitliche, rebflurbereinigte monostrukturierte Intensivanlagen. Die Flächen sind mit verschiedenen Rebsorten bepflanzt. In der Kultur unterscheidet man die ältere Form der Einzelstockerziehung und die neuzeitliche Drahtrahmenanlage, in der die Rebstöcke entlang der Drähte in Reihen gepflanzt werden.
Ökologisch bedeutsam sind die historischen Terrassenweinberge. Die Rebstöcke werden hier auf Terrassen kultiviert. Sie sind i. d. R. durch Trockenmauern aus Natursteinen abgestützt, können aber auch durch Böschungen getrennt sein, wie etwa im Lößgebiet des Kaiserstuhls. Die Trockenmauern werden durch Wasserstaffeln ergänzt, letztere dienen der Wasserableitung und Erschließung. Je nach Region bilden sich kulturelle Varianten heraus; etwa die Fischgrätform auf dem Keuper um Stuttgart oder die Lesesteinriegel im Taubertal. Weitere Strukturen sind: Steinriegel, Felsbänder, Klingen, Hohlwege, Mager- und Trockenrasen, Weinberghäuschen, kleine Steinbrüche zur Gewinnung der Mauersteine, Mergelgruben, Kopfweiden, die die Ruten zum Anbinden liefern, oder kleinkronige Bäume wie der Weinbergpfirsich oder die Quitte.
Neuzeitlichen, monostrukturierten Anlagen fehlt diese Vielfalt. Es sind häufig schiefe Ebenen mit einheitlicher Neigung, großen Grundstücken, geordneter Wasserableitung und ausgebautem Wegenetz.

Verbreitung/Vorkommen: In Deutschland, Österreich und der Schweiz verbreitet insbesondere in den Flußgebieten wie Rhein mit Nebenflüssen, an Saale, Elbe und Donau. An klimatisch günstigen Lagen, z. B. am Kaiserstuhl oder im Wallis.

Standortmerkmale: Trockene, warme und sonnenexponierte Standorte in klimatisch begünstigten Weinbaulagen. Oft südexponiert in Hanglage. Bis in die 50er Jahre des 20. Jhdts. bearbeitete man die Weinberge mechanisch, indem sie bis zu dreimal jährlich gehackt wurden. Neuzeitliche Rebanlagen werden gefräst oder mit Herbiziden

Oben und links: Alte Rebterrassenanlagen sind von hoher landschaftsökologischer Bedeutung.

Unten: Weinbergsmauer mit Überlebensspezialisten wie der Mauerraute.

Die aus Nordamerika stammende Kermesbeere setzte man dem Wein zu, um eine tiefrote Farbe zu erzielen.

behandelt. Immer mehr setzt sich die Dauerbegrünung durch. Früher wurde auch im Weinberg mit Mist gedüngt; heute verwendet man mineralischen Dünger. Die Reben werden regelmäßig mit Fungiziden gegen Pilzerkrankungen behandelt. Früher verwendete man dazu Kupfervitriol, das zu hohen Kupferkonzentrationen im Boden führte. Terrassenweinberge mit Trockenmauern oder Erdterrassen sind strukturreich, neuzeitliche Rebanlagen sind monostrukturiert. In neuzeitlichen geneigten Rebanlagen bei offenem Boden Erosion.

Charakteristische Arten: Flora: Wilde Tulpe (*Tulipa sylvestris*), Weinbergs-Lauch (*Allium vineale*), Traubenhyazinthe (*Muscari racemosum*), Dolden-Milchstern (*Ornithogalum umbellatum*), Rebsalat (*Valerianella carinata*), Färber-Kamille (*Anthemis tinctoria*), Persischer Ehrenpreis (*Veronica persica*), Rote Taubnessel (*Lamium purpureum*), Gewöhnliches Greiskraut (*Senecio vulgaris*), Vogelmiere (*Stellaria media*), Löwenzahn (*Taraxacum officinale*), Acker-Winde (*Convolvulus arvensis*), Kriech-Hahnenfuß (*Ranunculus repens*), Rauhhaariger Fuchsschwanz (*Amaranthus retroflexus*).
Fauna: Smaragdeidechse (*Lacerta viridis*), Mauereidechse (*Lacerta muralis*), Schlingnatter (*Coronella austriaca*), Härfling (*Carduelis cannabina*), Goldammer (*Emberiza citrinella*), Weinbergschnecke (*Helix pomatia*).

Nutzung: Flächen zur Produktion von Wein und sonstigen Traubenprodukten. Historische Weinbaulandschaften als Attraktion für den Fremdenverkehr.

Ökologische Bedeutung: Die reich strukturierten Terrassenweinberge sind Lebensraum für typische Weinbergsbiozönosen. Insbesondere wärmeliebende mediterrane Arten zählen zu den Begleitern des Weinbaues. An Tierarten sind es Reptilien, Wildbienen, Ameisen, Heuschrecken, Käfer, Schmetterlinge. Die Avifauna zeigt Arten des Offenlandes. Auffällig sind Zwiebelpflanzen wie Tulpe und Weinbergslauch. Einjährige Hackfrucht-Wildkräuter als Wärmekeimer oder überwinternd. Mehrjährige Wildstauden oder Kriechrosengesellschaften treten eher in den Dauerbegrünungen der flurbereinigten Rebanlagen auf.

Gefährdung: Historische Weinberge wurden jahrzehntelang in großem Umfang durch Rebflurbereinigungen zerstört. Verbuschung infolge Aufgabe der Bewirtschaftung. Natursteinmauern werden durch Verfugen mit Zementmörtel oder durch Neubau mit Betonformsteinen entwertet und zerstört. Starker Einsatz von Herbiziden, Fungiziden und Insektiziden.
Neuzeitliche monostrukturierte Anlagen sind nicht gefährdet und in der Ausdehnung begriffen.

Selten gewordener Bewohner der Weinberge: Mauereidechse.

Schutz und Pflege: Erhaltung und Restaurierung verbliebener historischer Mauer- und Terrassenweinberge. Ausweisung als Kulturdenkmale. Entwicklung und Umsetzung integrierter Pflege-Nutzungskonzepte mit entsprechender finanzieller Ausstattung. Ein beispielhaftes Projekt ist der Geigersberg bei Ochsenbach in Baden-Württemberg. Entwicklung von Weinbauprojekten, die ähnlich der Streuobstvermarktung die Naturschutzleistung in die Preisgestaltung und Vermarktungsstrategie integrieren. Besondere Förderprogramme zur Erhaltung der Mauerweinberge für Anlage/Unterhaltung von Mauern, Schienen der Zahnradbahnen etc.

Die Hauswurz erträgt viel Wärme und Trockenheit.

Hopfengarten

Kennzeichen: Hopfen (*Humulus lupulus*, Familie *Moraceae*) zweihäusige Pflanze. Sproßteil bildet eine Rebe aus, unter Kulturbedingungen jährlich bis zu 7 m lang werdend. Austrieb aus einem Wurzelstock, der die Reservestoffe enthält. Zum Anbau von Hopfen sind Gerüste aus Holzmasten (8-10 m lang) notwendig (»Hopfengarten«); sie sind über Querdrähte an den oberen Enden verbunden, mit Ankerseilen gesichert und innerhalb des Rahmens mit Steigdrähten versehen. Daran jeweils drei Hopfentriebe rechtswindend angelegt; überschüssige werden entfernt. Für optimalen Ertrag müssen die Hopfenreben die Querdrähte bis Mitte Juli erklommen haben.

Verbreitung/Vorkommen: Wilder Hopfen ist eurasiatisch bis submediterran verbreitet mit Schwerpunkt in Auenwäldern. Größtes Anbaugebiet auf der Erde für die Kulturform ist die Hallertau (= Holledau, Lkrse. Pfaffenhofen/Ilm, Kelheim); kleinere Anbaugebiete bei Spalt (Lkr Weißenburg-Gunzenhausen), in Freising, Neuburg-Schrobenhausen und in Thüringen (Weimarer Land, Goldene Aue) sowie am Bodensee bei Tettnang.

Standortmerkmale: Tiefgründige Böden mit sehr guter Wasserversorgung (800-1000 mm/Jahr), hohes Wärmebedürfnis während der Hauptwachstumszeit von Juni bis Ende August. Windgeschützte Lagen bevorzugt, deshalb Hügellandschaft der Hallertau für Anbau optimal. Fahrgassen in den Hopfengärten wegen häufiger, maschineller Bearbeitungsgänge stark verdichtet. Düngungsniveau sehr hoch, verteilt über drei Termine: 200-300 kg N, 180-200 kg P_2O_5, 180-270 kg K_2O.

Charakteristische Arten: Flora: Sommerannuelle, schnellwüchsige, nährstoffbedürftige und schattenverträgliche Hackfruchtarten; vor allem Vogelmiere (*Stellaria media*), auch Hirtentäschel (*Capsella bursa-pastoris*), Persischer Ehrenpreis (*Veronica persica*), Kleiner Wegerich (*Plantago intermedia*) und Behaartes Knopfkraut (*Galinsoga ciliata*).
Fauna: Tierische Schädlinge sind Hopfenblattlaus (*Phorodon humili*), Hopfenspinnmilbe, Hopfenzünsler und Hopfenwurzelspinner.

Nutzung: Dauerkultur, Nutzung bis zu 25 Jahre möglich. Bierwürze; ausschließlich die Blüten weiblicher Pflanzen enthalten die Bitterstoffe Humulon und Lupolon, die dem Bier den charakteristischen Geschmack verleihen.

Ökologische Bedeutung: Gering. Hohe Bodenbelastung mit Pestiziden (Fungizide, Insektizide; weniger Herbizide) und Kupfer (früher fungizid eingesetzt). Erosionsfördernde Kultur, da Bodenbedeckung zur Hauptniederschlagszeit gering.

Im Mai sind die Hopfenreben an den Steigseilen angelegt.

Gefährdung: Keine. Die Kulturen gefährden jedoch bei nicht-ökologischer Wirtschaftsweise wegen des hohen Chemikalieneinsatzes Grundwasser und angrenzende Feuchtgebiete.

Schutz und Pflege: Verringerung des Pestizideinsatzes. Als erosionshemmende Maßnahmen Krautschichtwachstum nicht bekämpfen, Vogelmiere-Rasen wie Untersaat behandeln.

Links: Begehrtes Erntegut – die weiblichen Hopfendolden.

Rechts: Zur Erntezeit im August müssen die Hopfenreben die Querdrähte übergipfelt haben.

Lesesteinriegel

Kennzeichen: Mit Lese-/Feldsteinen beschichtete Grenzen zwischen Acker- und Wiesenparzellen, auch in vielen historischen Weinbaulagen typisch (besonderer Typus des Ackerrains). Aufhäufung sowohl von Platten aus Sedimentgesteinen (Muschelkalke, Malmschutte etc.) wie abgerundete Gesteinsbrocken aus Granit, Basalt oder Sandstein. Auf seit längerem ungestörten Steinriegeln Vegetationsdecke weitgehend geschlossen; bisweilen besiedelt mit Hecken und Gebüschen.

Verbreitung/Vorkommen: In skelettreichen, von Südosten bis Südwesten geneigten Steilhanglagen rezenter und ehemaliger Weinanbaugebiete, in steinigen, flachgeneigten Mittelgebirgslagen mit Acker- und Wiesennutzung wie Rhön, Bayerischer Wald, Schwäbische Alb, Fränkische Alb oder Jagst-, Kocher- und Taubertal sowie in Jung- und Altmoränenlandschaften Norddeutschlands mit hohem Findlingsgehalt im Boden.

Standortmerkmale: Breite und Höhe sehr unterschiedlich. Häufig in Gefällerichtung verlaufend; seltener erosionshemmend quer zum Hang. Reichtum unterschiedlicher Kleinstandorte: Kuppen und südlich ausgerichtete Flanken tragen trockene Standorte, weniger exponierte Stellen frischere. Offene, grobschotterige Steinpartien wechseln mit mehr oder weniger stark bewachsenen Bereichen ab, die oft aus Ameisenhaufen hervorgegangen sind. Auch mit dichter Gehölzvegetation bestockt (z. B. Wallhecken).

Charakteristische Arten: Flora: Da die Standortvoraussetzungen sehr heterogen sind, ist das Pflanzenartenspektrum sehr vielfältig. Es kommen vor: von halbruderalen Halbtrockenrasen Acker-Quecke (*Agropyron repens*), Acker-Winde (*Convolvulus arvensis*), von warmen Säumen Bunte Kronwicke (*Coronilla varia*), Odermennig (*Agrimonia eupatoria*), Wirbeldost (*Clinopodium vulgare*), von Felsband-Gesellschaften Scharfer Mauerpfeffer (*Sedum acre*), Schmalblättriger Hohlzahn (*Galeopsis angustifolium*), von Trocken- und Halbtrockenrasen Echtes Labkraut (*Galium verum*), Fiederzwenke (*Brachypodium pinnatum*), vom Wirtschaftsgrünland Glatthafer (*Arrhenatherum elatius*), Goldhafer (*Trisetum flavescens*), Acker-Witwenblume (*Knautia arvensis*), aus Wäldern und Gebüschen Schlehe (*Prunus spinosa*), Schwarzer Holunder (*Sambucus nigra*), Hasel (*Corylus avellana*), Stiel-Eiche (*Quercus robur*) u. v. a. Fauna: Artenreich ist auch die Tierwelt, die dort immer relativ sichere, warme und trockene Habitate findet. Günstig für viele Schnecken wie Weinberg- (*Helix* ssp.), Heide-, Bänder- und Schließmundschnecken (*Macrogastra/Clausilia/Balea* u.a.), Ameisen (*Lasius* spec.), Feuerwanzen (*Pyrrhocoris apterus*), Spinnentiere wie Weberknechte (*Opiliones*), Jagdspinnen (*Eusparassidae*), Radnetzspinner (*Araneidae*). Reptilienhabitat für Zaun- (*Lacerta agilis*) und Mauereidechse (*Lacerta muralis*), Blindschleiche (*Anguis fragilis*), Schlingnatter (*Coronella austriaca*), Smaragd-Eidechse (*Lacerta viridis*) in Weinbergslandschaften.

Der Neuntöter (*Lanius collurio*) ist typische Vogelart für die mit Schlehen zuwachsenden Steinriegel, die offenen Stellen bevorzugt der Steinschmätzer (*Oenanthe oenanthe*).

Nutzung: Ablagezone für Feldsteine, die jährlich durch Ackerbau und Erosion an die Bodenoberfläche gebracht werden. Oft zu Mäuerchen aufgeschichtet, um Winderosion zu bremsen (küstennaher Bereich Norddeutschlands), zur Verbesserung des Kleinklimas im Bergland.

Ökologische Bedeutung: Sekundäre Felsstandorte mit extremen Schwankungen im Kleinklima auf engem Raum. Meist nährstoffarme Standorte.

Gefährdung: Entsteinungsaktionen zur Verbesserung der Nutzbarkeit von Acker- und Grünland finden so heute nicht mehr statt. Abräumung von Lesesteinriegeln, um bewirtschaftungsfähige Flächen zu vergrößern (Flurbereinigungen!). Unbehindertes Gehölzaufkommen überwächst die alten Kleinstrukturen.

Schutz und Pflege: Ackerraine weiter als Depot für Natursteine benutzen und erhalten. Gehölze zurückhalten, um warmen Kleinstandort zu bewahren.

Lesesteinriegel (links) sind als naturnahe Wärmespeicher mit ihrem schütteren Bewuchs oftmals Lebensraum von Schwalbenschwanz (oben) und Zauneidechse (Mitte).

Ackerrain und Stufenrain

Kennzeichen: Grasreiche Grenze zwischen Äckern. Ackerflächen auf gleicher Höhe nebeneinander liegend: Rain; wenn durch Geländestufe voneinander getrennt: Stufenrain oder Ranken (süddt.).

Verbreitung/Vorkommen: Vor allem in der Feldflur kleinparzellierter Gemarkungen das Muster der Flureinteilung nachzeichnend. Stufenraine typisch für Lockersedimentlandschaften aus Löß, Tonen, Sanden, Kiesen, Schottern etc., zeigen die Erosionsanfälligkeit von Ackerstandorten an.

Standortmerkmale: Ackerrain: Volle Sonne bis Halbschatten (bei angrenzender hochwüchsiger Kultur wie z. B. Mais), Böden mittel- bis flachgründig, mäßige bis zu Staunässe neigende Wasserversorgung, mäßige bis gute Basen- und Nährstoffversorgung; durch Art und Intensität der angrenzenden

Unten: Stufenraine oder Ranken sind Geländestufen zwischen Äckern und in der Regel grasreich.

Oben: Ackerraine liefern während der Vegetationsperiode ein kontinuierliches Blütenangebot für Insekten, da sie selten gemäht werden.

Oben: Raine und Ranken markieren die Ackergrenzen in kleinstrukturierten Agrarlandschaften.

Nutzungen entscheidend beeinflußt. Je breiter die Ackergrenzen, um so geringer der aktuelle Nutzungseinfluß auf der Mitte des Rains.

Stufenrain: Mikroklima je nach Exposition und Hangneigung wechselnd, Böden locker und tiefgründig, sandig, schluffig oder tonig, erosionsanfällig. Gut drainierte, mäßig trokkene bis stark austrocknende Standorte. Je nach Substrat saure bis deutlich basische Bodenreaktion. Landwirtschaftliche Beeinflussung durch Einschwemmung von erodiertem Ackerboden und Dünger, Eintrag von Herbiziden, Ablagerung von Ernteabfällen.

Charakteristische Arten: Ackerrain: Flora: Arten ruderaler Wiesen wie Knäuelgras (*Dactylis glomerata*), Weidelgras (*Lolium perenne*), Quecke (*Agropyron repens*), Löwenzahn (*Taraxacum officinale*), Schafgarbe (*Achillea millefolium*), Ackerwinde (*Convolvulus arvensis*), Beifuß (*Artemisia vulgaris*), Wiesen-Bärenklau (*Heracleum sphondylium*), Acker-Kratzdistel (*Cirsium arvense*) u. v. a.
Stufenrain: Flora: Arten wie Ackerrain, außerdem Fiederzwenke (*Brachypodium pinnatum*), Wiesen-Rispengras (*Poa pratensis angustifolia*), Rotes Straußgras (*Agrostis tenuis*), Echtes Labkraut (*Galium verum*), Bunte Kronwicke (*Coronilla varia*), Pechnelke (*Lychnis viscaria*), Dost (*Origanum vulgare*), Veilchen (*Viola* ssp.) u. v. a.
Fauna: Tiere der Feldflur wie Rebhuhn (*Perdix perdix*), Wachtel (*Coturnix coturnix*), Feldlerche (*Alauda arvensis*), Schwarzkehlchen (*Saxicola torquata*), Goldammer (*Emberiza citrinella*), Feldhase (*Lepus europaeus*), Wiesel (*Mustela*), Maulwurf (*Talpa europaea*), Feldmaus (*Microtus arvalis*), Fuchs (*Vulpes vulpes*) und Kaninchen (*Oryctolagus cuniculus*, im Stufenrain) finden dort durch ackerbauliche Tätigkeiten selten gestörte Habitate.

Nutzung: In früheren Zeiten gemäht oder beweidet, im zeitigen Frühjahr auch abgeflämmt. Bisweilen Ablagezone für Schnittgut, Feldsteine (vgl. Lesesteinriegel), in flachen Bereichen manchmal Vorgewende.

Ökologische Bedeutung: Kleinstrukturen der Agrarlandschaft mit Vernetzungsfunktion. Je breiter, um so mehr Pflanzenarten von Magerrasen, magerer Wiesen, thermophiler Säume, magerer Queckenrasen und mäßig nährstoffbedürftiger Hochstaudenbestände kommen vor. Die nicht abgemähte, überjährige Krautschicht dient vielen Tierarten als Nahrungs-, Überwinterungs- und Jahreslebensraum. Rückzugsquartier für agile Tiere während und nach landwirtschaftlichen Arbeits- und Erntevorgängen. Erosionsmindernde Funktion in hängigem Gelände.

Gefährdung: Bei Arrondierung von Flurstücken (Flurbereinigung) werden schmale Raine den Nutzflächen zugeschlagen. Eutrophierung durch die angrenzenden Nutzungen und Erosionsvorgänge. Beeinträchtigung durch Pestizide. Beseitigung durch Zusammenlegung von Parzellen infolge von Pacht oder Kauf.

Feldmäuse sind wichtige Nahrungstiere für Greifvögel in der Agrarlandschaft.

Schutz und Pflege: Acker- und Stufenraine erhalten, evtl. sogar neue aus Gründen des Erosionsschutzes anlegen. Mahd, auch Verwilderung zulassen. Eintrag von Pestiziden sowie Nährstoffen über Düngemittel und Bodenerosion unterbinden.

Nur in reichstrukturierten Ackerlandschaften mit einem hohen Wildkrautanteil und entsprechender Deckung haben Rebhühner eine Überlebenschance.

Feldweg

Kennzeichen: Wege in der Feldflur zu Äckern und Grünland; früher im allgemeinen verdichtete Erd- bzw. Sandwege. Zerfahrene Wegebereiche wurden mit Bauschutt, Schotter, Kies o. ä. aufgefüllt. Fahrspuren bei häufigem Befahren vegetationsfrei, Mittelstreifen mit Rasenvegetation, Randstreifen zwischen Fahrspur und angrenzender landwirtschaftlicher Nutzfläche mit ruderalisierter Grünlandvegetation bewachsen.

Verbreitung/Vorkommen: Oft sehr dichtes Wegenetz in den alten Bundesländern, Österreich und der Schweiz. In den neuen Bundesländern oft nicht so dicht, weil während der DDR-Zeit durch landwirtschaftliche Kombinatsbewirtschaftung und dadurch bedingte großflächige Bewirtschaftung vielfach beseitigt.

Standortmerkmale: Meist volle Besonnung, deshalb zeitweise starke Schwankungen der Bodentemperatur. Mittel- bis flachgründige, sandig-kiesige, sandig-lehmige, schwach bis mäßig humose Böden (Ausnahme: Niedermoor-Landschaften). Mäßige bis mangelhafte Wasserversorgung, jedoch zu Staunässe und Wechselfeuchte neigend (Pfützen in Fahrspuren). Nährstoffversorgung gut bis mäßig gut. Bodenreaktion vorwiegend neutral. Randliches Befahren mit Traktoren und Erntemaschinen, Anreißen der Vegetationsdecke beim Pflügen verursacht offenen Boden.

Charakteristische Arten: Flora: Feldwege und ihre Ränder beherbergen keine besonders seltenen Pflanzenarten, trotzdem beträchtlicher Artenreichtum: Es kommen vor: aus den ausdauernden Ruderalgesellschaften Beifuß (*Artemisia vulgaris*), Rainfarn (*Tanacetum vulgare*), Pastinak (*Pastinaca sativa*), Wilde Möhre (*Daucus carota*), Wegwarte (*Cichorium intybus*), Klettenkerbel (*Torilis japonica*), Brennessel (*Urtica dioica*); aus den mager-trockenen Wiesen Glatthafer (*Arrhenatherum elatius*), Luzerne (*Medicago falcata*), Kleine Bibernelle (*Pimpinella saxifraga*), Gemeine Flockenblume (*Centaurea jacea*), Schafgarbe (*Achillea millefolium*); aus den Trittpflanzengemeinschaften Weidelgras (*Lolium perenne*), Breit-Wegerich (*Plantago major*), Einjähriges Rispengras (*Poa annua*), Strahlenlose Kamille (*Matricaria discoidea*) u. v. a.
Fauna: Wesentlich für nahrungssuchende Insekten ist der Blütenreichtum insbesondere im Spätsommer, wenn Felder und Wiesen abgeerntet sind. Nicht abgemähte Feldwegränder fördern das Überleben von Schnecken (*Gastropoda*), Spinnentieren (*Arachnida*) und einer reichen Insektenfauna mit Laufkäfern wie Goldschmied (*Carabus auratus*), Gartenlaufkäfer (*C. hortensis*) oder Puppenräuber (*Calosoma sycophanta*); Feuerwanzen (*Pyrrhocoris apterus*), Braune Beerenwanze (*Dolycoris baccarum*), Schaumzikaden (*Philaenus spumarius*) und Raupen vieler Schmetterlinge wie Kleiner Fuchs (*Aglais urticae*), Tagpfauenauge (*Inachis io*), Admiral (*Vanessa atalanta*) oder Schwalbenschwanz (*Papilio machaon*). Kleinsäuger wie Mäuse (*Microtus*) profitieren vom Samen- und Insektenreichtum.

Nutzung: Arbeitsweg zwischen landwirtschaftlichen Nutzflächen und Dorf; zur Erschließung.

Ökologische Bedeutung: Lineare Kleinstruktur mit Biotope vernetzender Funktion. Artenreichtum steigt mit der Breite der Wegrandstreifen, dem Basengehalt der Böden sowie der Neigung zu Trockenheit und Stickstoffarmut der Standorte. Wertbestimmende Pflanzenarten entstammen der Ruderalvegetation mäßig trockener Standorte, magertrockener Wiesen, mesotropher Magerrasen und mäßig trockener Waldsäume.

Naturbelassene Feldwege (links) sind Lebensraum des Feldsperlings (oben), der hier noch Staubbäder nehmen kann, und so mancher Wildkräuter (Mitte).

Gefährdung: In den letzten Jahrzehnten bei Flurbereinigungsverfahren befestigt, ausgebaut oder neu angelegt. Abdeckung der Fahrbahn mit Feinschotter, Kies, Verbundsteinen, Asphalt oder Betonplatten. Feldwegränder heute mit Mineraldüngern, Jauche und Pestiziden belastet.

Schutz und Pflege: Versiegelung der Fahrspur mit Beton oder Asphalt nur, wo unbedingt notwendig. Besser: Nur Schotterung der Spuren, Überdeckung mit Mutterboden, Ausbesserung mit Bauschutt. Als Alternative zur völligen Bodenversiegelung empfehlen sich sog. Spurwege (Betonspuren), bei denen Mittel- und Seitenstreifen naturnah verbleiben. Feldwegränder mindestens einen Meter breit planen. Pflügen bis »an die Asphaltdecke« unmöglich machen. Ein- bis zweimalige Mahd vor Beginn der Erntegänge im Sommer und Herbst; Teile davon auch mehrere Jahre ungestört belassen.

Triftweg

Links: Die Wolldistel wird vom Weidevieh nicht verbissen.

Rechts: Die hakigen Früchte der Hundszunge werden durch Weidetiere ausgebreitet.

Kennzeichen: Breite Wege zwischen Äckern und Wiesen für den Durchzug von Schafherden durch die Feldflur. Mit lückiger Trittpflanzenvegetation in der Mitte und rasiger, mit Ruderalarten durchsetzter Vegetation zum Wegrand hin. Kennzeichen der früher üblichen Hüte- und Wanderschäferei. In der alten Gewannflur, die verschiedene Zelgen und almendliche Hutung(en) miteinander verbindet.

Verbreitung/Vorkommen: Früher in ganz Europa Bestandteil der Gemarkungen mit Gemeinschaftsweiden (Almendflächen). Es gab regionale und überregionale Triftwege (Weiderouten), die von Wanderschäfern zur Fernweidewirtschaft (Transhumanz) benutzt worden sind, um im Winter und im Sommer Futter zu haben. Reste des Triftwegenetzes noch in Kalkmagerrasen-Landschaften wie der Südlichen Frankenalb und der Schwäbischen Alb.
Berühmte Fernweidestrecken noch heute in Spanien. Hirten zogen zu Beginn des Sommers in höhere Gebirge mit besseren Weiden, z. B. von Südspanien durch die Extremadura in das Kantabrische Gebirge, um Weideareale zu vergrößern. Seit 1994 wiederbelebt durch die Stiftung Europäisches Naturerbe. Einbeziehung in Maßnahmen der Biotopvernetzung.

Standortmerkmale: Bodenbedingungen wie angrenzende Ackerlandschaft. In Kalkmagerrasengebieten oft flachgründige, zur Austrocknung neigende Rendzinen. Nährstoffversorgung besser als auf den angrenzenden Kalkmagerrasen.

Charakteristische Arten: Flora: Neben Kalkmagerrasenarten wie Aufrechte Trespe (*Bromus erectus*), Fiederzwenke (*Brachypodium pinnatum*), Kammschmiele (*Koeleria pyramidata*), Schafschwingel (*Festuca ovina*), Dost (*Origanum vulgare*), Thymian (*Thymus* ssp.), Tauben-Skabiose (*Scabiosa columbaria*) u. a. m. auch Arten der heute bereits seltenen mageren Glatthaferwiesen wie Wiesen-Salbei (*Salvia pratensis*), Wiesen-Flaumhafer (*Avenochloa pubescens*), Wiesen-Primel (*Primula veris*) u. a. Außerdem diverse Arten, die über Klettverbreitung durch das Weidevieh verschleppt werden, wie Hundszunge (*Cynoglossum officinale*), Kletten-Kerbel (*Torilis japonica*), Kletten-Labkraut (*Galium aparine*), Wollige Kratzdistel (*Cirsium eriophorum*), Nickende Distel (*Carduus nutans*) oder Silberdistel (*Carlina vulgaris*).
Fauna: Für die Tierwelt kennzeichnend sind dungfressende Insekten wie Dungkäfer (*Aphodius* spec.), Dreihornkäfer (*Typhoeus thyphoeus*) sowie Feld- (*Acrididae*) und Laubheuschrecken (*Tettigonioidea*), wie Großes Grünes Heupferd (*Tettigonia viridissima*).

Nutzung: Breiter Viehweg für Hüte- und Wanderschäferei, um große Herden ohne Schädigung der Äcker durch die Feldflur zu den Weideflächen treiben zu können

Ökologische Bedeutung: Wenn noch in Funktion, dann wertvolle Kleinstuktur innerhalb eines Biotopverbundsystems, wo aktive Fernausbreitung von pflanzlichen Diasporen sowie von Eiern, Larven, Puppen und Imagenes von Insekten, auch von Schnecken und kleinen Eidechsen über das Weidevieh stattfindet. Wichtig für die Wiederbesiedlung von Zielbiotopen mit Arten der Ausgangsbiotope!

Gefährdung: Aufgabe von Weiderechten und den damit verbundenen Wegerechten. Schafe werden heute z. T. mit Fahrzeugen zu den Weideflächen transportiert. Im Zuge von Flurbereinigungsverfahren werden Triftwege angrenzenden Äckern zugeschlagen. Auch Verbrachung der früher kurz gefressenen und lückigen Grasnarbe mit ruderalen Hochstauden. Nährstoff- und Pestizideintrag von angrenzenden Nutzungen.

Schutz und Pflege: Biotoptyp unbedingt erhalten, wo noch aktiv von Wanderschäfern genutzt. Unterbrochene Routen wieder durchgängig gestalten. Förderung der Schäferei und des Marketings von Schafprodukten.

Breite Triftwege waren nötig, um den Durchzug von Schafherden durch die Feldflur zu ermöglichen, ohne die Kulturflächen zu schädigen. Heute verwachsen viele dieser »Ökoschneisen«.

Bauernhof

Kennzeichen: System von Wirtschaften und Arbeiten mit Pflanzen- und Tierproduktion auf dafür festgelegten Teilflächen (= Nutzungsparzellen). Besteht allgemein aus Wirtschaftsteil, Produktionsteil und Bereich der Abstellflächen, Lagerflächen und -gebäude. Bewirtschaftung im Voll-, Zu- und Nebenerwerb.

Verbreitung/Vorkommen/Lage im Ort: In ländlichen Siedlungen mit Landwirtschaft. Dort hauptsächlich im alten Ortskern, Aussiedlerhöfe auch am Ortsrand oder weit außerhalb. Ähnliche Habitatstrukturen auch im Bereich von Feldscheunen.

Standortmerkmale: Wirtschaftsteil mit festen Gebäuden wie Wohnhaus, Stallungen, Scheunen und ständig befahrenem und betretenem Wirtschaftshof. Aktivitätszentrum mit hoher Dynamik der Benutzung der Gebäude sowie der mechanischen Belastung der Hoffläche.
Produktionsteil zu untergliedern in Nutzungsparzellen für Pflanzen- und/oder Tierproduktion. Historische Nutzungsparzellen der Pflanzenproduktion sind intensiv genutzte Haus- und Ziergärten mit regelmäßig gehackten und gedüngten Beeten sowie extensiv genutzte Obstgärten, -wiesen und -weiden zur Produktion von Obst und Futter. Nutzung der Grasnarbe über Mahd (Heu oder Grünfutter) und/oder Beweidung, auch Auslauf für Federvieh. Nutzung mit wiederkehrendem zeitlichen Rhythmus. Mahd der Obstwiesen mehrmals. Einkoppelung von Rindern oder Schafen in Obstweiden im Frühjahr und Spätsommer. Bevorzugung des Baumschattens als Standfläche führt zu erheblicher Nährstoffanreicherung auf den Baumscheiben. Nutzungsparzellen der Tierproduktion sind Hühnerhof, Enten- und Gänsewiese, Sauweide oder Heimweide für Pferde, Kühe und Jungvieh. Spezielle Aktivitäten, Freßverhalten und bevorzugte Aufenthaltsplätze der Tiere verursachen (über-)nährstoffreiche Flächen; durch Bewegungsverhalten der Tiere verdichtet (Enten, Gänse, Pferde, Rinder) oder aufgekratzt (Hühner).

Rechts: Auf Bauernhöfen gibt es an uneinsehbaren Stellen oft strukturreiche Abstell- und Lagerflächen mit der Beifuß-Brennessel-Gesellschaft.

Unten: Eine noch reich strukturierte Ansammlung von Bauerngehöften.

Bereich der Abstellflächen, Lagerflächen und -gebäude zur Vorratshaltung für Futtermittel, Ablagerung von Dung und/oder als Abstellfläche für Geräte und Maschinen; Vorkommen in der Übergangszone zwischen Wirtschafts- und Produktionsteil. Benutzung der Abstellflächen intensiv, jedoch mit geringer Häufigkeit, weil nur saisonal, z. B. Dunghaufen wird zwar täglich beschickt, aber nur zu bestimmten Zeiten abgefahren. Ähnlich Benutzung von Gerätschaften zur Aussaat oder Ernte sowie die zu einer bestimmten Jahreszeit aufgeschichteten und eingefahrenen Holzstöße und Mieten (für Gras, Mais). Oft extrem mit Nährstoffen von ausgelaufener Jauche, Silobrühe, unabsichtlich verbreitetem Mist, Stroh etc. angereichert.

Charakteristische Arten: Flora: Typische nährstoffbedürftige Ruderalpflanzenarten mit Verbreitungsschwerpunkt auf Bauernhöfen und in den alten dörflichen Ortskernen sind Einjährige wie Kleine Brennessel (*Urtica urens*), Gänse-Malve (*Malva neglecta*), Kleiner Storchschnabel (*Geranium pusillum*), Gemeine Wegerauke (*Sisymbrium officinale*), Weißer Gänsefuß (*Chenopodium album*) und Ausdauernde wie Guter Heinrich (*Chenopodium bonus-henricus*), Weiße Taubnessel (*Lamium album*), Schwarznessel (*Ballota nigra*), Kleine Klette (*Arctium minus*), Eisenkraut (*Verbena officinalis*) und Gänse-Fingerkraut (*Potentilla anserina*).
Fauna: Alte Bauernhöfe sind reich an faunistisch bedeutsamen Habitatstrukturen, wie alten Dachstühlen mit unbehandeltem Holz für Fledermäuse, z. B. Großes Mausohr (*Myotis myotis*), Graues Langohr (*Plecotus austriacus*), Braunes Langohr (*Plecotus auritus*), Zwergfledermaus (*Pipistrellus pipistrellus*);

Stallungen mit offenen Fensterteilen, Vorsprüngen und Simsen im Inneren für Brutvögel wie Rauch- (*Hirundo rustica*) und Mehlschwalbe (*Delichon urbica*), Schleiereule (*Tyto alba*), Bachstelze (*Motacilla alba*), Hausrotschwanz (*Phoenicurus ochrurus*), Star (*Sturnus vulgaris*), Haus- (*Passer domesticus*) und Feldsperling (*Passer montanus*). Kompost- und Misthaufen als Eiablageplätze für Blindschleiche (*Anguis fragilis*) und Ringelnatter (*Natrix natrix*), Holzstapel und liegende Bretter, Nischen in Fundamenten als Sommerquartiere für Erdkröten (*Bufo bufo*), Dachböden mit zerbrochenen Fensterscheiben als Winterquartiere für Tagfalter, z. B. Tagpfauenauge (*Inachis io*), Kleiner Fuchs (*Aglais urticae*), Großer und Kleiner Kohlweißling (*Pieris brassicae* und *Artogeia rapae*) und größere, selten gestörte Rohbodenflächen mit lückiger Vegetation für Gemeinen Grashüpfer, Nachtigall-Grashüpfer und Braunen Grashüpfer.

Nutzung: Arbeits- und Wohnstätte von Landwirten und ihren Familien mit Wohnhaus, Betriebshof, Produktionsstätten von Vieh und tierischen Produkten, Lagerstätten von pflanzlichen Produkten, Produktionsflächen für Obst und Gemüse zur Eigenversorgung.

Ökologische Bedeutung: Lebensraum für beinahe alle im Dorf möglichen Pflanzen- und Tierarten. Floristischer und faunistischer Artenreichtum beträchtlich, aber Anteil von Rote Liste-Arten relativ niedrig. Untersuchungen in Bayern belegen ca. 800 höhere Pflanzenarten, darunter 75 (sehr) nährstoffbedürftige Alteinwanderer (Archäophyten, Einwanderung von 4500 v. Chr. bis 400 n. Chr.) mit Verbreitungsschwerpunkt auf Bauernhöfen. Darunter alte Heilpflanzen wie Wermut (*Artemisia absinthium*), Schwarzes Bilsenkraut (*Hyoscyamus niger*), Eisenkraut (*Verbena officinalis*), Wilde Malve (*Malva sylvestris*), Weiße Taubnessel (*Lamium album*). Hohes Regenerationsvermögen der Vegetation aus dem Samenvorrat des Bodens; deshalb haben Böden alter Bauernhöfe Archivierungsfunkion für rückläufige Pflanzenarten. Habitatfunktion für Kulturfolger wie Fledermäuse, Mäuse (*Microtus*), Igel (*Erinaceus*), Marder (*Martes*), Rauchschwalbe (*Hirundo rustica*), Mehlschwalbe (*Delichon urbica*), Sperling (*Passer*), Star (*Sturnus vulgaris*) oder Hausrotschwanz (*Phoenicurus ochrurus*); Erdkröte (*Bufo bufo*).

Gefährdung: Nutzungsänderungen auf noch existierenden Bauernhöfen gekoppelt an zunehmende Versiegelung der Betriebsfläche sowie genereller Rückgang landwirtschaftlicher Betriebe verringern zunehmend die Wuchsplätze der an traditionelles bäuerliches Wohnen und Wirtschaften angepaßten Flora und Fauna. Benachbarung der Bauernhöfe nicht mehr gegeben, da die meisten Gehöfte inzwischen aufgegeben sind, damit nutzungsbedingte Biotopvernetzung unterbrochen, Folge: Verinselungseffekt. Den Renovierungen und Bausubstanz-erhaltenden Maßnahmen fallen Habitate für viele Tiere wie Fledermäuse (*Microchiroptera*), Mauersegler (*Apus apus*), Rauchschwalbe (*Hirundo rustica*), Mehlschwalbe (*Delichon urbica*), Haussperling (*Passer domesticus*), Star (*Sturnus vulgaris*), Hausrotschwanz (*Phoenicurus ochrurus*) an, in und auf Gebäuden zum Opfer. Neue Höfe leider viel zu oft mit landschaftsfremden Materialien, reine Zweckbauten ohne ökologische Nischen für Tiere und Pflanzen.

Links: Im Bereich von Holzstapeln können sich mehrjährige Lebensgemeinschaften entwickeln.
Rechts oben: Wo Gänse und Enten gehalten werden, dominieren Pflanzen mit oberirdischen Ausläufern wie das Gänse-Fingerkraut.
Rechts Mitte: Igel haben ihre Baue häufig unter Holzstapeln.
Rechts unten: Schuppen sind bevorzugte Habitate des Steinmarders.

Schutz und Pflege: Nutzungsvielfalt auf Bauernhöfen fördert typische Dorfpflanzenarten wie Kleine Klette (*Arctium minus*), Schwarznessel (*Ballota nigra*), Guter Heinrich (*Chenopodium bonus-henricus*), Weiße Taubnessel (*Lamium album*), Gänse-Malve (*Malva neglecta*) und Kleine Brennessel (*Urtica urens*); auch eine teilweise Beibehaltung traditioneller, dörflicher Nutzungen wie Geflügelhaltung im Freilauf. Reduzierung von Flächenversiegelungen. Verwendung von unbehandeltem Holz an Gebäuden und Zäunen. Dulden, was wild und ungeordnet erscheint wie Haufen alter Bretter, umgestürzte Dachziegelstapel, liegengelassene alte Landmaschinen oder ein Ackerwagen, dort Rückzugsgebiete für Tiere und ungestörte Entwicklung für Ruderalvegetation. Ordnungswahn bei der Grundstückspflege unterdrükken. Wesentlich auch Öffentlichkeitsarbeit und Umwelterziehung über den ökologischen Nutzen von Bauernhöfen mit Nutzungsvielfalt als Biotop für Pflanzen und Tiere.

Bauerngarten Hausgarten

Kennzeichen: Mit Zaun eingefriedeter Teil eines Grundstücks. Das Grundmuster bilden Beete und Wege; außerdem Einrichtungen zur Wasserversorgung wie Pumpe oder Wasserfaß, Begrenzungs- und Stützmauern, Wände und Zäune aus Holz, auch feste Gebäude u.a.

Verbreitung/Vorkommen/Lage im Ort: Zumeist in geschützter, besonnter Lage schnell erreichbar am Haus; oft mit angrenzenden benachbarten Gärten einen Gürtel zum Rand des Dorfes hin bildend. Größere Gärten (> 500 m²) auch vereinzelt am Ortsrand oder in der Feldflur gelegen (z. B. Krautgärten).

Standortmerkmale: Beete auf humosen, (sehr) nährstoffreichen, teilweise überdüngten Gartenböden (Hortisole); entstanden durch regelmäßige Düngung mit organischen (Stallmist, Jauche) sowie mineralischen Düngemitteln und Kalk.

Charakteristische Arten: Flora: Traditioneller Nutzpflanzenbestand auf den Beeten: Obststräucher wie Stachelbeere, Johannisbeere, Himbeere; Gemüse- und Salatpflanzen wie Zwiebel, Lauch, Möhre, Bohne, Erbsen, Rote Beete, Schwarzwurzel, diverse Kohlarten, Spinat, Salat, Feldsalat; auch Gewürz- und Heilpflanzen wie Petersilie, Schnittlauch, Dill, Borretsch, Pfefferminze, Salbei, Meerrettich. Randlich früher Zierpflanzen vorherrschend: Gehölze wie Buchsbaum, Flieder, Mahonie, Stechpalme, Forsythia; Krautige wie Akelei, Tränendes Herz, Vergißmeinnicht, Ringelblume, Glockenblumen, Dahlien u. v. a. Dazwischen – angepaßt an häufiges Hacken und hohe Düngung – die annuellen Gartenwildkräuter Garten-Wolfsmilch (*Euphorbia peplus*), Sauerklee (*Oxalis fontana*), Persischer Ehrenpreis (*Veronica persica*), Gänsedisteln (*Sonchus* ssp.), Erdrauch (*Fumaria* ssp.) und Knopfkraut (*Galinsoga* ssp.).
Fauna: Bedeutsam für die Humusbildung sind Regenwürmer (*Lumbricidae*) und allesfressende Nacktschnecken wie Wegschnecken (*Arion* ssp.) und Egelschnecken (*Limax* ssp.) sowie ihre Prädatoren Igel (*Erinaceus europaeus*), Maulwurf (*Talpa europaea*) und Garten-Spitzmaus (*Crocidura suaveolens*). Biologische Schädlingsbekämpfung auch über Vogelarten wie Grünfink (*Carduelis chloris*) und Klapper-Grasmücke (*Sylvia curruca*) sowie Marienkäfer-Larven bei Reduzierung von Blattläusen.

Nutzung: Dient der Selbstversorgung mit Gemüse, Obst, Gewürzen, Heilpflanzen sowie als Lieferant von Blumenschmuck für Haus und Kirche.

Ökologische Bedeutung: Ursprünglich Verwertung von organischen Abfällen im Bauernhof-internen Nährstoffkreislauf. Wirkung in der ländlichen Siedlung: Verlangsam-

Unten links und rechts: Bauerngärten zeichnen sich durch ihren Reichtum an traditionellen Zier- und Gartenpflanzen aus. Oft werden auch seltene Gemüse und Heilkräuter angebaut.
Oben: Der Grasfrosch findet in intakten Gärten noch einen Lebensraum.

te nächtliche Auskühlung und schnelle Erwärmung tagsüber begünstigen wärmebedürftige Flora und Fauna. Bedeutung für Flora vorrangig in vitaler Erhaltung alter Nutz- und Zierpflanzen durch Gebrauch; hohe ästhetische und historisch-kulturelle Funktion. Fauna: Blütenreicher Futterplatz für Pollen- und Nektar-aufnehmende Insekten, z. B. Schmetterlinge (*Lepidoptera*), Bienen (*Apis* u.a.), Hummeln (*Bombus*), Schwebfliegen; reichliches Angebot nährstoffreicher Nahrungspflanzen für pflanzenfressende Raupen diverser Schmetterlinge (u. a. Raupen von Kohlweißlingen (*Artogeia rapae* und *Pieris brassicae*) an Kohlartigen, von Schwalbenschwanz (*Papilio machaon*) an Doldengewächsen) und somit Beute für Prädatoren.

Gefährdung: Notwendigkeit der Selbstversorgung mit Nahrungs-, Gewürz- und Heilpflanzen auf dem Lande aufgehoben, deshalb Aufgabe zugunsten von Ziergärten mit Repräsentationsaufgaben (erweiterte Blumen- und Zierrasenflächen). Wissen um Verwendung vieler Heil-, Gewürz- und Nahrungspflanzen geht verloren. Lebenraum für angepaßte Flora und Fauna wird eingeschränkt und aufgehoben.

Schutz und Pflege: Über private (über Vereine) und administrativ veranlaßte Öffentlichkeitsarbeit Bewußtsein für Wert regionaler Hausgärten entwickeln. Gebietstypische Gestaltungsvorschläge entwerfen über Dokumentation und Rekonstruktion des Nutz- und Zierpflanzenbestandes, ökologische Maßnahmenpaketе zur Förderung der daran angepaßten Fauna und Flora in der Gemeinde erarbeiten. Umsetzung entsprechender Grünordnungspläne in der Bauleitplanung.

Links: Der Persische Ehrenpreis gehört zu der schnell wachsenden Gartenwildkräutern.

Unten: Typischer Bewohner reich strukturierter Gärten – die Mönchsgrasmücke

Oben: Star mit Futter am Nistkasten. Mehr Toleranz für alte Obstbäume mit Baumhöhlen würde den »sozialen Wohnungsbau« für Vögel ersetzen.

Kirche mit Friedhof

Kennzeichen: Christliche Kultstätte. Kirche von weitem sichtbar. Eng benachbart Friedhof mit Kapelle oder Aussegnungshalle. Zur Abschirmung nach außen mit Mauer, Hecke oder Zaun eingefriedet. Gärtnerisch gestaltet mit Ziergehölzen, Rasenflächen, Rabatten. Grabstätten durch gekieste Wege und Pfade gegliedert. Zufahrten und Parkplätze versiegelt oder gekiest.

Verbreitung/Vorkommen/Lage im Ort: Hauptsächlich im Ortszentrum, sehr häufig erhöht gelegen.

Standortmerkmale: Extreme Klimaschwankungen, angespannte Wasserverhältnisse und mäßige Nährstoffversorgung an unverputzten und verputzten Mauern und Gebäuden vorherrschend; standörtliche Unterscheidung in Mauerkrone, Gebäude-, Mauerfuge, -nische, -vorsprünge und -fuß sowie Gesimse, Einschlupf- und Einlaßöffnungen in die Gebäude für Tiere. Freiflächen mit Bäumen und Sträuchern, Abstandsgrün und Rabatten mit unterschiedlichem Nährstoffniveau, Wasserversorgung und Pflegeintensität. Wege und (Park-)Plätze asphaltiert, gepflastert, mit Platten belegt, gekiest und/oder unversiegelt-verdichtet in Sonnen- und Schattenlage, daher sich verschieden stark aufheizend. Grabstätten mit (sehr) nährstoffreicher Graberde, Kunst- oder Natursteinfassungen und Grabsteinen.

Charakteristische Arten: Typisch auf der Krone von Mauern und Gebäuden: Platthalm-Rispengras (*Poa compressa*), Mauerpfeffer-Arten (*Sedum* ssp.), in Mauerfugen Mauerfarne wie Mauerraute (*Asplenium ruta-muraria*), am Mauerfuß Schöllkraut (*Chelidonium majus*), Mauerlattich (*Mycelis muralis*), Efeu (*Hedera helix*), Holunder (*Sambucus nigra*). Gleichzeitig Sonnenplatz für Zaun-Eidechse (*Lacerta agilis*), Ameisen (*Lasius niger, L. flavus*), Feuerwanzen (*Pyrrhocoris apterus*) und Nistmöglichkeit in Nischen, auf Vorsprüngen, Simsen, Dach für Hausrotschwanz (*Phoenicurus ochrurus*), Bachstelze (*Motacilla alba*), Haussperling (*Passer domesticus*), Mauersegler (*Apus apus*), evtl. Weißstorch (*Ciconia ciconia*) sowie in Gebäuden für Schleiereule (*Tyto alba*), Fledermäuse wie Zwerg-Fledermaus (*Pipistrellus nathusii*), Großes Mausohr (*Myotis myotis*).
Freiflächen mit altem, schattenspendendem Baumbestand wie Linden (*Tilia platyphyllos, T. cordata*), Buche (*Fagus sylvatica*) oder Kastanie (*Aesculus hippocastanum*) und immergrünen Bäumen (Symbolcharakter für Ewiges Leben) wie Lebensbaum (*Thuja occidentalis*), Scheinzypressen (*Chamaecyparis* ssp.). Auch bei zu Hecken geschnittenen Gehölzen hoher Anteil Immergrüner, z. B. Eibe (*Taxus baccata*), Buchsbaum (*Buxus sempervirens*), Wacholder (*Juniperus* ssp.), Efeu (*Hedera helix*); außerdem stachelige und dornige Sträucher (Symbole für die Leiden Christi) wie Mahonie (*Mahonia aquifolium*) oder Zierrosen (*Rosa* spec.). Über Wind und samenfressende Vögel Ansamung von Eschen (*Fraxinus excelsior*), Ahornen (*Acer* ssp.), Wildrosen (*Rosa* spec.), Schwarzem Holunder (*Sambucus nigra*). Uniforme Rasenflächen mit Deutschem Weidelgras (*Lolium perenne*), Rot-Schwingel (*Festuca rubra*), Rispen-Gräsern (*Poa pratensis, P. trivialis*), je nach Bodenfeuchtigkeit durchsetzt mit Kriechendem Hahnenfuß (*Ranunculus repens*), Efeu-Gundermann (*Glechoma hederacea*), Weiß-Klee (*Trifolim repens*) oder Margerite (*Chrysanthemum leucanthemum*), Scharfem Hahnenfuß (*Ranunculus acris*), Hopfen-Schneckenklee (*Medicago lupulina*).
Rabatten- und Beetbepflanzungen im Jahres-

Auch das Rotkehlchen läßt sich vielerorts auf Friedhöfen beobachten.

Alte ortstypische Friedhofsmauer mit Vorkommen der Mauerraute in unverputzten Fugen.

Immergrüne Stauden und Sträucher sind wesentliche Schmuckelemente der Grabstellen.

verlauf wechselnd: Zwiebelpflanzen (Narzissen, Tulpen) im Frühjahr, danach Stiefmütterchen (*Viola wittrockiana*), im Frühsommer Begonien, im Herbst Erika. Dazwischen Platz für annuelle Wildkäuter wie Vogelmiere (*Stellaria media*), Einjähriges Rispengras (*Poa annua*), Kleine Brennessel (*Urtica urens*).
Bereich der Grabstätten mit Grabsteinen, Einfassungen, befestigten Wegen und Pfaden sehr zur Aufheizung neigend. Grabstellen selber humose und nährstoffreiche, regelmäßig wasserversorgte Standorte (regelmäßiges Gießen). Bepflanzungen oft sehr aufwendig, wiederum mit hohem Anteil Immergrüner wie Kriech-Wacholder (*Juniperus horizontalis*), Schneeheide (*Erica carnea*), Besenheide (*Calluna vulgaris*), Ysander (*Pachysandra terminalis*), Zwerg-Mispel (*Cotoneaster dammeri*) und Immergrün (*Vinca minor*). Wildkrautvegetation ist wärme- und nährstoffbedürftig, so z. B. die über Erde an Zierpflanzen aus dem mediterranen und submediterranen Raum eingeschleppten Arten Hornfrüchtiger Sauerklee (*Oxalis corniculata*) und Rauhes Schaumkraut (*Cardamine hirsuta*). Auf alten Grabsteinen und steinernen Einfassungen wachsen epilithische Krusten-Flechten (*Lichenes*) und Silbermoos (*Bryum argentum*), bisweilen Dachwurz (*Sempervivum tectorum*) und Fetthenne-Polster (*Sedum* ssp.).
Fauna vielfältig. Wechsel von bewachsenen und unbewachsenen, beschatteten, kühleren und besonnten, sich aufheizenden Standorten an Gebäuden, Mauern sowie am Boden schafft Habitate für Mäuse (*Microtus* ssp.), Maulwurf (*Talpa europaea*), Wiesel (*Mustela* ssp.), Erdkröte (*Bufo bufo*, Sommerquartier unter Steinplatten und Einfassungen), Weinbergschnecken (*Helix* ssp.), Baumschnecken (*Arianta arbustorum*), Schließmundschnecken (*Clausilidae*), Nacktschnecken (*Arion* ssp., *Limax* ssp.), für Insekten wie Glühwürmchen (*Phausis splendidula*), viele Tag- und Nachtfalter, Mauerbienen (*Osmia* ssp.), Heuschrecken – z. B. Großes Grünes Heupferd (*Tettigonia viridissima*) –, Feldgrille (*Gryllus campestris*), für eine Vielzahl Käfer u. a. m. Im Bereich alter Baumbestände Waldohreule (*Asio otus*), Waldkauz (*Strix aluco*) u. v. a. Vogelarten.

Nutzung: Religiöses Zentrum praktizierender Christen, Friedhof neben Beerdigungsstätte auch Ort der Begegnung und Kommunikation.

Ökologische Bedeutung: Verschiedene eng benachbarte Funktionsbereiche bilden einen mosaikartig reich strukturierten Lebensraum mit Standorten für einheimische Arten aus Wäldern, Gebüschen und für bereits früh und in jüngerer Zeit eingewanderte Kulturfolger. Potentieller Artenreichtum beträchtlich, aber ohne ausgesprochene Leitarten.

Gefährdung: Aussterben der Kirchengemeinde, Aufgabe und Auflösung des Friedhofs wegen Platzmangels. Außerdem Sanierungsmaßnahmen an Gebäuden und Mauern. Umgestaltung der Flächen für maschinengerechte Arbeit bei der Grabeinrichtung und Pflege (Vernichtung von alten Grabstellen, überalterten oder außer der Reihe wachsenden Bäumen und Sträuchern). Zu hohe Pflegeintensität in versteckt liegenden Ecken und Winkeln. Zusammenblasen jeglichen herbstlichen Laubes. Ersatz und Ergänzung des Gehölzsortiments durch standortsvage, im Handel weitverbreitete Nadelbäume. Versiegelung zuvor weitfugig gepflasterter oder mit Platten belegter Bereiche durch Asphalt oder fugenarme Beläge. Verwendung von Herbiziden im Bereich befahrener und begangener Flächen zur Säuberung von Fugen, Kanten und Rändern (obwohl verboten).

Schutz und Pflege: Grundsätzlich sollte die (Kirchen-)Gemeinde die Benutzung von Kirche, Kirchhof und altem Friedhof beibehalten. Maßnahmen zum Artenschutz: In Kirchturm und -dach Luken und Einfluglöcher offenlassen, bewachsene Mauern niemals in ihrer Gesamtheit sanieren, nur stückweise im Abstand von mehreren Jahren; Stellen außerhalb des Blickfeldes nicht ausfugen, Verzicht auf glatten Verputz, bei neuen Mauern bevorzugt Natur- oder Ziegelsteine verwenden, Pflasterung mit Natursteinen anstelle von Betonsteinpflaster oder Asphalt, Pflanzenartenauswahl sowohl auf den häufig frequentierten Repräsentationsflächen wie bei der individuellen Grabgestaltung regionstypisch ausrichten. Über Öffentlichkeitsarbeit Wert der versteckten, »wilden« Ecken vermitteln, Toleranz und Akzeptanz für Wildwuchs entwickeln.

Oben: Der Hornfrüchtige Sauerklee ist in warmen Gegenden Mitteleuropas weit verbreitet.

Unten: Erdkröte – auch auf Friedhöfen anzutreffen

Öffentliches Gebäude
Rathaus/Schule

Kennzeichen: Zentrale repräsentative Gebäude (-komplexe), zugeschnitten auf Anforderungen des modernen Fahrverkehrs, d. h. mit Zufahrten und Parkplätzen versehen. Vor dem Rathaus häufig Kriegerdenkmal. Gliederung durch Gestaltungselemente wie Rabatten, Zierrasen, Brunnen, Einzelgehölze, Gehölzgruppen, Sportplätze und Spielwiesen.

Verbreitung/Vorkommen/Lage im Ort: Rathaus, Schule und Kriegerdenkmal früher im Ortszentrum nahe der Kirche. Heute früheres Schulgrundstück häufig zu Rathaus mit notwendigen Anlagen umgebaut. Neue Schulen wegen größeren Flächenbedarfs an den Ortsrand (in Neubaugebiete) verlegt.

Standortmerkmale: Verschiedene Funktionsbereiche bedingen unterschiedliche Standorte: Auf Zufahrten und Parkplätzen austrocknende, sich stark erwärmende Verkehrsflächen. Daneben schattenspendende Bäume mit gemulchten, durch Hundekot eutrophierten Baumscheiben. Zierrasen, Beete und Rabatten werden gärtnerisch gepflegt (häufige Mahd, wechselnde Bepflanzung, regelmäßiger Rückschnitt der Gehölze, Laubkehren im Herbst, Wässerung und Düngung), daher allgemein nährstoffreich, aber nicht unbedingt humos.

Charakteristische Arten: Flora: Hitze und Trockenheit ertragende Arten in Pflasterfugen sind Kleines Liebesgras (*Eragrostis minor*), Stink-Kresse (*Lepidium ruderale*), Vogelknöterich (*Polygonum aviculare*). Eutrophierte Baumscheiben oft vegetationsfrei. Zwischen Bodendeckern auf Rabatten Quekke (*Agropyron repens*) und Acker-Winde (*Convolvulus arvensis*). Auf Sommerblumenbeeten Annuelle wie Vogelmiere (*Stellaria media*), Hornfrüchtiger Sauerklee (*Oxalis corniculata*). In Zierrasen häufig Rotschwingel (*Festuca rubra*), Deutsches Weidelgras (*Lolium perenne*) und Wiesen-Rispengras (*Poa pratensis*); in Sport- und Spielrasen vorherrschend Einjähriges Rispengras (*Poa annua*), Läger-Rispengras (*Poa supina*) und Flutendes Straußgras (*Agrostis stolonifera*); zertretene Stellen besiedelt der Breit-Wegerich (*Plantago major*).
Im traditionellen Gehölzspektrum dominieren breitkronige Schattenspender wie Linde, Ulme oder Roßkastanie, in neuen Anlagen immergrüne Nadelbäume wie Blau-Fichte, Korea-Tanne, Zedern oder Exoten mit auffälligen Blättern wie Ginkgo und Ahorn-Arten (*Acer saccharinum, A. palmatum, A. negundo*), deren Baumscheiben wenig Bewuchs tragen, z. B. Giersch (*Aegopodium podagraria*). Artenarm auch Formhecken aus Liguster (*Ligustrum vulgare*), Berberitze (*Berberis thunbergii*) oder Zierquitte (*Chaenomeles speciosa*), bisweilen flächig überwachsen von Zaun-Winde (*Calystegia sepium*). Typisch dagegen für alte Grenzhecken aus Hasel oder Hainbuche ist eine artenreiche Krautschicht mit nährstoffbedürftigen Dorfpflanzen wie Schöllkraut (*Chelidonium majus*), Weiße

Taubnessel (*Lamium album*), Hecken-Kälberkropf (*Chaerophyllum temulum*), Knoblauchsrauke (*Alliaria petiolata*) u. a.
Fauna: Auf den Rasenflächen häufig Amsel (*Turdus merula*). Höhlenreiche Altbäume werden genutzt von Kohlmeise (*Parus major*), Blaumeise (*Parus caeruleus*), Buntspechten (*Picoides* ssp.).

Nutzung: Kommunaler Dienstleistungsbereich. Bildungseinrichtung mit angegliederter Sportstätte.

Ökologische Bedeutung: Keine eigenen charakteristischen Arten, jedoch noch dorftypische Pflanzenarten in alten Bereichen der Anlagen. Moderne Anlagen mit breitem Spektrum fremdländischer Arten sind potentielle Ausbreitungsherde für verwildernde Zierpflanzen, Wildwuchs wird nicht geduldet. Für beeren- und samenfressende Vögel wie Kohl- (*Parus major*), Blau- (*Parus caeruleus*), Schwanzmeise (*Aegithalos caudatus*), Dompfaff (*Pyrrhula pyrrhula*), Kleiber (*Sitta europaea*), Stieglitz (*Carduelis carduelis*), Buchfink (*Fringilla coelebs*) können die Gehölze im Winterhalbjahr Nahrungshabitat sein.

Gefährdung: Keine.

Schutz und Pflege: Versiegelung reduzieren, um damit Oberflächenabfluß zu verringern. Zufahrten und Parkplätze weitfugig befestigen, Pflaster mit breiten unversiegelten Fugen oder Rasengittersteine verwenden, Blumenwiesen anstatt Zierrasen einsäen. Mahdfrequenz verringern. Verwendung einheimischer Gehölze. Alte Gehölze und Hekken erhalten. Laub im Herbst nicht überall entfernen. Beitrag zur Öffentlichkeitsarbeit: Naturnahe Schulgärten anlegen. Umgebung des Rathauses vorbildlich naturnah gestalten.

Oben: Auch in weitgehend versiegelten Straßenräumen finden Pflanzenarten wie etwa der Löwenzahn noch ökologische Kleinstnischen.

Links: Um öffentliche Gebäude lassen sich Funktionsbereiche wie Zufahrten, Parkplätze und Grünanlagen abgrenzen, die oft extreme Standortqualitäten besitzen.

Modernes Wohngrundstück

Kennzeichen: Bebaut mit Ein- oder Mehrfamilienhaus ohne größere Selbstversorgungsflächen; dafür mit hohem Zierrasenanteil, Garage, versiegelten, auch gekiesten Zugängen, Einfahrten und Terrassen, umfriedet mit Zaun oder Hecke – häufig aus Koniferen –, Architektur oft ohne Bezug zum regionalen Baustil.

Verbreitung/Vorkommen/Lage im Ort: In allen Siedlungsteilen Deutschlands, Österreichs und der Schweiz in nach 1960 am Ortsrand angelegten Wohngebieten mit uniformer Parzellierung. Grundstücksgröße sehr variabel.

Standortmerkmale: Wegen des hohen Versiegelungsgrades und geringen Anteils alter, großer Bäume mit Schattenwirkung sonnig und warm, versiegelte Flächen sich stark aufheizend, werden »sauber« bis steril gehalten. Begrünte Freiflächen werden häufig gewässert, gedüngt und gekalkt, deshalb hohes Nährstoffniveau; Agrochemikalieneinsatz hoch: Mahd mit Rasenmäher sogar wöchentlich, mechanische Unkrautbekämpfung ebenfalls häufig.

Charakteristische Arten: Flora: Gestaltung der Freiflächen nach städtischen Vorbildern. Intensiv gepflegte Rasenflächen mit häufigen Gräsern wie Rotschwingel (*Festuca rubra*), Kriechendem Straußgras (*Agrostis stolonifera*), Rotem Straußgras (*Agrostis carina*), Deutschem Weidelgras (*Lolium perenne*) und Wiesen-Rispengras (*Poa pratensis*), gesäumt und durchsetzt von Ziersträuchern wie Korkenzieher-Hasel (*Corylus avellana 'Contorta'*), Forsythie (*Forsythia x intermedia*), Sommerflieder (*Buddleia davidii*), Berberitzen (*Berberis* ssp.), Rhododendron (*Rhododendron* ssp.) und Nadelbäumen wie Blau-Fichte (*Picea abies glauca*), Korea-Tanne (*Abies koreana*), Säulenwacholder (*Juniperus communis 'Hibernica'*), Kiefern (*Pinus parviflora, P. mugo*) und halbstämmigen Obstgehölzen. Monotone Freiflächengestaltung erleichtert die Pflege. Typische Wildkräuter der Zierrasenflächen sind Löwenzahn (*Taraxacum officinale*), Weiß-Klee (*Trifolium repens*), Fädiger Ehrenpreis (*Veronica filiformis*), Quendelblättriger Ehrenpreis (*V. serpyllifolia*), Gänseblümchen (*Bellis perennis*), unter den Gehölzen Giersch (*Aegopodium podagraria*), Quecke (*Agropyron repens*), Acker-Winde (*Convolvulus arvensis*), in den Fugen von Betonsteinpflaster Mastkraut (*Sagina procumbens*), Silbermoos (*Bryum argentum*), Breit-Wegerich (*Plantago major*). Kleines Liebesgras (*Eragrostis minor*).
Fauna: Kurz gemähte Rasenflächen sind Nahrungshabitat für Amseln (*Turdus merula*), Star (*Sturnus vulgaris*), Girlitz (*Serinus serinus*) sowie Nackt- (*Limax* ssp.) und Gehäuse-Schnecken (*Cepaea* ssp.). Ameisenbauten (*Lasius* ssp.) unter und zwischen sich aufheizenden Pflasterflächen.

Nutzung: Wohnen.

Ökologische Bedeutung: Ausbreitungszentrum für verwildernde Zierpflanzen wie Riesen-Bärenklau (*Heracleum mantegazzianum*), Astern (*Aster novi-belgii*), Drüsiges Springkraut (*Impatiens glandulifera*), Gauklerblume (*Mimulus guttatus*) und über Beimengungen in Sämereien Fädiger Ehrenpreis (*Veronica filiformis*). Vor allem im Winterhalbjahr Nahrungshabitat für beeren- und samenfressende Vögel wie Kohl- (*Parus major*), Blau- (*Parus caeruleus*), Schwanzmeise (*Aegithalos caudatus*), Dompfaff (*Pyrrhula pyrrhula*), Kleiber (*Sitta europaea*), Stieglitz (*Carduelis carduelis*), Buchfink (*Fringilla coelebs*). Häufig auch andauernde Fütterung. Negative ökologisch wirksame Effekte durch erhöhten Dünger- oder Schadstoffaustrag über Versickerung und Oberflächenwasserableitung in Kanalsysteme.

Gefährdung: Keine.

Schutz und Pflege: Sortiment nicht-einheimischer Zierpflanzen und Gehölze verkleinern, dafür dorf- und regionaltypische Arten verwenden. Dazu mit der Gemeinde Vorschläge entwickeln z. B. mit Traditionsvereinen wie Obst- und Gartenbauvereinen, Heimat- oder Trachtenvereinen. Zur Minderung des Oberflächenabflusses und der Vermehrung potentieller Pflanzenstandorte Flächenversiegelung einschränken. Verringerung der Mahdfrequenz bei Zierrasen fördert buntblühende Wiesenkräuter. Zäune nicht auf Mauersockel setzen, um Durchschlupf für Tiere (Igel, Reptilien, Amphibien, Mäuse) zu ermöglichen. Berücksichtigung entsprechender Voraussetzungen bei der Aufstellung von Grünordnungsplänen, Umsetzung in der Bauleitplanung.

Neubaugrundstücke bringen in traditionelle ländliche Siedlungen neue, oft landschaftsfremde Gestaltungselemente sowie neue Arten, die sich leider zu sehr an städtischen Vorbildern orientieren.

Saumpfad und Steig

Kennzeichen: Schmaler, nur begehbarer Pfad oder Steig im Gebirge, auf dem Mensch und Tier Lasten trugen.

Verbreitung/Vorkommen: Saumpfade sind mittelalterliche Handelswege in Grenzgebirgen, auf denen Männer, Frauen und Tiere (häufig Esel) Lasten beförderten. Der sog. »Goldene Steig«, die wichtigste mittelalterliche Saumstraße Süddeutschlands, verlief in drei Wegen über Bayerischen und Böhmerwald zwischen Passau und Prag. Handelsgüter waren Salz (für Böhmen), Glaswaren und Stoffe (für Bayern). Steige dienten zur Versorgung hochgelegener Almen in den Alpen. Einer von vielen ist der Alpensteig »Große Reibn« von der Gotzenalm bis zum Funtensee im heutigen Nationalpark Berchtesgaden.

Standortmerkmale: Oft steinig und steil oder in Niederungen und Mooren sumpfig und naß. Bewuchs gering.

Links: Steige sind typisch für Grenzgebirge; hier ein Steig im Nationalpark Berchtesgaden zwischen dem Funtensee und dem Steinernen Meer – also eine Wegeverbindung zwischen Bayern und Österreich.

Rechts: Der Gewürz-Kälberkropf ist entlang des »Goldenen Steiges«, einem mittelalterlichen Handelsweg zwischen Prag und Passau, von Böhmen nach Bayern in die Nähe von Waldkirchen (Lkr. Freyung-Grafenau) ausgebreitet worden.

Charakteristische Arten: Flora: Über mittelalterliche Fernhandelswege – wie die Saumpfade – fanden absichtliche und unabsichtliche Erweiterungen von Pflanzenarealen statt. Typisch für die drei Routen des »Goldenen Steiges« im südöstlichen Bayerischen Wald ist der Aromatische Kälberkropf (*Chaerophyllum aromaticum*), der über den Grenzkamm von Böhmen her eingeschleppt wurde; auch Meisterwurz (*Ligusticum mutellinum*) mit ursprünglicher Verbreitung im Alpenraum kommt dort vor. Über Alpensteige wurden Trittpflanzen der Tallagen wie Breit-Wegerich (*Plantago major*), Vogel-Knöterich (*Polygonum aviculare*) und Einjähriges Rispengras (*Poa annua*) in die alpine Höhenstufe verbreitet.
Mit Heutransporten von den Hochalmen ins Tal wurden Pflanzenarten als Heusamen in tiefere Höhenlagen verfrachtet; welche Arten dies im einzelnen waren, ist nicht mehr nachvollziehbar.

Nutzung: Älteste Handelsverbindungen und Transportwege über Gebirge. An zentralen Mautstellen vor Steil- und Engpässen erfolgte Zollkontrolle; Lastgewicht für Menschen und Tiere war limitiert. Heute sind die alten Wege oft Bergwanderwege, da sie »fußgerechter« und interessanter sind als ausgebaute Forst- oder Almstraßen.

Ökologische Bedeutung: Uralte Biotopvernetzungsfunktion für die Fernausbreitung von Arten bedingt durch menschliches Wirtschaften und Arbeiten.

Gefährdung: Traditionelle Nutzung ist aufgegeben, Lasten werden nicht mehr auf dem Rücken oder mit Tieren transportiert. Massen bergwandernder Touristen verursachen Trittschäden auf den schmalen Pfaden und Steigen. Förderung der Erosionsgefahr in (Hoch-)Gebirgslagen.

Schutz und Pflege: Markierung alter Saumpfade und Steige im Gelände ist notwendig, da sie kulturhistorische Zeugnisse für menschliche Aktivitäten in heute unwegsamen Gegenden darstellen.

Dorfstraße und Landstraße

Kennzeichen: Dorfstraße: Früher multifunktional nutzbarer Raum: Neben Fahrverkehr in der Straßenmitte war randliche Nutzung als Abstell- und Lagerfläche sowie Hütenutzung üblich. Heute vorherrschend monofunktionale Verkehrsnutzung, da Ausgestaltung als Fahrbahn, Regenrinne mit Bordstein, Bürgersteig und Parkstreifen. Vorherrschende Baustoffe sind Asphalt, Beton- und Natursteine sowie Kies.
Landstraße: Regionale Wegeverbindung zwischen Ortschaften. Lineares, landschaftsprägendes Element. Früher gegen sommerliche Aufheizung durch schattenspendende Baumreihen aus Obstgehölzen oder hallenartig wachsenden Alleebäumen abgeschirmt. Heute Gehölzbegleitung allgemein einreihig mit weniger Kurven, Regelprofil, befestigtem Bankett und Entwässerung über ein Straßengrabensystem.

Verbreitung/Vorkommen/Lage im Ort: Dorfstraße: Innerörtlicher Weg zu benachbarten Ortschaften. Nach Anlage der Gehöfte neben der Dorfstraße werden Siedlungsformen unterschieden wie Straßendorf, Haufendorf, Angerdorf, Wald- oder Moorhufendorf.
Landstraße: Regionale Wegeverbindung zwischen Ortschaften.

Standortmerkmale: Dorfstraße: Fahrbahnen früher höchstens gepflastert, heute geteert oder gepflastert. Unversiegelte Randbereiche waren stark mit Nährstoffen angereichert (wegen fehlender Kanalisation, freilaufender Tiere, Zugtiere, Mistfuhren u. a.). Nährstoffgehalte am Straßenrand heute niedriger. Dorfstraßenränder sowohl verdichtet und frisch-feucht (Pfützen) wie kiesig und humos.
Landstraße: Ränder früher ebenfalls nährstoffreicher als heute, dafür jetzt Streusalz-beeinflußt. Randzone neben der Teerdecke vegetationsfrei, im Querprofil folgt gut drainierter Grünstreifen (mit Begrenzungspfählen), der in Graben oder Böschung übergeht.

Charakteristische Arten: Flora: Dorfstraße: Keine eigenen Pflanzenarten, Randbereiche besiedelt von Arten angrenzender Flächen, bietet Vegetation der verschwindenden bäuerlichen Grundstücke Wuchsorte, z. B. Guter Heinrich (*Chenopodium bonus-henricus*), Eisenkraut (*Verbena offcinalis*), Schwarznessel (*Ballota nigra*).
Landstraße: Ebenfalls keine eigenen Pflanzenarten, beherbergte früher häufige Arten des Grünlandes wie Wiesen-Pippau (*Crepis biennis*), Wiesen-Flockenblume (*Centaurea jacea*), Wilde Möhre (*Daucus carota*), Kuckucks-Lichtnelke (*Lychnis flos-cuculi*) u. v. a.
Fauna: Bedeutsam sind Straßen als Ansitze für Greif- und Rabenvögel wie Mäusebussard (*Buteo buteo*), Roter Milan (*Milvus milvus*), Elstern (*Pica pica*) und Rabenkrähen (*Corvus corone corone*), die von dort überfahrene Kleinsäuger, Vögel, Reptilien und Amphibien aufnehmen. In grob verzweigten Straßenbäumen (Pappeln, Linden, Eichen, Roßkastanien und alten Streuobstbäumen) nisten Elstern und Krähen.

Nutzung: Verkehr.

Ökologische Bedeutung: Lineares, Biotope verbindendes Element mit zeitlich befristeten Refugialstandorten für Pflanzenarten.

Mäusebussard auf Ansitz am Straßenrand.

Für Tiere eher negativ, Barrierewirkung für Amphibien bei Laichwanderung. Blütenreichtum ein- bis zweischüriger Straßenränder fördert Insektenreichtum.

Gefährdung: Dorfstraße: Zu hoher Versiegelungsgrad im Straßenraum, übertriebene Sauberkeit, Herbizideinsatz vor Zäunen und Mauern, in Rinnsteinen und auf unbefestigten Gehsteigen.
Landstraße: Entfernung alter Straßenbaumreihen, zu intensive Pflege der Straßenränder, Streusalz im Winterhalbjahr.

Schutz und Pflege: Dorfstraße: Am Straßenrand Versiegelung reduzieren, Pflasterung der Asphaltierung vorziehen. Anlage von Gehsteigen nur auf einer Straßenseite. Grünstreifen vor Gebäuden erhalten, mit dorftypischen Pflanzenarten einsäen oder der Selbstbegrünung überlassen.
Landstraße: Bewahrung des ursprünglichen Straßenverlaufs, wo es nur möglich ist. Eingrünung mit schattenspendenden Bäumen. Straßenrandbereich mit nachlassender Intensität zum Außenrand hin pflegen. Straßenbeleuchtung: geschlossene Lampen mit geringem UV-Anteil, die Licht nach unten abgeben (nicht in die freie Landschaft).

Links: Landstraße mit einem Wiesenstreifen mit Glatthafer, Wegwarte, Schafgarbe und Pastinak als Straßenrand.

Rechts: Dorfstraße: Der breite Straßenrand läßt es zu, daß Gänse in einem kleinen, verschiebbaren Pferch gehalten werden können.

Dorfgasse

Kennzeichen: Schmaler fußläufiger Verbindungsweg mit Wegspur zwischen Grundstücken. Seitliche Begrenzung durch Gebäudemauern, Zäune, Hecken. In kommunalem oder privatem Besitz, dann oft mit Durchgangsrecht für Anlieger belegt.

Verbreitung/Vorkommen/Lage im Ort: Schmaler Fußweg zu zentralen Einrichtungen (Kirch-, Friedhofs-, Brunnen-, Bäcker-, Schmiedegasse) oder auf kurzem Weg zu Feld, Garten und Wiese führend.

Standortmerkmale: Beleuchtungsverhältnisse im allgemeinen schattig bis halblicht, deshalb trocken-warme Standorte selten. Je nach Häufigkeit des Begehens kann die Wegspur unbefestigt offen oder mit Rasen begrünt, mit wassergebundener Decke, lose gekiest, gepflastert mit Natur- oder Betonsteinen, auch geteert sein. Daraus ergeben sich verdichtete, frisch-feuchte, nährstoffreiche und wasserdurchlässige, trockenere, nährstoffärmere sowie versiegelte Standorte. Durch Akkumulation von Erntegut- und Dungverlusten bei Transporten mit Handwagen oder Schubkarre sowie durch Einträge von angrenzenden Bauernhöfen, Gärten oder Viehweiden können die Standorte neben der Wegspur humos und sehr nährstoffreich sein.

Charakteristische Arten: Flora: Keine eigenen Pflanzenarten. Bietet aber der Vegetation der verschwindenden bäuerlichen Grundstücke Wuchsorte (vgl. Biotoptyp Dorfstraße). Wo offener Boden vorherrscht, Trittpflanzen wie Vogelknöterich (*Polygonum aviculare*), Strahlenlose Kamille (*Matricaria discoidea*), Breit-Wegerich (*Plantago major*); wo sich Regenwasser sammelt, Flutrasenarten wie Kriechendes Straußgras (*Agrostis stolonifera*), Kriechender Hahnenfuß (*Ranunculus repens*), Gänse-Fingerkraut (*Potentilla anserina*); in Pflasterfugen Niederliegendes Mastkraut (*Sagina procumbens*); wo gemäht wird, Grünlandarten wie Spitz-Wegerich (*Plantago lanceolata*), Löwenzahn (*Taraxacum offcinale*), Weiß-Klee (*Trifolium repens*). Ohne Pflege setzen sich ruderale Hochstauden wie Schöllkraut (*Chelidonium majus*), Giersch (*Aegopodium podagraria*), Brennessel (*Urtica dioica*), Kletten (*Arctium* ssp.), Schwarznessel (*Ballota nigra*), Guter Heinrich (*Chenopodium bonus-henricus*) sowie Gebüsche mit Holunder (*Sambucus nigra*) und Esche (*Fraxinus excelsior*) durch.
Fauna: Heimlicher, stiller Lebens- und Jagdraum für Igel (*Erinaceus* ssp.), Wiesel (*Mustela* ssp.), Steinmarder (*Martes foina*), Garten- und Feldspitzmaus (*Crocidura suaveolens* und *C. leucodon*), Wanderratte (*Rattus norvegicus*), Sommerquartier für Erdkröte (*Bufo bufo*). Unter Steinen und Laub leben diverse Nackt- und Gehäuseschnecken (*Arion* ssp., *Limax* ssp. u. a.), Steinkriecher (*Chilopoda*), Schnurfüßer und Saftkugler (*Diplopoda*), Asseln (*Isopoda*), an grob verzweigten Hochstauden Radnetzspinnen (*Araneae*), im nährstoffreichen, humosen Boden Regenwürmer (*Lumbricidae*).

Nutzung: Gehweg.

Ökologische Bedeutung: Traditioneller Biotoptyp des Dorfes. Da oft seit langem bestehend, Anteil Bauernhof-typischer Pflanzenarten hoch. Verkehrsberuhigte, ungestörte Bereiche für nachtaktive, nahrungssuchende Kleinsäuger und ihre Prädatoren.

Gefährdung: Benutzung des Autos auch bei kurzen Wegen macht zeitersparende Gehwegnutzung überflüssig. Gassen werden daher häufig nicht mehr benutzt und verschwinden. Häufig begangene Gassen zur Kirche oder zum Friedhof werden nach nicht ländlichen Vorbildern umgestaltet; Platz für wildwachsende Vegetation, die vielen Tieren Unterschlupf und Nahrung bietet, wird nicht vorgesehen. Moderne Nutzung als Hundespazierweg führt zu Unruhe und Belastung mit Fäkalien.

Schutz und Pflege: Alle alten Gassen unbedingt erhalten, Vermeidung von Flächenversiegelungen, Pflege wie früher beibehalten: Unregelmäßige Mahd und gründliche Säuberung dieser öffentlichen Flächen nur zu hohen kirchlichen Festen (Pfingsten, Fronleichnam, Erntedankfest etc.).

Links: Dorfgasse mit einer Brennessel-Giersch-Gesellschaft.

Rechts oben: Rasig gemähte Kirchgasse mit einer trittfesten Weidelgras-Knöterich-Gesellschaft.
Rechts Mitte: Der Kleine Fuchs ist in ländlichen Siedlungen noch häufig, ebenso wie die Brennessel, die Futterpflanze seiner Raupen.

Historische Altstadt

Kennzeichen: Konzentration von Gebäuden mit jahrhundertealter Siedlungstradition; teilweise mit Bausubstanz aus dem späten Mittelalter oder noch älter. Intakte historische Stadtanlagen weisen noch die alten, regelmäßig strukturierten Stadtgrundrisse auf und sind von einer Stadtmauer umgeben. Ebenso wie städtische Bürgerhäuser gehören Tore, Türme, Rathäuser, Pfarrkirchen, Spitäler, Schulen, Klöster und Residenzen zu den Kennzeichen historischer Städte. Aus Feuerschutzgründen überwiegt die Ziegeldeckung.

Verbreitung/Vorkommen: Im Zentrum aller alten Städte Deutschlands, Österreichs und der Schweiz. In Deutschland noch dort, wo sie von Kriegseinwirkungen verschont blieben, aber auch dort, wo Fremdenverkehr und historisches Verantwortungsbewußtsein eine umfängliche Modernisierung verhinderten. Bekannt sind u. a. die »Museumsstädte« Rothenburg ob der Tauber, Dinkelsbühl, Lübeck, Hannoversch-Münden und Einbeck.

Standortmerkmale: Überwiegend trocken-warme Lagen und Standorte an und um Gebäude mit natürlichen Baumaterialien wie Natursteinen, Kalkmörtel, Holz und Ziegeln. Je nach verwendetem Steinmaterial sind die Standorte sauer oder basisch. Die Oberflächen der Baumaterialien bleiben oft über Jahrzehnte und Jahrhunderte erhalten. Zwischen den Mauersteinen befinden sich Kalkmörtelfugen, Spalträume und Löcher. Um Nebengebäude, in Höfen und Gärten gibt es eutrophe, feuchte und schattige Standorte. Alte Stadtgärten weisen sogenannte Hortisole auf – spezielle Gartenböden, die durch jahrhundertelange Bewirtschaftung entstanden.
Auf Verschnitt- oder Abbruchflächen Substrate aus dem Kulturschutt der Jahrhunderte. Extensiv genutzte Dachgeschosse wie ehemalige Speicher, Turmstuben, Glockenstühle oder Mauernischen und nicht genutzte Fensterhöhlungen dienen gebäudebewohnenden Tierarten wie Fledermäusen, Schleiereulen, Turmfalken und Dohlen als Nistplatz und Wochenstube. Gemauerte Keller und Gewölbe bieten als dunkle, wenig gestörte und konstant kühl-feuchte Lebensräume einen weiteren Baustein im Biotopmosaik der historischen Altstadt.

Charakteristische Arten: Flora: Krustenflechten, Moose, Hunds-Braunwurz (*Scrophularia canina*), Eisenkraut (*Verbena officinalis*), Gänse-Malve (*Malva neglecta*), Schöllkraut (*Chelidonium majus*), Brauner Streifenfarn (*Asplenium trichomanes*), Mauerraute (*Asplenium ruta-muraria*), Schriftfarn (*Ceterach officinarum*), Scharfer Mauerpfeffer (*Sedum acre*), Weißer Mauerpfeffer (*Sedum album*).
Fauna: Weißstorch (*Ciconia ciconia*), Mauersegler (*Apus apus*), Schleiereule (*Tyto alba*), Dohle (*Corvus monedula*), Gartenrotschwanz (*Phoenicurus phoenicurus*), Hausrotschwanz (*Phoenicurus ochrurus*), Mausohr (*Myotis myotis*), Langohrfledermaus (*Plecotus auritus*), Hausratte (*Rattus rattus*), Hausmaus (*Mus musculus domesticus*), Hauswinkelspinne (*Tegenaria*), Kellerschnecke (*Limax flavus*).

Nutzung: Historisch entstandene Siedlungsform, die auch heute noch als Wohn-, Lebens- und Arbeitsbereich der stadtbewohnenen Bevölkerung Bedeutung hat. Durch Modernisierungsmaßnahmen verstärkt zu Wohnraum oder zu kulturellen Einrichtungen umfunktioniert. Teilweise unter Denkmalschutz stehend, gastronomisch und touristisch genutzt.

Ökologische Bedeutung: Bedeutende Sekundärbiotope, wenn bei Sanierungsarbeiten auf Standortansprüche der Tier- und Pflanzenarten Rücksicht genommen wird. Aufgrund des Biotopalters von mehreren Jahrhunderten sehr konstante und stabile Lebensräume. Viele Arten sind eng mit diesem Lebensraum verbunden, einige sogar auf ihn angewiesen; etwa Dohlenkolonien, die über Jahrhunderte in historischen Gebäuden wie Kirchen, Wehrtürmen etc. nisten. Gebäudebewohnende Fledermäuse, die warme, ungestörte Dachstühle bevorzugen, bilden hier über Jahrhunderte stabile und bis zu Tausenden von Tieren zählende Kolonien. Ein Charaktertier der historischen Städte des Mittelalters war die Hausratte, auch Dachratte genannt, die heute vom Aussterben bedroht ist. Ihr Biotop war die Dachlandschaft der mittelalterlichen Städte mit den Speicherböden. Ihr Rückgang wird damit erklärt, daß auf den Speichern keine Nahrungsmittel mehr gelagert werden.

Oben: Turmfalke im Rüttelflug.
Unten: Toreinfahrt mit Hauswurzbeständen.

Gefährdung: Durch Abriß infolge von Umstrukturierung und neue sowie intensivere Nutzung verbunden mit Umbauten und Renovierung, durch Verwendung moderner Materialien wie Beton, Glas, Kunststoffe, Metall, Eternit, etc. sowie durch Mangel an Geschichtsbewußtsein. Lebensfeindliche Renovierungsmaßnahmen tun ihr übriges – etwa Sandstrahlen alter Natursteinmauern, Verfugen der Mauern mit Beton, Imprägnierung der Holzkonstruktionen mit giftigen Holzschutzmitteln, Verlust von Einflugwegen bei Dachsanierungen.

Schutz und Pflege: Integration moderner Formen von Wohnen, Handel und Handwerk in die alten Gebäude; Fortführung historischer Nutzungen.
Flächenhafter und finanziell gut ausgestatteter Denkmalschutz (= Ensembleschutz). Sorgsame und fachkundige Renovierung in enger Zusammenarbeit zwischen Natur- und Denkmalschutz. Wichtig ist, daß bewachsene Fugen nicht mit Beton ausgefugt werden, flechtenüberwachsene Natursteine nicht sandgestrahlt und Fledermaushangplätze nicht mit giftigen Holzschutzmitteln besprüht werden. Verantwortungsbewußte Denkmalpflege verwendet patinierte, flechtenbewachsene Ziegel und Mauersteine wieder, wenn sie noch brauchbar sind, und hält sich an die Materialvorbilder.

Moderne Innenstadt

Kennzeichen: Dichter Siedlungsbereich der Innenstädte mit Versiegelungsgrad bis nahe 100 Prozent und geringem Grünanteil. Hoher Anteil an Straßen, Plätzen, Bürogebäuden, Behörden, Banken, Versicherungen und stadttypischen Kaufhäusern. Grünflächen sind auf sogenanntes Splittergrün zurückgedrängt, etwa in Fußgängerzonen mit sparsamer künstlicher Begrünung in Form von einzelnen Straßenbäumen, Bodendecker- und Kübelpflanzungen mit Zierpflanzen. Natürliche Vegetation nur in kleinsten Resten, etwa als Ritzenvegetation in Pflasterfugen oder auf Baumscheiben. Künstliche Baumaterialien wie Beton, Asphalt, Stahl, Glas und Kunststoffe herrschen vor. Urbane Wärmeinseln mit trockener, schadstoffbelasteter Luft. Entlang von Straßen steigt die Belastung durch Schadstoffe, Lärm und Streusalz nochmals an.

Verbreitung/Vorkommen: Weit verbreitet in Ballungszentren und den Zentren großer Städte.

Standortmerkmale: Durch die Massierung der Gebäude und damit verbunden der Baumaterialien Stein, Beton und Ziegel sind moderne Innenstädte künstlichen Felsstandorten ähnlich. Zur Zeit gibt es bei den Baumaterialien eine Verschiebung zu Beton, Glas, Metall und Kunststoff. Das Klima zeichnet sich durch erhöhte Temperaturen – um 0,5 bis 1,5 °C höher als das Umland – und durch geringere Luftfeuchtigkeit aus. Die winterliche Frostperiode ist um ein Viertel kürzer und die Luftbelastung bis zum Zehnfachen höher als im Umland. Die Böden sind größtenteils durch Asphalt und Beton versiegelt und weisen hohe Gehalte an Nährstoffen, Schadstoffen und Salzen auf. Der Grundwasserspiegel ist häufig abgesenkt.

Charakteristische Arten: Flora: In Pflasterfugen und auf kleinflächig unversiegelten, aber begangenen Flächen Liegendes Mastkraut (*Sagina procumbens*), Vogelknöterich (*Polygonum aviculare*), Gehörnter Sauerklee (*Oxalis corniculata*), Behaartes Franzosenkraut (*Galinsoga ciliata*), Kohl-Gänsedistel (*Sonchus oleraceus*), Mäuse-Gerste (*Hordeum murinum*), Einjähriges Rispengras (*Poa annua*).
Fauna: Auf Gebäudesimsen, in Mauernischen, an Fassaden Verwilderte Haustaube (*Columba livia domestica*), Turmfalke (*Falco tinnunculus*), Haussperling (*Passer domesticus*), Mauersegler (*Apus apus*).

Nutzung: Wohn-, Arbeits-, Produktions- und Einkaufsstätten der Menschen in Ballungsräumen und großen Städten. Erfüllt für die Bewohner der Städte und des Umlandes zentrale Funktionen des Gemeinbedarfs und des gehobenen Bedarfs.

Oben: Stadttauben werden zu oft gefüttert.
Unten: Silbermoos in Pflasterfugen.

Ökologische Bedeutung: Die dichte Massierung mehrgeschossiger Gebäude wird von anpassungsfähigen Vögeln besiedelt, allen voran von der verwilderten Haustaube. Sie stammt von der Felsentaube ab, die ursprünglich an Naturfelsen der Atlantikküsten Frankreichs und Englands brütet. An wenig genutzten Stellen, wie auf Baumscheiben und Ritzen im Belag, kann spontane Vegetation entstehen, z. B. Trittpflanzen-Gesellschaften, Ritzenvegetation, Neophytenbestände und Ruderalvegetation. Die sog. Verstädterung ist mit einer Intensivierung der Nutzung verbunden und geht i. d. R. auf Kosten extensiverer und wertvollerer Lebensräume.

Gefährdung: Der Lebensraum Moderne Innenstadt ist nicht gefährdet, sondern gefährdet durch seine Ausdehnung andere wertvolle Biotope der Innenstadtbereiche wie Parks, Reste alter, historischer Gebäude, Reste von noch frei laufenden Fließgewässern etc. Durch ästhetische Ansprüche sind jedoch spontane Vegetationsformen in Innenstädten bedroht. Ihre Beseitigung durch mechanische, thermische und chemische Mittel ist die Regel.

Schutz und Pflege: Ökologische Stadtentwicklungen müssen beachten, daß die Innenstädte nicht zu Steinwüsten verkommen und auch hier Restflächen für naturnahe Entwicklungen gesichert bzw. neue extensive Grünflächen geschaffen werden. Wichtig ist es, spontaner Vegetationsentwicklung Raum zu belassen. Hier muß entsprechende Aufklärung durch Umweltbildung und Umwelterziehung geleistet werden.

In vielen Städten findet man leider nur noch auf Betonkübel-Bepflanzungen reduzierte »Feigenblatt-Natur«.

Villengrundstück

Kennzeichen: Städtische Siedlungsform aus der Gründerzeit Ende 19./Anfang 20. Jhdt. mit repräsentativer Einzelhausbebauung, umgeben von großen parkartigen Gärten und Nebengebäuden wie Bedienstetenwohnungen, Gewächshaus, Gartenhaus, bewachsenen Mauern, Wasserbecken und Lauben. Alter parkartiger Baumbestand, Hekken sowie Rasen- und Wiesenflächen, die i. d. R. repräsentativen Zwecken dienen und privat genutzt werden. Je nach Finanzkraft oder Einstellung der Besitzer intensiv gepflegt oder eher extensiv bis verwildert.
Der Lebensraum ähnelt Parks und lichten Wäldern mit Schatten- und Halbschattenbereichen sowie warmem bis frischfeuchtem Kleinklima.

Verbreitung/Vorkommen: Ursprünglich in der Peripherie der Städte und in gründerzeitlichen Siedlungsbereichen Deutschlands, Österreichs und der Schweiz. Häufig auch Gewerbeansiedlungen aus dieser Zeit angegliedert.

Standortmerkmale: Halbschattige bis schattige, frische Standorte mit humosen Böden. Bedingt durch das übergeordnete warme Stadtklima herrscht ein warm-mildes Kleinklima vor. Die Gebäude sind i. d. R. aus Natursteinen erbaut, die Dachstühle in Holzbauweise. Auch die Nebenbauten oder Gartenmauern sind oft aus Natursteinen errichtet. Aufgrund der Größe dieser Grundstücke sind extensive bis nahezu ungenutzte Bereiche zu finden, etwa überwachsene Lauben oder dichte Gebüschgruppen. Der Lebensraum ist durch eine kontinuierliche, fast 100 Jahre alte Entwicklung gekennzeichnet, wo Störungen selten sind – mit Ausnahme von Pflegearbeiten oder festlichen Anlässen. Alter Baumbestand, häufig mit exotischen Baumarten, die zur Gründerzeit als »schick« galten, ist oft mit Efeu bewachsen und weist Baumhöhlen und je nach Pflegeintensität dürre Äste oder Faulstellen auf.

Charakteristische Arten: Flora: Wurmfarn (*Dryopteris filix-mas*), Purpur-Hasenlattich (*Prenanthes purpurea*), Gelber Lerchensporn (*Corydalis lutea*), Vielblütige Weißwurz (*Polygonatum multiflorum*), Waldrebe (*Clematis vitalba*), Rundblättrige Glockenblume (*Campanula rotundifolia*), Bärlauch (*Allium ursinum*), Braunwurz (*Scrophularia nodosa*), Fädiger Ehrenpreis (*Veronica filiformis*), Giersch (*Aegopodium podagraria*), Busch-Windröschen (*Anemone nemorosa*), Blut-Storchschnabel (*Geranium sanguineum*), Aronstab (*Arum maculatum*), Großes Zweiblatt (*Listera ovata*), Waldsegge (*Carex sylvatica*).
Fauna: Ringeltaube (*Columba palumbus*), Großer Buntspecht (*Dendrocopos major*), Gartenbaumläufer (*Certhia brachydactyla*), Zaunkönig (*Troglodytes troglodytes*), Mönchsgrasmücke (*Sylvia atricapilla*), Buchfink (*Fringilla coelebs*), Rotkehlchen (*Erithacus rubecula*), Blindschleiche (*Anguis fragilis*), Eichhörnchen (*Sciurus vulgaris*), Abendsegler (*Nyctalus noctula*).

Nutzung: Ursprünglich repräsentatives Wohngrundstück für begüterte und einflußreiche Bürger der Gründerzeitepoche. Auch heute noch für Zwecke des gehobenen Wohnbedarfs genutzt aber auch Neunutzungen für repräsentative Zwecke wie Institute, Konsulate oder gewerblich als Privatkliniken, Arztpraxen, Anwaltskanzleien, Werbebüros etc.

Ökologische Bedeutung: Je nach Alter und Pflegeintensität hoher Artenreichtum. Unter den Bäumen finden sich die Krautvegetation lichter Laubmischwälder und wärmeliebender Krautsäume der ursprünglichen Waldvegetation, die sich in vielen Fällen aus der Zeit der Besiedelung erhalten konnten. Auch Arten der bäuerlichen Kulturlandschaft sind hier konserviert oder verwilderte Gartenpflanzen wie der Gelbe Lerchensporn, der in Stützmauern wächst und als Charakterart der Villengärten gelten kann. Je nach Pflegeintensität kommen artenreiche Rasengesellschaften oder Wiesen vor. Baumhöhlen begünstigen Höhlenbewohner wie Spechte und Fledermäuse und die Ungestörtheit und der Stukturreichtum wirken sich günstig auf die Avifauna aus.

Gefährdung: Stark gefährdet durch Nutzungswandel. Bodenspekulation erzielt für die in innerstädtischer Lage befindlichen Villengrundstücke hohe Preise; Überbauung mit Mehrfamilienhäusern oder Wohnblöcken. Intensive gärtnerische Pflege.

Schutz und Pflege: Die Kommunen sollten darauf achten, daß diese Viertel nicht der Spekulation zum Opfer fallen, sondern einer neuen Nutzung zugeführt werden, welche die denkmalpflegerischen und naturschützerischen Aspekte berücksichtigt. Die Gärten sollen extensiv und unter Aspekten des Arten- und Biotopschutzes gepflegt werden. Besonders wichtige Bereiche sollen als Naturdenkmale ausgewiesen werden.

Alte Villengrundstücke sind, wenn sie naturnah belassen werden, wertvolle Lebensräume – so auch für den Grauschnäpper (rechts oben).

Dom, Burg, Festungsmauern

Kennzeichen: Alte Siedlungsplätze, häufig auf Anhöhen oder im Zentrum historischer Stadtanlagen. Burgen waren befestigte Wohnsitze, die sich von der Fluchtburg zur Ritterburg des Mittelalters wandelten. Man unterscheidet die auf Berggipfeln gelegenen Höhenburgen und die meist als Wasserburgen befestigten Niederburgen. Burgen setzen sich zusammen aus der Burgmauer mit Wehrgang, Burghof, Wirtschaftsgebäuden, Palas und Bergfried. Dome sind große und repräsentiv gebaute Bischofskirchen; ebenso wie bei Burgen ähnelt ihr Mauerwerk künstlichen Felsstandorten. Je nach Baustil und Erhaltungszustand der Bauwerke existieren hölzerne Dachgestühle. Insbesondere bei Burgen sind Ruinen und verfallene Mauern häufig. In früheren Jahrhunderten waren die Sitze kirchlicher und weltlicher Herrscher sowie Städte und größere Siedlungen vor Überfällen mit begehbaren Festungsmauern gesichert.

Verbreitung/Vorkommen: Zerstreut, nahezu überall in allen Kulturlandschaften Europas. Burgen liegen an strategisch günstigen Orten auf Bergen, an Taleingängen, Pässen, entlang von Flußtälern und alten Handelswegen. Dome finden sich oft im Zentrum mittelalterlicher Stadtgründungen, die Bischofssitze waren oder sind.

Standortmerkmale: Künstlichen Felsen ähnliche Natursteinbauten. Trocken-warme, sonnen- und windexponierte magere Standorte. Substrate entstehen durch Verwitterung des Gesteins in Mauerfugen aus magerem sandigem Material oder aus Kalkmörtel. Letzterer führt zu kalkhaltigen, basischen Substraten, deren Wasserhaltevermögen höher ist. Ansonsten sind die Substrate abhängig vom verwendeten Ausgangsgestein, das je nach geographischer Lage sauer oder basisch sein kann. Dach- und Glockengestühl in Holzbauweise.

Charakteristische Arten: Flora: In Mauerwerk und auf Mauerkronen Mauerraute (*Asplenium ruta-muraria*), Braunstieliger Streifenfarn (*Asplenium trichomanes*), Rundblättrige Glockenblume (*Campanula rotundifolia*), Zymbelkraut (*Cymbalaria muralis*), Frühlings-Fingerkraut (*Potentilla tabernaemontani*), Scharfer Mauerpfeffer (*Sedum acre*), Kriechender Hauhechel (*Ononis repens*). Fauna: Auf Mauervorsprüngen, Simsen und im Inneren der Gebäude Schleiereule (*Tyto alba*), Turmfalke (*Falco tinnunculus*), Mauersegler (*Apus apus*), Alpensegler (*Apus melba*), Mauereidechse (*Lacerta muralis*), Dohle (*Corvus monedula*), Mausohr (*Myotis myotis*), Langohrfledermaus (*Plecotus auritus*), Pelzbiene (*Anthophora acervorum*), Furchenbiene (*Lasioglossum nitidulum*).

Nutzung: Dom als christliche Kultstätte, Sitz eines Bischofs, religiöses Zentrum. Burg früher Sitz weltlicher Herrscher, heute Kulturdenkmal, touristische Attraktion, Museum, Restaurant oder für repräsentative Zwecke. Teilweise nur noch als mächtige Ruinen vorhanden und dann ungenutzt.

Ökologische Bedeutung: Künstliche Felsstandorte, Sekundärlebensräume für felsbewohnende Arten. Dazu gehören Pionierbesiedler wie Algen, Moose und Krustenflechten. Je nach Substrat und Exposition entwickeln sich verschiedene Lebensgemeinschaften, so etwa höhere Pflanzen: an warmen, sonnenexponierten Mauern wächst die Zymbelkraut-Gesellschaft. Schattige, frische Mauerstandorte sind durch Mauerrauten-Gesellschaften gekennzeichnet. Auf kalkigen Mauerkronen Fingersteinbrech-Gesellschaft. Auch Mauerfüße sind als Lebensräume in Nord- und Südseite getrennt. Dachgestühle und Holzkonstruktionen der Türme stellen warme Höhlen dar, die oft große Fledermauskolonien beherbergen. Auf Gesimsen, in Mauerhöhlungen und auf den Türmen brüten Turmfalke, Dohle oder Mauersegler.

Gefährdung: Zerfall durch unterlassenen Denkmalschutz. Zerstörung wertvoller Biotope und Lebensräume durch falschen Denkmalschutz, etwa indem Natursteinmauern sandgestrahlt und anschließend mit Betonmörtel angespritzt werden. Abriß oder Ersatz alter Mauern durch neuzeitliche Baustoffe.

Schutz und Pflege: Erhaltung unter kulturgeschichtlichen und naturschützerischen Aspekten. Aufstellung von Pflege- und Nutzungskonzepten, die diese Ansprüche berücksichtigen.

Links: Blick auf den Kölner Dom von der Rheinseite aus.
Rechts oben: Festungsruine beim Heidelberger Schloß.
Rechts unten: Brauner Streifenfarn und Mauerraute.

Grünflächen und Erholungsanlagen

Kennzeichen: Geplant angelegte, intensiv oder mäßig intensiv gepflegte öffentliche und privat genutzte Grünflächen in der Stadt. Nach Nutzung und Pflegeintensität drei Komplexe unterscheidbar: 1. Intensiv genutzte und gepflegte Spielplätze, Sportanlagen wie Fußballfelder und Golfplätze mit intensiv gepflegten Rasenflächen, geschnittenen Hekken und gestaltetem Grün. 2. Privat genutzte Kleingartenanlagen, Schrebergärten und Grabeland, von der öffentlichen Hand als Gartenersatz bereitgestellt. Dienen der Produktion pflanzlicher Nahrungsmittel. Typisch sind Obstbäume, Beerensträucher, Rasen, Blumen- und Zierstrauchrabatten, geschnittene Hecken und Gartenhäuser. 3. Große Parkanlagen, Schloß- und Bürgergärten sowie Zoologische und Botanische Gärten und Friedhöfe. Sie sind gekennzeichnet durch alten Baumbestand, Wiesen- und Rasenflächen. Eine Zwischenstellung nimmt das sogenannte Splittergrün ein. Es umfaßt kleine Grünanlagen, Abstandsgrün, Schmuckgrün in Kübeln und Verkehrsgrün.

Verbreitung/Vorkommen: Verbreitet überwiegend in Großstädten Deutschlands, Österreichs und der Schweiz. Weitläufige historische Parkanlagen finden sich in Hauptstädten oder ehemaligen Residenzen. Neue Parkanlagen infolge von Gartenschauen.

Standortmerkmale: Je nach Typus intensiv bis mäßig intensiv gepflegte gärtnerische Anlagen. Die Rasen von Fußballfeldern oder Golfanlagen werden teilweise täglich oder mehrmals wöchentlich gepflegt. Zur Pflege zählen Mulchschnitt, Wässern, Düngen und Einsatz von Pestiziden sowie mechanische Bodenverbesserungsmaßnahmen. Sommerblumenpflanzungen werden turnusgemäß ausgewechselt, gedüngt und gegossen. Wildpflanzen sind unerwünscht und werden regelmäßig gejätet. Bäume und Sträucher werden geschnitten. Die Pflege erfolgt nach Gesichtspunkten der Kosteneinsparung, z. B. pflegeleichte Bodendeckerpflanzungen. In großen Parkanlagen ist die Pflege extensiver, im Idealfall Wiesennutzung mit zweimaliger Mahd pro Jahr. Alter Baumbestand mit Höhlungen. Störungen und Trittbelastung je nach Zahl der Besucher.
Kleingartenanlagen und Grabeland werden intensiv als Nutz- und Ziergarten gepflegt. Anbau von Nutz- und Zierpflanzen. Die Pflege umfaßt Mähen, Umgraben, Gehölzschnitt, Entfernung von Wildkräutern, Einsatz von Pestiziden. Verwendung künstlicher Baumaterialien aus dem Baumarkt.

Charakteristische Arten: Flora: Hirtentäschelkraut (*Capsella bursa-pastoris*), Gemeines Kreuzkraut (*Senecio vulgaris*), Kohl-Gänsedistel (*Sonchus oleraceus*), Wilde Möhre (*Daucus carota*), Knoblauchsrauke (*Alliaria petiolata*), Schöllkraut (*Chelidonium majus*), Vogelknöterich (*Polygonum aviculare*), Gänseblümchen (*Bellis perennis*), Gänse-Fingerkraut (*Potentilla anserina*), Weiß-Klee (*Trifolium repens*), Taube Trespe (*Bromus sterilis*), Mäuse-Gerste (*Hordeum murinum*).
Fauna: Eichhörnchen (*Sciurus vulgaris*), Igel (*Erinaceus europaeus*), Ringeltaube (*Columba palumbus*), Star (*Sturnus vulgaris*), Amsel (*Turdus merula*), Haussperling (*Passer domesticus*), Zilpzalp (*Phylloscopus collybita*), Stockente (*Anas plathyrhynchos*), Kohlmeise (*Parus major*), Kleiber (*Sitta europaea*).

Nutzung: Einrichtungen und Freiflächen zur Erholung und Freizeitgestaltung für die städtische Bevölkerung. Sportanlagen, Freibäder, Spielplätze dienen der intensiven Freizeitgestaltung, Parkanlagen eher der extensiven Erholung. Kleingartenanlagen sind Gartenersatz für Menschen, die in Geschoßwohnungen leben.
Splitter- und Verkehrsgrün dient der Gestaltung und Gliederung städtischer Räume.

Faszinierend: Baumveteranen im Park.

Für viele Städter oft einziges Grün: Park.

Ökologische Bedeutung: Große Grünflächen wie Parks und historische Gärten verfügen zum Teil über das Artenreservoir der traditionellen Wälder und der vorindustriellen Landschaften. Alte Baumbestände bieten holzbewohnenden Organismen Lebensraum. Bei extensiver Pflege sind Grünanlagen auch Lebensraum für städtische Ruderalpflanzen und urbane Tierarten; einjährige Pionierpflanzen-, Hochstauden- und Trittgesellschaften sind häufig. Gärtnerisch genutzte Flächen wie Schrebergärten und Sommerblumenbeete weisen einjährige Wildkräuter der Hackfrucht-Äcker auf (vgl. Biotoptyp Bauerngarten).
Insgesamt dienen Grünflächen in Städten der Verbesserung der Klimaverhältnisse durch Luftbefeuchtung, Kühlung und Staubfilterung.

Gefährdung: Flächenversiegelung und Umnutzung durch Bebauung. Insbesondere die sogenannte »Innenentwicklung« geht vielerorts auf Kosten innerstädtischer Grünflächen. Zu intensive Pflege. Übernutzung durch die Bevölkerung.

Schutz und Pflege: Extensivierung der Pflege. Tolerierung von Wildkräutern in der Stadt. Einsparung von übertriebenen Pflegemaßnahmen zugunsten extensiver, für den Naturschutz wertvoller und auch ökonomisch sinnvollerer Unterhaltung. Entwicklung und Umsetzung neuer Konzepte zur Grünflächenentwicklung und -pflege.

Dachgarten, begrünte Dächer

Kennzeichen: Selbstbegrünte oder künstliche, isolierte Lebensräume auf Dächern und Gebäuden. Diese Extrembiotope sind durch Trockenheit, extreme Temperatur- und Wasserschwankungen sowie starke Sonneneinstrahlung gekennzeichnet. Der Artenaustausch findet überwiegend auf dem Luftweg statt. Der Bewuchs kann sich auf Substraten wie Kiesschüttungen oder auf Dachabdekkungen aus Natursteinen, Ziegeln etc. von selbst einstellen, so etwa Flechten-, Moos- und *Sedum*-Gesellschaften sowie Gesellschaften der Mauerkronen. Auch Rasen des Braunen Streifenfarns oder aus verwildertem Schnittlauch wurden als Selbstbegrünung auf Kiesdächern gefunden.
Bei den künstlich angelegten Dachgärten unterscheidet man zwischen extensiver und intensiver Dachbegrünung. Die intensive Dachbegrünung ähnelt einem normalen Garten über 25 cm Bodenaufbau. Immer stärker setzen sich extensiv begrünte Dächer durch, welche nur eine Substratschicht von 2-6 cm Dicke aufweisen und somit leichter sind.

Verbreitung/Vorkommen: Zunehmend verbreitet in Deutschland, Österreich und der Schweiz. In Städten auf Flachdächern von Wohnhäusern, Garagen, Gewerbebauten. Je nach regionaler Eigenart der Dachdeckungen und der verwendeten Substrate mit von selbst angesiedelten Pflanzengesellschaften. Aufgrund der ökonomischen und ökologischen Vorteile fördern viele Städte die extensive Dachbegrünung in Sanierungs- und Neubaugebieten.

Standortmerkmale: Extreme Klimaverhältnisse. Temperaturschwankungen zwischen -20 °C und + 70 °C. Im Winter frieren die Substrate sehr schnell durch. Starke Sonneneinstrahlung, Wärme, Wassermangel und Wasserüberschuß bei ergiebigen Niederschlägen sind für Gebäudeoberflächen und Dächer typisch. Da die Gebäude i. d. R. isoliert stehen, verläuft die natürliche Besiedelung über Diasporen, die mit dem Wind bzw. durch Vögel und fliegende Insekten verbreitet werden. Die Substrate sind außer bei intensiv begrünten Dächern nährstoffarm. Es handelt sich um Dachdeckungen mit beginnender Bodenbildung auf Ziegeln, Naturstein (z. B. Schiefer oder Kalkplatten), Holzschindeln, Teerpappe, Welleternit, Kiesschüttungen. Die Substrate für extensiv begrünte Dächer sind u. a. gebrochene Tongranulate, Schaumlava, Bimskies oder auch gemahlener Bauschutt mit mindestens 40 Prozent Wasserrückhaltefähigkeit. Der Aufbau einer Dachbegrünung gliedert sich i. d. R. von unten nach oben wie folgt: Wurzelschutzfolie, Dränschicht, Filtervlies und Pflanzsubstrat. Dachbegrünungen findet man vorwiegend auf Flachdächern, aber auch auf geneigten Dächern; teilweise kleinflächig – z. B. bei Garagen –, aber auch großflächig, etwa bei ausgedehnten Gewerbekomplexen.
Intensive Dachgärten verfügen über Wasserrückhalte- oder Bewässerungseinrichtungen. Je nach Konstruktion ist es möglich, bis zu 100 Prozent der Niederschläge über die Dachbegrünung zu absorbieren. Die Bepflanzung entspricht der von Haus- und Ziergärten oder von Grünanlagen mit den üblichen Nutzpflanzen, Gartenstauden und kleineren Gehölzen.

Charakteristische Arten: Flora: Auf alten Dächern mit Selbstbegrünung: Flechten- und Moos-Gesellschaften stellen sich über die Luft auf Dachoberflächen ein. Schnittlauch (*Allium schoenoprasum*), Echte Hauswurz (*Sempervivum tectorum*), Weißer Mauerpfeffer (*Sedum album*) und Brauner Streifenfarn (*Asplenium trichomanes*) bilden auf beschatteten Dächern dichte Teppiche.
Neu angelegte, extensiv begrünte Dächer werden häufig mit Sprossensaat aus *Sedum*-Arten, über Saatgut oder mit bewurzelten

Ob neue, künstlich angelegte Dachbegrünungen (links) oder urwüchsig anmutende Trockenbewohner auf dem alten Ziegeldach (rechts) – für viele Insektenarten sind sie Überlebensinseln im besiedelten Raum.

Stauden der folgende Arten begrünt: Habichtskraut (*Hieracium pilosella*), Scharfer Mauerpfeffer (*Sedum acre*), Milder Mauerpfeffer (*Sedum sexangulare*), Große Fetthenne (*Sedum maximum*), Steinnelke (*Tunica saxifraga*), Gelber Lauch (*Allium flavum*).
Fauna: Haubenlerche (*Galerida cristata*), Hummel (*Bombus lapidarius*), Mauerbiene (*Osmia rufa*), Blattschneiderbiene (*Megachile rotundata*), Schlanker Zwergahlenläufer (*Elaphropus parvulus*), Bärtierchen (*Tardigrada*).

Nutzung: Abdeckung der Dachoberfläche zum Schutz der darunterliegenden Gebäude vor Zerstörung der Dachhaut und zur Klimatisierung der Räume im Gebäude. Insbesondere der bauphysikalische Wert der Dachbegrünung zum Schutz der Dachhaut vor mechanischen und thermischen Belastungen sowie vor UV-Strahlung wird angestrebt. Neuschaffung von biologisch aktiven Flächen in einer sonst lebensfeindlichen Umwelt. Ersatz für Freiflächen, die durch die Bebauung verlorengingen. Verbesserung des Stadtklimas durch Reinigung der Luft, Kühlungseffekte durch Verdunstung, Bildung von Sauerstoff. Je nach Konstruktion ist es möglich, bis zu 100 Prozent des Niederschlagswassers auf einem Dach durch eine Begrünung zu absorbieren.
Dachgärten verbessern das optische Erscheinungsbild moderner Städte und sind teilweise als Grünfläche einer (Wohn-)Anlage nutzbar.

Ökologische Bedeutung: Ersatzstandorte und Sekundärbiotope für Lebensgemeinschaften trocken-warmer, nährstoffarmer Biotope wie Felsen, Trockenrasen und Kiesbänke der Flußauen. Für Flechten-, *Sedum-* und Moos-Gesellschaften stellen sie in Stadtlandschaften Standorte dar. Besonders alte Dachdeckungen in historischen Altstädten oder auf Dächern ländlicher Siedlungen beherbergen derartige nährstoffarme, trockene und warm-heiße Biotope. Lebensraum und Trittsteinbiotope für Spinnen, Asseln, Käfer, Wildbienen, Hummeln, Schmetterlinge, Heideschnecken, Ameisen, Vögel etc. Haubenlerche und Flußregenpfeifer nutzen Kiesflachdächer gelegentlich als Brutplatz. Seltene Insektenarten können hier überleben, wenn die Standorte nicht zu isoliert sind. Auch besondere Baumaterialien der Dächer bieten Lebensraum für Wildtiere – etwa die früher häufig verwendeten Strangfalzziegel, in deren Löchern die Mauerbiene ihre Nester anlegt.

Gefährdung: Insbesondere natürliche Flechten-, *Sedum-* und Moos-Gesellschaften auf historischen oder sehr alten Dächern sind bei Sanierungen gefährdet, etwa durch Neueindeckung und durch die Verwendung moderner Materialien wie glasierte Ziegel, Glas, Metall und Kunststoffe.
Extensiv begrünte Dächer sind in Ausdehnung begriffen, da sie als Ersatz- und Ausgleichsflächen für Flächenversiegelungen angerechnet werden.

Schutz und Pflege: Natürliche Flechten-, *Sedum-* und Moos-Gesellschaften auf Dächern sollen erhalten und gefördert werden. So verwendet ein moderner und auch dem Naturschutz verpflichteter Denkmalschutz flechten- und moosbewachsene Ziegel auf sanierten Gebäuen wieder. Wertvolle Pflanzengesellschaften können im Rahmen des Biotopmanagements bei Sanierungen etwa alter Flachdächer gesichert und umgesiedelt werden. Über ein fachlich versiertes Biotopmanagement können gezielt neue Biotope auf Dächern geschaffen werden – etwa durch spezielle magere Substrate, die mit Wildsamen »geimpft« sind.

Extensive Dachbegrünungen mit Trockenheit verträglichen Pflanzenarten bringen Farbtupfer in unsere Städte und verbessern das Kleinklima.

Bundesstraßen und Autobahnen

Kennzeichen: Lineare, durch Asphalt oder Beton befestigte mehrspurige Verkehrswege für Kraftfahrzeuge. Autobahnen weisen bis zu acht Spuren, zusätzlich zwei Standspuren auf, Bundesstraßen haben zwei bis vier Spuren. Zur Über- und Unterquerung dienen Kreuzungsbauwerke wie Brücken und Tunnel; häufig auch kreuzungsfreie Auf- und Abfahrten mit Zufahrtsohren oder als Kleeblatt ausgebildet. Weitere Merkmale sind Rastplätze, Raststätten sowie Betriebseinrichtungen (Autobahnmeistereien, Wasserrückhaltebecken in Wasserschutzgebieten). Autobahnen verfügen über einen durchgehenden begrünten Mittelstreifen. Böschungen an Einschnitten und auf Dämmen sind i. d. R. künstlich mit Rasen oder mit Gehölzen begrünt.

Verbreitung/Vorkommen: Dichtes Straßennetz, das alle Großlandschaften Deutschlands, Österreichs und der Schweiz überzieht. Besonders gehäuft in Siedlungsagglomerationen. Verbindet Großstädte und Ballungszentren.

Standortmerkmale: Ältere oder ökologisch gestaltete Fernstraßen weisen geologische Charakteristika und Vegetationsformen der durchquerten Landschaften auf. Hohe Lärm- und Abgasemissionen durch den Verkehr. Starke Sonneneinstrahlung und Aufwärmung des Belages. Damit verbunden Trockenheit, die durch Wasserableitung verstärkt wird. Starke Belastung des Mittelstreifens und der angrenzenden Flächen durch verkehrsbedingte Emissionen wie Abgase, Staub, Reifenabrieb, Treib- und Schmierstoffe, Lärm, Fahrtwind, nächtliche Beleuchtung und im Winter durch Streusalzeinsatz. Störungen durch Pflege der Straßenränder: Rasenschnitt, Zurückstutzen der Gehölze, Herbizideinsatz.

Straßenränder müssen nicht langweilig sein.

Charakteristische Arten: Flora: Russische Melde (*Atriplex heterosperma*), Langblättrige Melde (*Atriplex oblongifolia*), Abstehender Salzschwaden (*Puccinellia distans*), Wiesen-Bärenklau (*Heracleum sphondylium*), Wiesen-Kerbel (*Anthriscus sylvestris*), Gemeiner Beifuß (*Artemisia vulgaris*), Tüpfel-Johanniskraut (*Hypericum perforatum*), Acker-Winde (*Convolvulus arvensis*), Gewöhnlicher Odermennig (*Agrimonia eupatoria*), Echtes Labkraut (*Galium verum*), Rauhe Segge (*Carex hirta*), Gemeine Quecke (*Agropyron repens*).
Fauna: Mäusebussard (*Buteo buteo*), Bachstelze (*Motacilla alba*), Stieglitz (*Carduelis carduelis*), Turmfalke (*Falco tinnunculus*).

Nutzung: Verkehrswege für den regionalen und überregionalen Kraftfahrzeugverkehr. Dieser gliedert sich in Individualverkehr, Kraftfahrzeuge des öffentlichen Verkehrs sowie Gütertransporte mit Lastkraftwagen.

Ökologische Bedeutung: Starke Isolations- und Zerschneidungswirkung auf die durchquerte Landschaft durch starkes Verkehrsaufkommen. In Fahrtrichtung wirken Mittelstreifen und das begleitende Verkehrsgrün als landschaftsverbindendes bandförmiges Biotop. Je nach räumlicher Lage, Substraten, Exposition, Alter und Pflege können sich lokal wertvolle Biotope, etwa Felsvegetation, Mager- und Halbtrockenrasen, Heide-, Saum- und Vorwaldgesellschaften oder Wiesen ausbilden. Es sind auch Fälle bekannt, wo der Mittelstreifen Schilfreinbestände trägt. Werden Straßenränder sich selbst überlassen, sind ausdauernde Ruderalfluren wie Beifuß- oder Eselsdistel-Gesellschaften zu erwarten. Infolge der Streusalzanwendung an den Straßenrändern halophile Arten. Insektenfresser, Prädatoren und Aasfresser profitieren von den durch den Verkehr getöteten Tieren.
Die negativen ökologischen Auswirkungen einer Straße auf die umgebende Landschaft überwiegen die Biotopqualitäten von Mittelstreifen und Rändern bei weitem. Autobahnen gefährden andere Lebensräume.

Die ökologische Bedeutung des Begleitgrüns von Autobahnen wird durch Abgase und Lärm in Frage gestellt.

Gefährdung: Die Mittel- und Seitenstreifen älterer Fernstraßen mit seltenen Biotopen sind durch Ausbau gefährdet. So werden z. B. bei der Anlage neuer Fahrspuren die seitlichen Randstreifen und Böschungen zerstört. Wenig biotopgerechte Pflege wie z. B. Mulchmahd mit Absaugung oder der Einsatz von Grabenfräsen schädigt seltene Lebensgemeinschaften an Straßen. Verwendung gebietsfremder Pflanzen vermindert die Biodiversität in den durchquerten Landschaften. An den Rändern hoher Anteil durch den Verkehr getöteter Tiere.

Schutz und Pflege: Bei Bau, Ausbau und Unterhaltung von Fernstraßen ist dem Arten- und Biotopschutz ein größerer Stellenwert einzuräumen. Wertvolle Biotope an Straßen, die z. B. als besonders geschützte Biotope kartiert wurden, sind in geeigneter Weise zu pflegen. Bei Neuanlagen ist auf die Humisierung der Böschungen zu verzichten und sind Voraussetzungen für stärkeren Strukturreichtum und spontane Begrünung zu schaffen. Soweit auf Selbstbegrünung verzichtet wird, soll autochthones Saat- und Pflanzgut verwendet werden.

Hafenanlagen und Hafen

Kennzeichen: Hafenanlagen kombinieren die trocken-warmen Landlebensräume von Verkehrsanlagen und Industrieansiedlungen mit gewässerbetonten Lebensräumen der Binnengewässer und der Küsten. Neben Liegeplätzen für Schiffe mit Lade- und Löscheinrichtungen – wie Ausleger- und Brückenkränen – gehören Docks, Speicher, Tanklager, Container-Terminals und Verkehrsanlagen wie Gleise und Straßen zu diesem anthropogen beeinflußten Lebensraum. Oft eng verknüpft mit Dockanlagen zur Wartung von Schiffen mit Werften oder Schiffsabbruchbetrieben. Die Verarbeitung der angelieferten Rohstoffe führt zur Ansiedlung von Industrie, wie etwa Stahl-, Chemie- und Kraftwerken, Raffinerien, Sägewerken oder Getreidemühlen. Lagerplätze für Erze, Kohle, Düngemittel, Holz oder Halbwaren und Großmärkte sind ebenfalls häufig. Mit den angelieferten Rohstoffen und Waren werden Samen und Tiere importiert. Besonders Seehäfen sind als Ankunftsort für importierte Tier- und Pflanzenarten bekannt.
Die Substrate und die Wasserqualität unterscheiden sich je nach Lage der Häfen. So sind in Seehäfen im Mündungsgebiet großer Flüsse oder an der Küste Salz- und Brackwasser und sandig-tonige Substrate vorherrschend, während in Binnenhäfen an Binnenseen, Flüssen und Kanälen Arten des Süßwassers und verschiedene geologische Standorte anzutreffen sind.

Verbreitung/Vorkommen: In unterschiedlichster Ausprägung an allen schiffbaren Flüssen, Binnenseen, Kanälen und an der Küste von Nord- und Ostsee. Schwerpunkte sind Rhein, Main, Donau, Ems, Weser und Elbe. Bedeutende Binnenhäfen sind Duisburg, Ludwigshafen und Mannheim. Bedeutende Seehäfen sind Emden, Wilhelmshaven, Bremerhaven, Hamburg und Kiel.

Standortmerkmale: Die Substrate reichen von lockeren, sandig-kiesigen Böden über Schotter und oberflächig verdichtete Sand-Lehmböden bis zu Tonböden und Schotterflächen. Zusammen mit den umgeschlagenen und verschütteten Massengütern wie etwa Erze, Kohle, Getreide, Futtermittel, Düngemittel oder Salzen entsteht ein regelrechter Substratmix mit häufigen Störungen und unterschiedlichen Nährstoffgehalten, der die Biotopvielfalt weiter erhöht. Der Salzgehalt des Wassers an Seehäfen, der Nährstoffgehalt der Binnengewässer, schlammige Ufer oder bewachsene Kaimauern und mitunter starke Wasserstandsschwankungen erhöhen ebenfalls die Lebensraumvielfalt der Häfen.

Charakteristische Arten: Flora: Gewöhnlicher Beifuß (*Artemisia vulgaris*), Gänse-Malve (*Malva neglecta*), Wilde Resede (*Reseda lutea*), Roter Gänsefuß (*Chenopodium rubrum*), Spieß-Melde (*Atriplex hastata*), Dreiteiliger Zweizahn (*Bidens tripartita*), Wolfstrapp (*Lycopus europaeus*), Wasserpfeffer (*Polygonum hydropiper*), Salz-Beifuß (*Artemisia maritima*), Strand-Wegerich (*Plantago maritima*), Strand-Ampfer (*Rumex maritimus*), Mäuse-Gerste (*Hordeum murinum*), Taube Trespe (*Bromus sterilis*), Salz-Binse (*Juncus gerardi*), Kröten-Binse (*Juncus bufonis*).
Fauna: Lachmöwe (*Larus ridibundus*), Silbermöwe (*Larus argentatus*), Strandkrabbe (*Carcinus maenas*), Verwilderte Haustaube (*Columba livia domestica*), Haussperling (*Passer domesticus*), Mehlkäfer (*Tenebrio molitor*), Wanderratte (*Rattus norvegicus*).

Typisch für viele Häfen: Lachmöwe.

Nutzung: Umschlagplatz für Massengüter, die auf dem Wasserweg transportiert werden. Die Hafenbecken werden als Schiffsliegeplätze, Flüsse und Kanäle als Wasserstraßen genutzt. Die befestigten und bebauten Flächen dienen als Lagerplätze, Transportwege, Lagergebäude und als Standorte für die verarbeitende Industrie. Je nach Verwendungszweck werden Dock-, Handels-, Kriegs-, Bau-, Öl- oder Fischereihäfen unterschieden.

Ökologische Bedeutung: Hafenanlagen bilden einen Biotopkomplex verschiedenster Sekundärbiotope und damit Lebensraum für unterschiedlichste Lebensgemeinschaften. So kommen magere, trocken-warme Standorte mit Halbtrockenrasen, annuelle und ausdauernde Ruderalgesellschaften neben aquatischen Standorten der Küste mit Salzpflanzengesellschaften oder im Binnenland Süßwasserbiotope wie etwa nitrophile Uferfluren vor. Entsprechend der Vielfalt der Standorte finden sich in Hafenanlagen sowohl Vegetationsformen, die Trockenheit und Nährstoffarmut lieben, als auch Arten nitrophiler Ufer stehender und fließender Gewässer oder an der Küste salzresistente Arten. In den Speichern leben Tierarten, die als Vorratsschädlinge gelten.

Gefährdung: Durch Strukturwandel, die Globalisierung und die Konkurrenz mit anderen Verkehrsmitteln verschwinden historisch gewachsene Hafenanlagen. Die Tendenz geht zu sehr raschen Güterumschlägen und hin zum Containertransport mit großen Terminals.

Schutz und Pflege: Werden Hafenanlagen nicht mehr genutzt, sollte auch die Renaturierung unter Aspekten des Biotop- und Artenschutzes in Erwägung gezogen werden.

Hafenanlagen waren und sind Ausbreitungsort für pflanzliche und tierische Einwanderer.

Bahnanlagen und Bahnhöfe

Kennzeichen: Verkehrsanlagen der Eisenbahn, die dem Personenverkehr und dem Umschlag von Gütern dienen. Sie setzen sich zusammen aus Gleisanlagen mit Haupt-, Lade-, Abstellgleisen, Bahnsteigen und Signalanlagen, außerdem aus Bahnhofsgebäuden wie Empfangsgebäude, Stationsgebäude, Güterschuppen, Stellwerke. Zu unterscheiden sind Personen-, Güter-, Verschiebe- oder Rangierbahnhöfe und je nach Gleisanlage Kopf- oder Durchgangsbahnhöfe. Sonstige Anlagen sind: Ausbesserungswerke, Lokomotivschuppen, Drehscheiben, Ablaufberge und Rampen. Die Bahnkörper bestehen aus grobschotterigem Unterbau, der Bahnschwellen aus Holz und Gleise trägt. Daneben befinden sich Kabelschächte, je nach Betriebsart Stromtragmasten und Leitungsnetz mit Mastenfundamenten und sonstige Kleinbauwerke. Auf der Strecke befinden sich technische Bauwerke wie Brücken, Tunnel, Einschnitte, Dämme und Stützmauern. Die Gleisanlagen sind durch Verkehrsabläufe und Unterhaltungsarbeiten ständig in Benutzung und dürfen nicht betreten werden.

Verbreitung/Vorkommen: Früher weitverzweigtes Verkehrsnetz in allen Landschaften und zahlreichen Städten und Dörfern Deutschlands, Österreichs und der Schweiz. Heute durch Streckenstillegungen vor allem in ländlichen Regionen im Veschwinden begriffen.

Standortmerkmale: Magere, trockene und trocken-warme ungedüngte Standorte. Substrate sind Gleisschotter aus harten Gesteinen wie Granit, Basalt. Zwischen- und Verschnittflächen oft mit Feingrus aus Kies, Schlacke, Sand usw. abgedeckt. Auch verschüttetes Ladegut wie Kohlenstaub, Eisenerz oder Salz ist im Substratmix enthalten. Böschungsflächen an Einschnitten lassen lokale geologische Formationen wie Felsbänder, Rohbodenanschnitte, Sande usw. zutage treten. Die Böschungsflächen und Dämme wurden früher nicht humisiert und der natürlichen Sukzession überlassen. Sie tragen Mager- und Halbtrockenrasen. Auch Dämme werden oft aus lokal anstehendem Gestein geschüttet, sind entsprechend mager und trokken. Die Gleisanlagen werden über Spritzzüge mit Totalherbiziden vegetationsfrei gehalten. Die genannten Flächen werden nicht gedüngt. Dadurch entstehen immer wieder offene Rohbodenverhältnisse, die von Pionierpflanzen besiedelt werden.

Charakteristische Arten: Flora: Finger-Steinbrech (*Saxifraga tridactylites*), Orant (*Chaenarrhinum minus*), Scharfer Mauerpfeffer (*Sedum acre*), Weiße Fetthenne (*Sedum album*), Schmalblättriger Hohlzahn (*Galeopsis angustifolia*), Feld-Klee (*Trifolium campestre*), Kanadisches Berufkraut (*Conyza canadensis*), Klebriges Greiskraut (*Senecio viscosus*), Wilde Resede (*Reseda lutea*), Echter Steinklee (*Melilotus officinalis*), Gemeiner Natternkopf (*Echium vulgare*), Gemeiner Rainfarn (*Tanacetum vulgare*), Zwerg-Holunder (*Sambucus ebulus*), Kanadische Goldrute (*Solidago canadensis*), Sommerflieder (*Buddleja davidii*), Falsche Akazie (*Robinia pseudacacia*), Platthalm-Rispengras (*Poa compressa*).
Fauna: Blindschleiche (*Anguis fragilis*), Zauneidechse (*Lacerta agilis*), Maskenbiene (*Hylaeus pictipes*), Grabwespe (*Solierella compedita*), Blauflügelige Sandschrecke (*Sphingonotus caerulans*), Spinnenassel (*Scutigera coleoptrata*), Märzchenschnecke (*Zebrina zebrina*), Sechsfleck-Widderchen (*Zygaena filipendulae*), Vierfleckiger Zwergahlenläufer (*Elaphropus quadrisignatus*).

Auch auf Bahnanlagen besteht die Kunst darin, in Fugen zu überleben.

Links: Die Nachtkerze ist heute auf Bahngeländen häufig.

Rechts: Zwischen stillgelegten oder wenig befahrenen, nicht mit Chemie behandelten Gleisen wächst der Stinkende Storchschnabel.

Nutzung: Verkehrsanlagen für den Schienenverkehr. Sie dienen der organisatorischen Abwicklung aller damit verbundenen Betriebsabläufe wie Personenbeförderung, Gütertransport, -umschlag und -lagerung. Häufig sind sie mit anderen Verkehrsanlagen verknüpft, etwa als Containerumschlagplätze bei Hafenanlagen oder über den Lkw-Verkehr an Straßenverkehrswegen.
Verschnittflächen und betrieblich nicht unbedingt notwendige Flächen werden kleingärtnerisch genutzt. Die Nutzer sind in Deutschland als sogenannte Bahnlandwirte organisiert. Früher nutzten Landwirte, Schäfer oder Kleintierzüchter die Böschungsflächen als Futterquelle für ihre Tiere, wodurch ein Biomassenentzug erfolgte. Während der Zeit der Dampflokomotiven bis Mitte des 20. Jhdts. brannte man das tote organische Material der Böschungen aus Feuerschutzgründen ab. Heute sind diese Flächen der Sukzession überlassen. Je nach Pflanzenbestand können die Bahnbiotope als Bienenweide eine Rolle spielen.

Ökologische Bedeutung: Die Bahnbiotope stellen von ihrer Flächenausdehnung und Verbreitung einen sehr bedeutenden und weit verbreiteten Biotoptypenkomplex dar. Der Wert der Biotope ist mit durch ihr hohes Alter begründet (Entstehungszeit des Bahnnetzes: 19. Jhdt.). Sekundärbiotope magerer, trockener und trocken-warmer Ausprägung mit entsprechenden Pflanzen- und Tiergesellschaften. Ruderale Pflanzengesellschaften: etwa einjährige Pionierpflanzen-, Mauerpfeffer- und Trittpflanzen-Gesellschaften auf intensiv genutzten Flächen. Ausdauernde Hochstauden-Pflanzengesellschaften wie die Eselsdistel- oder die Natternkopf-Steinklee-, die Möhren-Bitterkraut-, die Beifuß-Rainfarn- oder die Zwergholunder-Gesellschaft auf extensiveren Flächen. Auf nicht mehr gepflegten Böschungsflächen setzen sich eher Gebüschsukzession und Vorwaldstadien durch.
Eine Tierart, die als Charakterart der Bahnflächen gilt und fast nur noch hier vorkommt, ist die Blauflügelige Ödlandschrecke (*Sphingonotus caaerulans*). Auf Mauern und in den angrenzenden trocken-warmen Böschungen sind Eidechsen (Zaun- und Mauereidechse) oder Artengruppen wie Wildbienen, Ameisen, Gehäuseschnecken regelmäßig anzutreffen. Bisher sind die Bahnbiotope noch wenig erforscht. Es zeigte sich jedoch, daß vereinzelte hochbedrohte Arten nur noch auf diesen Flächen überlebt haben. In städtischen Ballungsräumen sind sie wertvollste Inseln mit hoher Biodiversität. In kargen, ausgeräumten Feldfluren bandförmige Biotope, die im Sinne eines genetischen Austausches zwischen den Lebensräumen für Vernetzung sorgen. Technische Bauwerke – aus Naturstein errichtet – bieten mauerbesiedelnden oder gebäudebewohnenden Tier- und Pflanzenarten Lebensraum. Die Bahnbiotope stellen ein länderübergreifendes Netz von Sekundärbiotopen dar. Durch die Transportfunktion der Bahn wird die Ausbreitung und der genetische Verbund im ganzen Streckennetz gefördert. Nicht zu unterschätzen ist die Eisenbahn als Transportmittel für Tierarten und Pflanzensamen, die als »blinde Passagiere« mitreisen und auf dem Bahngelände »Station machen«.

Gefährdung: Mit Aufgabe von Bahnlinien, Rückzug der Bahn aus der Fläche und Verlagerung des gewerblichen Gütertransports auf die Straße wurde der Ausverkauf der Bahnbiotope eingeleitet. Dabei spielte auch die Einstellung von Privatbahnen eine Rolle. Die Konsolidierung der Bahn und die Privatisierung führen zu Rationalisierungsmaßnahmen und zur Umstrukturierung.
Viele Flächen wie Gleisharfen, Güterbahnhöfe und Umschlagplätze werden nur noch extensiv gepflegt oder fallen brach, die technischen Bauwerke werden nicht mehr unterhalten und zerfallen. Neue Bahnanlagen zeichnen sich verstärkt durch moderne Baumaterialien wie Beton, Asphalt, Glas oder Metall sowie intensive Pflege aus.
Nicht mehr benötigte Flächen wie Bahnhöfe, Güterbahnhöfe, Ausbesserungswerke werden von der Deutschen Bahn AG verkauft und einer intensiven Nutzung zugeführt. Um 1998 betreibt die Deutsche Bahn AG in 22 deutschen Großstädten Städtebauprojekte, bei denen großflächige Bahnanlagen veräußert und in Wohn- und Bürokomplexe in Citylage umgewandelt werden.
Um Kosten einzusparen, verzichtet die Bahn auf die Pflege der Böschungen und Restflächen. Die mageren trocken-warmen Lebensgemeinschaften, die hier zu finden waren, sind schon überwiegend von Büschen und Vorwäldern überwachsen.

Schutz und Pflege: Erforderlich ist die Sicherung von Mindestarealen, verbunden mit einer Fortsetzung der bisherigen Pflege. Die Vegetation sollte immer wieder auf ein früheres Stadium zurückgesetzt werden. Ausreichend große und geeignete Flächen sind in der Nutzung der Bahn zu belassen. Vor Umstrukturierungen soll ein Biotop-Entwicklungs- und -Erhaltungskonzept die Weichen für eine zukunftsfähige Umweltpolitik auch bei der Deutschen Bahn AG stellen.
Auch für andere Institutionen, die Bahnanlagen und Gleise unterhalten, sind biotoporientierte Pflege- und Entwicklungskonzepte aufzustellen und umzusetzen. Für Bahnböschungen und grünlandähnliche Verschnittflächen wäre die Entwicklung von Nutzungskonzepten mit Landwirten oder Schäfern sinnvoll.
Bisher nimmt das Naturschutzgesetz Bahnflächen von seiner Geltung aus. Empfohlen wird die Aufnahme von Umweltaspekten in die betreffenden Bahngesetze.

Oben: Das Gemeine Leinkraut kann an stark austrocknenden Standorten existieren.
Unten: Die Blauflügelige Ödlandschrecke findet Ersatzlebensraum auf manchem Bahnschotter.

Groß- und Schwerindustrie

Kennzeichen: Sekundärbiotope mit Pionierstandorten, Ruderalfluren sowie Gehölzsukzession in Abhängigkeit vom jeweiligen Industriezweig und der Nutzungsintensität. Typisch sind neben den Produktionsanlagen wie Fördertürmen, Hochöfen, Fabriken oder Kraftwerken Rohstofflager wie Kohlenhalden, Tanklager, Erzbunker usw. Auch Lagerplätze für die Zwischenprodukte oder Fabrikate sowie Verkehrsanlagen wie Straßen, Schienen und Kanäle gehören zum Industriebiotop. I. d. R. wurden die Abfälle, wenn sie nicht wiederverwertbar waren, in direkter Nachbarschaft der Anlagen deponiert, etwa als Bergwerkshalden, Kalihalden, Schlackedeponien oder Absetzteiche. Je nach Art der industriellen Nutzung entstehen später neue Landschaftsstrukturen.

Verbreitung/Vorkommen: Überwiegend in historisch entstandenen Bergbau- und Industriegebieten, die aus dem Vorkommen von Bodenschätzen resultierten, etwa aus den Steinkohlevorkommen im Ruhrgebiet, dem Saarland sowie den Braunkohlerevieren in der Kölner und Leipziger Bucht sowie der Niederlausitz. Jüngere Industriezentren sind das Rhein-Main-Gebiet und das Rhein-Neckar-Gebiet.

Standortmerkmale: Überwiegend warme, trockene und magere Standorte in klimatischen Wärmeinseln.

Charakteristische Arten: Flora: Scharfer Mauerpfeffer (*Sedum acre*), Klebriger Gänsefuß (*Chenopodium botrys*), Klebriger Alant (*Inula graveolens*), Sal-Weide (*Salix caprea*), Salzkraut (*Salsola kali*), Schmalblättriges Greiskraut (*Senecio inaequidens*), Sommerflieder (*Buddleja davidii*), Hirschsprung (*Corrigiola litoralis*), Kanadisches Berufkraut (*Conyza canadensis*), Echtes Tännelkraut (*Kickxia elatine*), Quendelblättriges Sandkraut (*Arenaria serpyllifolia*), Riesen-Goldrute (*Solidago gigantea*), Nachtkerze (*Oenothera* spec.), Hänge-Birke (*Betula pendula*), Robinie (*Robinia pseudacacia*), Dachtrespe (*Bromus tectorum*), Mähnen-Gerste (*Hordeum jubatum*), Unterbrochener Windhalm (*Apera interrupta*).
Fauna: Kreuzkröte (*Bufo calamita*), Wiesenpieper (*Anthus pratensis*), Flußregenpfeifer (*Charadrius dubius*), Haubenlerche (*Galerida cristata*), Steinschmätzer (*Oenanthe oenanthe*).

Nutzung: Standorte von Großbetrieben und Produktionsanlagen mit starkem Maschineneinsatz und weitgehender Automation, in denen Rohstoffe gewonnen und Halbfabrikate erzeugt werden – etwa Bergbau, Metallgießereien, Kraftwerke, Raffinerien etc.

Ökologische Bedeutung: Diese Sekundärlebensräume sind aufgrund ihrer Flächenausdehnung – etwa im Ruhrgebiet oder den Braunkohletagebaugebieten –, ihres Biotopalters und der Standortvielfalt teilweise von regionaler oder nationaler Bedeutung. Im Ballungsraum des Ruhrgebietes sind 500 Industriebrachen mit einer Gesamtfläche von 10000 Hektar bekannt. Typische Pflanzengesellschaften sind Einjährige Pioniergesellschaften, Trocken-, Sand- oder Schwermetallrasen, ausdauernde Hochstauden-Pflanzengesellschaften, Sal-Weiden- und Birkengebüsche.
Häufig stellen sie aufgrund der Altlasten ökologische Problemgebiete dar. Industriebrachen und Bergbaufolgelandschaften können sich durch ein fachlich versiertes Naturschutzmanagement zu bedeutenden Lebensräumen aus zweiter Hand entwickeln.

Gefährdung: Durch Strukturwandel, Erschöpfung der Bodenschätze und Verlagerung infolge des Globalisierungsprozesses geht die Groß- und Schwerindustrie in Deutschland, der Schweiz und Österreich seit den 80er Jahren des 20. Jhdts. zurück.

Schutz und Pflege: Die im Zeitalter der Industrialisierung üblichen Umweltbelastungen der Groß- und Schwerindustrie sind heute nicht mehr tolerierbar. Es müssen deshalb neue, umweltverträgliche Produktionsformen gefunden werden. Zu dieser modernen Industrie- und Gewerbenutzung gehört auch die Erhaltung der typischen Lebensgemeinschaften etwa durch Verzicht auf Herbizideinsatz und Versiegelung extensiv genutzter Gewerbeflächen.

Links oben und unten: Selbst in Industrieanlagen setzt sich hier und da die Natur durch.
Rechts: In feuchten Mauerfugen können sich sogar Waldpflanzen wie der Wurmfarn entwickeln.

Steinbruch

Kennzeichen: Trockenabbau von Festgestein unterschiedlichster Ausgangsgesteine wie etwa Karbonatgesteine, Basalte, Sandsteine, Granite oder Gneise. Unterschieden werden hanganschneidende und kesselförmige Steinbrüche. Steile Felswände, die Abbruchwand mit Simsen und Bermen, Gesteinsschutt als Schuttkegel, Abraumhalden, Steinbruchsohle, Betriebsanlagen wie Steinsägen, Schleif-, Brech- und Siebanlagen, Gesteinslager und Schleifschlammbecken kennzeichnen das Biotopmosaik. Wasser findet man in Form von Schichtwasseraustritten und Tümpeln über stauendem Gestein.

Verbreitung/Vorkommen: In allen Landschaften Deutschlands, Österreichs und der Schweiz, insbesondere in den Mittelgebirgen an Stellen, wo Fels von Natur aus ansteht, wie an Talrändern, in Flußtälern, an Bergstürzen u. a.

Standortmerkmale: Trockene, sonnenbeschienene und warme Standorte. Gewässer in Form von Flachwassertümpeln und Schichtwasseraustritten. Nährstoffarme Substrate überwiegend aus Rohgestein als natürlichem und abgebautem Fels. Die Gesteine können sauer oder alkalisch sein. Infolge der Hohlform sind die Standorte windgeschützt. Je nach Alter unterschiedliche Sukzessionsstadien vom Pionierstadium über Gebüsche bis zum Schluchtwald. Störungen treten durch Sprengungen und den mechanischen Abbau auf. Ansonsten relative Ungestörtheit, da das Betreten aufgrund von Steinschlag- und Absturzgefahr i. d. R. verboten ist.

Charakteristische Arten: Flora: Tüpfelfarn (*Polypodium vulgare*), Nördlicher Streifenfarn (*Asplenium septentrionale*), Weiße Fetthenne (*Sedum album*), Quendel-Sandkraut (*Arenaria serpyllifolia*), Kleinblütiges Hornkraut (*Cerastium brachypetalum*), Blutwurz (*Potentilla erecta*), Katzenpfötchen (*Antennaria dioica*), Kleines Habichtskraut (*Hieracium pilosella*), Besenheide (*Calluna vulgaris*), Deutscher Ginster (*Genista germanica*), Wimper-Perlgras (*Melica ciliata*)
Fauna: Uhu (*Bubo bubo*), Wanderfalke (*Falco peregrinus*), Steinschmätzer (*Oenanthe oenanthe*), Zippammer (*Emberiza cia*), Schlingnatter (*Coronella austriaca*), Geburtshelferkröte (*Alytes obstetricans*), Apollofalter (*Parnassius apollo*), Rotflügelige Ödlandschrecke (*Oedipoda germanica*).

Nutzung: Gewinnung von Rohstoffen überwiegend für die Bauindustrie. Als Deponie für Abfallstoffe wie Müll und Bauschutt. Nach der Stillegung gelegentlich Freizeitanlagen wie Grillplätze, Freilichttheater oder Motocross-Betrieb.

Ökologische Bedeutung: Wichtige Sekundärbiotope für Arten natürlicher Felslandschaften und Rohbodenstandorte. Vegetationsformen sind Felsfluren, Mauerfugen- und Felsspaltengesellschaften, Schuttfluren, trockene Saumbiotope, Zwergbinsengesellschaften und in älteren Stadien Magerrasen, Zwergstrauchbewuchs und trockenheitsertragende Gebüsche. Wuchsort von Krustenflechten und Moosen. Lebensraum von Reptilien, Ampibien, Libellen, Schmetterlingen, Heuschrecken, Laufkäfern, Bienen, Wespen, Spinnen und Ameisen. Die Steilwände sind Ersatzlebensräume für Felsbrüter wie Wanderfalke, Uhu, Kolkrabe etc. Die ökologische Bedeutung steigt mit zunehmendem Alter.

Gefährdung: Auffüllung mit Abfällen und Rekultivierung. Schneller Abbau ohne Rücksicht auf Arten- und Biotopschutz. Unverträgliche Nutzungen wie Motocross, Klettern; Störungen während der Brutzeit.

Schutz und Pflege: Langsamer Abbau unter Gesichtspunkten des Arten- und Biotopschutzes. Aufstellung eines Biotopmanagementplanes, der während des Abbaues verfolgt wird sowie eines Pflege- und Entwicklungsplanes für die Zeit nach dem Abbau. Verzicht auf Nutzung als Deponie und Rekultivierung. Naturschutz soll als Folgebestimmung festgelgt werden. Entflechtung von störenden Nutzungen und Besucherlenkung. Schaffung der gesetzlichen Voraussetzungen zur Umsetzung dieser Ziele.

Wird beim Gesteinsabbau (links) gezielt die Folgenutzung »Naturschutz« in der Genehmigung festgelegt, können wertvolle Sekundärlebensräume entstehen. Davon profitieren je nach Standort Arten wie Steinkauz (Mitte) oder Wollbiene (rechts).

Sand-, Kies-, Lehm- und Tonabgrabungen

Kennzeichen: Abbaugebiete, in denen die Sedimente Kies, Sand, Lehm oder Ton gewonnen werden. Man unterscheidet trockenen Abbau, in dem über dem Grundwasserspiegel abgebaut wird und die Naßbaggerung. Bei letzterer wird mit Schaufel-, Ketten- oder Saugbaggern das Material, vor allem Sand und Kies, aus dem Wasser gebaggert. Zurück bleiben Grundwasserseen, sogenannte Baggerseen. Bei Lehm- und insbesondere Tongruben füllen sich die ausgegrabenen Bereiche mit Regenwasser, da das Material wasserundurchlässig ist. Bei bindigen Materialien wie Sand, Lehm, Ton bleiben während und nach dem Abbau Steilwände zurück. Das Biotopmosaik wird ergänzt durch Bodenaufschlüsse und Hohlkehlen, Schlämmteiche, Geröllhaufen, Sand- und Kiesrücken, Abraumhaufen, Fahrspuren, Betriebseinrichtungen, abgelagertes Totholz etc.

Verbreitung/Vorkommen: Überall dort, wo Lagerstätten von Lockergesteinen existieren und der Rohstoffbedarf durch die Absatzmärkte garantiert ist. In allen Landschaften Deutschlands, Österreichs und der Schweiz, jedoch häufig im Bereich der Flußauen, etwa von Donau, Lech, Isar, Rhein, Main. Auch die Moränen des Alpenvorlands dienen der Materialentnahme.

Standortmerkmale: Überwiegend nährstoffarm, trocken-warm und besonnt. Jedoch auch gewässerbetont als Baggersee oder mit Flachwasserbereichen und Tümpeln. Häufiger Wechsel von Feucht- und Trockenbiotopen. Aufgrund der durch den Abbau entstandenen Hohlformen oft windgeschützt.
Substrate je nach Art des abgebauten Materials grob- bis feinkörnig und je nach Ausgangsgestein basisch oder sauer. Im direkten Bereich des Abbaues kommt es zu häufigen Störungen, Verdichtungen und Materialumlagerungen durch Maschineneinsatz. Es existieren aber auch Bereiche, die über längere Zeit sich selbst überlassen bleiben und wo die Sukzession einsetzen kann. Oft verläuft parallel zum Abbau die Auffüllung mit Erdaushub oder Bauschutt.

Unten: Sekundärstandort Kiesgrube. Rechts: Echter Thymian (oben), Natternkopf (Mitte) und Schwarze Königskerze (unten) besiedeln kalkhaltige Rohböden.

Oben: Uferschwalbenkolonie.
Unten: Flußregenpfeifer.

Charakteristische Arten: Flora: Armleuchteralgen (*Characeae*), Kleines Tausendgüldenkraut (*Centaurium pulchellum*), Huflattich (*Tussilago farfara*), Schwimmendes Laichkraut (*Potamogeton natans*), Saat-Mohn (*Papaver dubium*), Fleischfarbenes Knabenkraut (*Dactylorhiza incarnata*), Kleines Filzkraut (*Filago minima*), Purpur-Weide (*Salix purpurea*), Silbergras (*Corynephorus canescens*), Breitblättriger Rohrkolben (*Typha latifolia*), Krötenbinse (*Juncus bufonis*).
Fauna: Kreuzkröte (*Bufo calamita*), Wechselkröte (*Bufo viridis*), Knoblauchkröte (*Pelobates fuscus*), Laubfrosch (*Hyla arborea*), Kammolch (*Triturus cristatus*), Blauflügelige Ödlandschrecke (*Oedipoda caerulescens*), Ameisenlöwe (*Myrmeleon formicarius*), Flußuferläufer (*Tringa hypoleucos*), Flußregenpfeifer (*Charadrius dubius*), Brachpieper (*Anthus campestris*), Uferschwalbe (*Riparia riparia*).

Nutzung: Gewinnung von Material und Rohstoffen primär für die Bauindustrie. Folgenutzungen können sein: Erholungsbetrieb durch Badenutzung, Motocross sowie Nutzung als Müll-, Bauschutt- und Erddeponie.

Ökologische Bedeutung: Orte hochdynamisch ablaufender Sukzessionsfolgen. Hoher Anteil an Pionierarten. Typisch sind kurzlebige Pioniergesellschaften, aber auch ausdauernde Ruderalvegetation. Trockenrasen, Zwergstrauchheiden, Wasserpflanzen- und Vorwaldgesellschaften sind häufig anzutreffen. Ersatz für die natürliche Dynamik von Fluß- und Bachläufen. Auffangbiotope für Feuchtgebiets- und Wasservögel, die ihre natürlichen Habitate verloren haben. Steilwände sind wichtige Ersatzbiotope für Brutkolonien der Uferschwalben. Trittsteinbiotope für Zugvögel. Insbesondere flachwasserreiche Abbaustellen sind oft allerletzte Zufluchtshabitate für Pionierarten, wie z. B. Kreuzkröte, Wechselkröte, Gelbbauchunke und Laubfrosch. Wichtiger und oft einziger Lebensraum von Reptilien, Wildbienen, Libellen, Heuschrecken, Schmetterlingen, Laufkäfern.

Gefährdung: Schneller Abbau und Rekultivierung, Aufforstung. Nutzung für Deponiezwecke. Freizeitfolgenutzung, z. B. Nutzung als Bade- oder Fischteiche. Belastung durch Dünger und Agrochemikalien. Verschmutzung des Grundwassers.

Schutz und Pflege: Abbau soll unter Aspekten des Arten- und Biotopschutzes erfolgen. Vor Genehmigung des Abbaues soll der Naturschutz als Folgebestimmung festgelegt werden. Vor dem Abbau ist ein Biotopmanagementplan zu entwickeln, der den Abbau bestimmt. Der Abbau soll möglichst langsam ablaufen, so daß sich die Sukzessionstadien immer wieder neu einstellen können. Mechanische Störungen im Abstand von einem bis mehreren Jahren sind erwünscht. Die Auffüllung und Rekultivierung soll unterbleiben. Für die Zeit nach dem Abbau sind Pflege- und Entwicklungskonzepte sowie deren Umsetzung erforderlich. Alternativ hierzu: Prozeßschutz; dann ist die Entwicklung nicht planbar und muß sich selbst überlassen werden. Zur Umsetzung dieser Ziele sind die gesetzlichen Vorgaben zu schaffen.

Finden Zuflucht in flachwasserreichen Abbaustellen: Kreuzkröte (rechts oben) und Gelbbauchunke (rechts Mitte).

Rechts unten: schlüpfende Zauneidechse.

Kaserne und Truppenübungsplatz

Kennzeichen: Militärisch genutzte Flächen. In Friedenszeiten zur Unterbringung, Ausbildung und Versorgung von Soldaten, Lagerung von Kriegsmaterial wie Waffen, Fahrzeugen, Treibstoffen. Bestandteile militärischer Flächen sind u. a. Munitionslager, Raketenstellungen, Schießbahnen, Tanklager – häufig mit Schienenanbindung –, Abstellflächen für Panzer und Transportfahrzeuge, Erschließungsstraßen, Bahnkörper, Landebahnen und Hubschrauberlandeplätze, Ausbesserungswerke, Sicherheitszonen und -streifen mit Wachtürmen.
Für das Training stehender Heere werden Truppenübungsplätze, Exerzierplätze und Hindernisparcours benötigt. Während die Kasernen extensiv genutzten Wohn- und Gewerbeansiedlungen ähneln, sind die Truppenübungsplätze intensivst genutzt und werden durch schweres Gerät wie Panzer, Pionierfahrzeuge, Lastwagen befahren oder es findet dort Übungsschießen mit schweren Geschützen statt.

Verbreitung/Vorkommen: In Garnisonsstädten Deutschlands, Österreichs und der Schweiz. Vor allem an strategisch wichtigen Punkten oder in Grenznähe, während der deutschen Teilung gehäuft an der innerdeutschen Grenze. Aktive und ehemalige Truppenübungsplätze befinden sich häufig in extensiv genutzten Natur- und Kulturlandschaften, z. B. im Bayerischen Wald, auf der Schwäbischen Alb, der Lüneburger Heide, in Mecklenburg-Vorpommern usw.

Standortmerkmale: Kasernen oft mit langer Biotoptradition bis ins 19. Jahrhundert, altem Baumbestand und extensiv gepflegten Freiflächen. In Munitionslagern, Raketenstellungen, Tanklagern und sonstigen Lagerflächen sowie auf Sicherheitsstreifen wird die Vegetation mechanisch und häufig mit Herbiziden zurückgedrängt. In Sicherheitsstreifen werden freilaufende Hunde und Gänse gehalten.
Standortübungsplätze und regionale bzw. überregionale Truppenübungsplätze sind starker mechanischer Belastung ausgesetzt. Durch Kettenfahrzeuge, Lastwagen, Amphibienfahrzeuge oder Detonationskrater werden immer neue Lebensräume wie Spurrinnen, flache Tümpel und Rohbodenflächen geschaffen. In hängigem Gelände sind Erosionsrinnen häufig. Pionier- und Infanterieeinheiten führen Erd- und Tiefbauarbeiten aus.

Charakteristische Arten: Flora: Besenheide (*Calluna vulgaris*), Quendel-Sandkraut (*Arenaria serpyllifolia*), Hasenklee (*Trifolium arvense*), Sand-Mohn (*Papaver argemone*), Färber-Wau (*Reseda lutea*), Helm-Knabenkraut (*Orchis militaris*), Gemeiner Wasserschlauch (*Utricularia vulgaris*).
Fauna: Kiebitz (*Vanellus vanellus*), Steinschmätzer (*Oenanthe oenanthe*), Mehlschwalbe (*Delichon urbica*), Heidelerche (*Lullula arborea*), Haubenlerche (*Galerida cristata*), Ziegenmelker (*Caprimulgus europaeus*), Wildkaninchen (*Oryctolagus cuniculus*), Steinmarder (*Martes foina*), Mausohr (*Myotis myotis*), Kreuzkröte (*Bufo calamita*), Gelbbauchunke (*Bombina variegata*), Waldeidechse (*Lacerta vivipara*), Gebänderte Heidelibelle (*Sympetrum pedemontanum*), Sandhummel (*Bombus veteranus*).

Nutzung: Zur Unterbringung und Ausbildung von Soldaten, Lagerung und Vorhaltung von Kriegsmaterial und Waffen sowie zur Ausbildung und Aufrechterhaltung stehender Heere. Auf Truppenübungsplätzen häufig Schafbeweidung.

Ökologische Bedeutung: Einjährige Pioniergesellschaften, mehrjährige Ruderalgesellschaften, extensive gepflegte, ungedüngte Rasen und Magerrasen, Weideflächen, alter Baumbestand mit Höhlungen und Morschungen. Arten der ehemaligen Kulturlandschaft und der Wälder charakterisieren diesen Biotopkomplex. Auf Flugfeldern, Standortübungsplätzen etc. sind Wiesenvegetation und Arten des Offenlandes häufig. Eine Sonderstellung haben große Truppenübungsplätze. Je nach geologischem Untergrund und geographischer Lage entstanden einmalige Naturrefugien. Sie stellen wichtige Sekundärbiotope dar.

Gefährdung: Ehemalige Truppenübungsplätze durch Nutzungsintensivierung gefährdet. Alternative: Großflächiger Naturschutz.

Schutz und Pflege: Berücksichtigung von Aspekten des Arten- und Biotopschutzes beim Betrieb und der Unterhaltung von Militärflächen.

Links und Mitte: In Fahrspuren schwerer Fahrzeuge bilden sich kleine Stillgewässer, in denen Kaulquappen oder Laichkrautbestände vorkommen können.

Offene sandige Böden sind Habitate für Zauneidechse (rechts oben) und Sandlaufkäfer (rechts unten).

Mülldeponie

Kennzeichen: Orte, an denen Abfälle aus menschlichen Siedlungen und aus der gewerblichen Produktion sowie nicht mehr gebrauchte Artikel und Stoffe der Überflußgesellschaft abgelagert werden. Es werden unterschiedlichste Abfallkomponenten in verschiedenster Zusammensetzung deponiert. Es sind inhomogene Gemische aus Abbruchmaterial, Kunststoffe, Metall, Glas oder organische Abfälle mit vielen Hohlräumen. Unterschieden wird je nach Art der abgelagerten Abfälle in Bauschutt- und Erddeponien, Hausmüll- und Sondermülldeponien.
Bis in die 60er Jahre des 20. Jhdts. lagerte man Abfallgemische auf sogenannten wilden Deponien, von denen es allein in Westdeutschland 50000 gab. Ab etwa 1975 werden zentrale, geordnete Deponien angelegt, die so gebaut und betrieben werden sollen, daß keine Schadstoffe in die Umwelt gelangen.

Verbreitung/Vorkommen: In allen Regionen Deutschlands, Österreichs und der Schweiz im Bereich menschlicher Siedlungsflächen und von Industrie- und Gewerbeansiedlungen.
Bevorzugte Ablagerungsflächen waren Hangeinschnitte, Täler, Landschaftsmulden, steile Raine und Abhänge in Siedlungsnähe oder ehemalige Abbaugebiete wie Steinbrüche, Kiesgruben etc. Gewerbliche oder industrielle Abfallstoffe wurden häufig am Ort ihrer Entstehung deponiert und stellen heute gewerbliche Altlasten dar. Seit Ende des 20. Jhdts. werden Mülldeponien reduziert und konzentriert. In Deutschland sind zentrale Kreismülldeponien üblich.

Standortmerkmale: Gemische unterschiedlichster Substrate bedingt durch die Art der Abfallzusammmensetzung mit i. d. R. hohen Nährstoffgehalten. Ausdünstung von Geruchsstoffen und Deponiegasen. Im Inneren herrschen durch die mikrobielle Zersetzung hohe Temperaturen. Historische Deponien wurden über Jahrhunderte genutzt. Sie enthalten überwiegend natürliche und organische Reststoffe wie Ziegel, Natursteine, Keramik, Holz und wurden selten gestört. Neuzeitliche Deponien sind durch häufige Störungen gekennzeichnet, etwa durch neue Müllablagerung, Umschichtung oder Verdichtungsarbeiten und die Ablagerung künstlich erzeugter Stoffe wie Plastik, Folien, Glas, Kunststoffe, Beton usw.

Charakteristische Arten: Flora: Große Brennessel (*Urtica dioica*), Kletten-Labkraut (*Galium aparine*), Schwarzer Nachtschatten (*Solanum nigrum*), Weißer Gänsefuß (*Chenopodium album*), Spreizende Melde (*Atriplex patula*).
Fauna: Lachmöwe (*Larus ridibundus*), Saatkrähe (*Corvus frugilegus*), Rabenkrähe (*Corvus corone corone*), Mäusebussard (*Buteo buteo*), Wanderratte (*Rattus norvegicus*), Hausgrille (*Gryllus domesticus*), Hausspinne (*Tegenaria atrica*), Kurzflügelkäfer (*Philonthus thermarum*).

Nutzung: Endlagerstätte für Abfälle, die aus dem Wirtschaftskreislauf ausscheiden. Wichtige Infrastruktureinrichtung für eine Wirtschaftsordnung, die auf steigende Stoffdurchsätze aufbaut.

Ökologische Bedeutung: Mülldeponien und insbesondere alte Schuttplätze beherbergen Arten, die organische Stoffe abbauen und Pflanzen, die an nährstoffreiche Standorte angepaßt sind.
Als Lagerstätte verschiedenster Abfälle, die aus einem größeren Einzugsbereich stammen, stellen Mülldeponien eine wichtige Samenbank dar. So enthält z. B. Bauschutt oft noch lebensfähige Samen, die in der Bauzeit der Gebäude reiften und mit den Baumaterialien verarbeitet wurden. Im Inneren der Deponien lebt eine charakteristische Mikroflora und -fauna, die die Zersetzung der organischen Stoffe übernimmt. Die Tiere und Pflanzen der Mülldeponien sind eng an den Menschen gebunden. Sie entstammen menschlichen Siedlungen sowie überwiegend den Ufer- und Agrarbiotopen. Insekten oder Kleinsäuger, die von den Abfällen leben, stellen Beute für andere Tiere dar, die in der Umgebung leben.
Alte Deponien, in denen unkontrolliert abgelagert wurde, können ökologische Gefahrenpotentiale darstellen. Lösliche Stoffe werden daraus mobilisiert und verursachen Schäden im Boden und im Grundwasser.

Gefährdung: Keine. Müllablagerungen gefährden andere Lebensräume.

Schutz und Pflege: Aus Gründen des Umweltschutzes sind Mülldeponien so zu bauen und zu betreiben, daß keine Schadstoffe in die Umwelt gelangen. Zur Vermeidung weiterer Deponien ist das Abfallaufkommen zu reduzieren.

Selbst Müllplätze (Mitte und rechts unten) bieten manchen Arten eine – allerdings fragwürdige – ökologische Nische. So finden sich mitunter seltene Arten wie der Triel (ganz links) ein. Häufiger ist in einigen Gegenden der Kolkrabe (rechts oben).

Schutt- und Trümmerhalden

Kennzeichen: Durch Abbruch, Einsturz oder zerstörerische Einwirkung wie Explosionen, Erdbeben und Kriege entstandene Trümmerschuttflächen im Siedlungsbereich; oftmals in Sanierungsgebieten der Städte. Auch Bauruinen fallen unter diese Kategorie. Je nach Art der Entstehung können noch Gebäudereste stehengeblieben sein, die das Gelände strukturieren. Teilweise sind nicht bebaute Bereiche mit Bäumen und Sträuchern erhalten geblieben. Mauerreste, Kellerabgänge, eingestürzte Gewölbe und zerbrochenes Dachgestühl sind auf älteren Trümmergrundstücken häufig zu finden. Abbruchunternehmen sind heute dazu übergegangen, die Gebäudereste zu zerkleinern, einzuebnen und zu verdichten. Infolge von Bauschuttrecycling kann das Material jedoch auch zum Schütten von Lärmschutzdämmen oder zur Befestigung von Wegen und Parkplätzen Verwendung finden. Das Substrat besteht meist aus grobkörnigem Baumaterial wie Ziegel, Backstein, Naturstein, Betonklumpen, Mörtel, Putz, Holz, Metall. Oft wird das Gelände eingezäunt oder mit Betretungsverbot belegt.

Verbreitung/Vorkommen: In Städten und ländlichen Siedlungen. Insbesondere dort, wo Gebäude und Stadtteile überaltert sind und eine turnusmäßige Erneuerung beginnt. Nach dem 2. Weltkrieg vor allem in deutschen Großstädten, die durch Bombenangriffe zerstört wurden. Diese kriegsbedingten Trümmer- und Ruinenflächen sind heute weitgehend verschwunden.

Standortmerkmale: Hohe Kalk-, Phosphor- und Schwefelgehalte und meistens arm an Stickstoff. Der Stickstoffmangel ist der begrenzende Faktor bei Besiedelung mit Vegetation. Substrate infolge der hohen Kalkgehalte alkalisch. Geringes Wasserrückhaltevermögen.

Charakteristische Arten: Flora: Götterbaum (*Ailanthus glandulosa*), Sommerflieder (*Buddleja davidii*), Schwarzer Holunder (*Sambucus nigra*), Bittersüßer Nachtschatten (*Solanum dulcamara*), Huflattich (*Tussilago farfara*), Große Brennessel (*Urtica dioica*), Weißer Gänsefuß (*Chenopodium album*), Spießblättrige Melde (*Atriplex hastata*), Stinkender Storchschnabel (*Geranium robertianum*), Echter Steinklee (*Melilotus officinalis*), Schöllkraut (*Chelidonium majus*), Zaun-Winde (*Convolvulus sepium*), Großblütige Königskerze (*Verbascum thapsiforme*), Wilde Karde (*Dipsacus silvestris*), Wolliges Honiggras (*Holcus lanatus*).
Fauna: Distelfink (*Carduelis carduelis*), Mauerfuchs (*Lasiommata megera*), Großer Kohlweißling (*Pieris brassicae*), Tagpfauenauge (*Vanessa io*), Gartenhummel (*Bombus hortorum*), Schwebfliege (*Episyrphus balteatus*).

Nutzung: Meist Bauerwartungsland. Sofern Flächen zugänglich, in Gründefizitbereichen als Spielfläche und extensive Grünfläche, z. B. zum Ausführen von Hunden genutzt. Weitere Zwischennutzungen als Stellfläche für Fahrzeuge oder auch mißbräuchlich als Abfalldeponie. Ökologische Bedeutung vielfach verkannt und so planerisch als umzugestaltend erfaßt.

Auf Bauschutt, Abbruch- und Trümmermaterial stellen sich rasch ein- und zweijährige Pflanzenarten wie Klatsch-Mohn (links) und Gemeine Nachtkerze (rechts) ein.

Ökologische Bedeutung: Wuchsorte verschiedener Sukzessionsstadien. Mehrere Besiedelungswellen, beginnend mit einjährigen Pflanzen über ausdauernde Kräuter, Gräser und Vorwaldstadien zu waldartigem Bewuchs. Vergleichende Untersuchungen belegen regionale Unterschiede in der Trümmerschuttvegetation. Mit zunehmendem Alter Ansteigen der Bodenfauna wie Regenwürmer, Asseln, Schnecken, Hundert- und Tausendfüßer. Bei spärlich ausgebildeter Vegetationsdecke und ausreichender Flächengröße Bodenbrüter wie die Haubenlerche. Sonst urbane Vogelarten wie Haussperling, verwilderte Haustaube usw. Mit zunehmender Vegetation brüten Hänfling, Heckenbraunelle und Zaunkönig. Auch der Sumpfrohrsänger brütet als Kulturfolger in Brennessel- und Goldrutenbeständen. Nahrungsbiotop von Samenfressern wie Distelfink, Birkenzeisig und Hänfling sowie von Wildbienen, Hummeln, Schwebfliegen und Spinnen. Hautflügler sind vor allem in frühen Sukzessionsstadien anzutreffen.

Gefährdung: Überbauung. Infolge der immer kürzer werdenden Zyklen zwischen Abbruch und Neubau wird die Chance für die Entwicklung der Sukzessionsstadien genommen. Sinnlose Zerstörung infolge falschen Ordnungssinns.

Schutz und Pflege: Verbesserung des Bewußtseins über den Wert städtischer Brachen als Freiraum für Städter und Lebensraum für Tier- und Pflanzenarten. Ziel ist, die Flächengröße dieser Biotope in den Städten konstant zu halten und die Voraussetzungen für den ungestörten Ablauf der Sukzessionsfolgen sowie ihrer Vernetzung zu sichern. Dazu ist ein entsprechendes Brachenmanagement erforderlich.
Erfolgversprechend sind grüngestalterische Ansätze. So wurden in der holländischen Stadt Heerenveen Grünanlagen aus Abbruchmaterial gestaltet und der Sukzession überlassen (siehe LE ROY, 1978). Im Ruhrgebiet gibt es gute Ansätze für die Nutzung von Brachen als Grünflächen.

Abraumhalden

Kennzeichen: Künstliche Aufschüttungen aus taubem Gestein und Abfallstoffen des Bergbaues und der Montanindustrie. Stark besonnte, wasser-, nährstoff- und vegetationsarme geschüttete Bergkegel mit bis zu 100 Metern Höhe. Die Hänge sind rutschgefährdet. Je nach Art der abgebauten Bodenschätze handelt es sich um nicht verwertbares Bergmaterial wie Kohlehalden, Erzschlake, Kalihalden oder um Deckmaterial, das z. B. über Kohleflözen beim Braunkohletagebau anfällt. Die Biotope ähneln den Blockschutthalden der Gebirge.
Über Sukzession können sich wichtige Sekundärlebensräume wie ein- bis zweijährige Pionierstadien, magere Rasen und Vorwaldstadien mit Hänge-Birke, Sal-Weide, Robinie oder Zitter-Pappel entwickeln.

Verbreitung/Vorkommen: Landschaftsbildprägend in Bergbaugebieten wie dem Ruhrgebiet, dem Saarland, der Kölner und Leipziger Bucht, der Lausitz sowie im Harz und im Erzgebirge. Kalihalden finden sich in Kaliabbaugebieten, z. B. an der Werra.

Standortmerkmale: Unterschiedliche Gesteinssubstrate mit hohem Porenvolumen. Dadurch geringe Wasserhaltefähigkeit, sonnenexponiert, warm, trocken und nährstoffarm mit erhöhten Gehalten an Salzen und Schwermetallen, je nach Herkunft des geologischen Materials. Das Gestein und Geröll bewegt sich und unterliegt der Erosion. In kohlehaltigen Halden kann es zur Selbstentzündung und damit zu Wärmeentwicklung kommen.

Charakteristische Arten: Flora: Schmalblättriges Greiskraut (*Senecio inaequidens*), Salzkraut (*Salsola kali*), Klebriger Gänsefuß (*Chenopodium botrys*), Hallers Grasnelke (*Armeria halleri*), Frühlingsmiere (*Minuartia verna* ssp. *hercynica*), Galmei-Veilchen (*Viola calaminaria*), Taubenkropf-Leimkraut (*Silene vulgaris* var. *humilis*), Hänge-Birke (*Betula pendula*), Robinie (*Robinia pseudacacia*).
Fauna: Schwarzkehlchen (*Saxicola torquata*), Wechselkröte (*Bufo viridis*), Kreuzkröte (*Bufo calamita*), Geburtshelferkröte (*Alytes obstetricans*), Birkenfalter (*Thecla betulae*).

Nutzung: In der Vergangenheit platzsparende Deponieform für nicht verwertbares Bergmaterial und Abfallstoffe der Montanindustrie. Sekundärbiotop. Es sind Beispiele bekannt, wo Halden im Rahmen von Gartenschauen in Erholungsflächen umgestaltet wurden.

Ökologische Bedeutung: Wichtiger Lebensraum für Pionierarten und Sekundärbiotope mit ein- bis zweijährigen Pflanzengesellschaften, Magerrasen und Vorwaldgesellschaften. Sogenannte Schwermetallrasen wie Hallers Grasnelken-Flur oder die Zinkveilchen-Flur sind häufig auf diese Standorte beschränkt. Bei salzhaltigem Gestein, etwa auf Kalihalden, bilden sich spezielle salzertragende Pflanzengesellschaften aus. Neophyten und neue Pflanzengesellschaften sind häufig.
Durch Auswaschung und Auswehung von Salzen und Schwermetallen können manche Halden die Umgebung mit Schadstoffen belasten.

Gefährdung: Durch Ausbeutung der Bodenschätze oder Strukturwandel kommt der Bergbau zum Erliegen. Es entstehen keine neuen Halden mehr. Somit können die Pionierstadien der Abraumhalden nicht mehr neu entstehen. Kultivierung und Aufforstungen, die Sukzessionsstadien nicht berücksichtigen, vermeiden und zerstören diese.

Der Gemeine Huflattich festigt mit Rhizomen locker abgelagerte, lehmige Erdhaufen.

Schutz und Pflege: Sanierung von umweltgefährdenden Halden. Sicherung seltener Pflanzenstandorte auf alten Halden durch geeignetes Biotopmanagement. Überall, wo Bergbau betrieben wird, ist mit Abraum zu rechnen. Bei der Abbauplanung sind Gesichtspunkte des Biotopmanagements zu berücksichtigen.

Links: Die Begrünung von Bergwerkshalden ist ein langandauernder Prozeß.

Rechts: Findet die Wechselkröte geeignete Laichgewässer wie etwa Pfützen, so ist sie auch oft Neubesiedler von Abraumhalden.

Naturnahe Kläranlagen, Rieselfelder

Kennzeichen: Kläranlage: Anlage zur Abwasserreinigung mit offenen Wasserflächen (Abwasserteiche) oder unter Nutzung von Boden-Filterkörpern (z. B. bewachsene Bodenfilter = Pflanzenkläranlagen, Rieselfelder). Zur Vorreinigung sind technische Einrichtungen wie Absetzbecken, Dreikammergruben vorgeschaltet. Reinigung des Abwassers über Mikroorganismen sowie physikalische und chemische Prozesse (Absetzung von Stoffen im Sediment, Filterung im Bodenkörper, Ausfällung von Phosphat im Boden). Je nach Gestaltung mehr oder weniger naturnah. Größe bis zu einigen 1000 m^2.
Rieselfelder: Großflächig städtischen Kläranlagen nachgeschaltet. Größe > 10 ha; puffern Belastungsstoffe der technischen Anlagen, reinigen noch weitergehend. Früher mit nährstoffbedürftigen Gemüsekulturen (z. B. Weiß- oder Rotkraut, Gurken) bestellt, heute i. d. R. Feuchtgebiete ohne landwirtschaftliche Nutzung.

Verbreitung/Vorkommen: Naturnahe Kläranlagen: Abwasserteiche und bewachsene Bodenfilter meist bei kleineren Gemeinden bis zu 1000 Einwohnern; bewachsene Bodenfilter auch als Einzelkläranlage am Haus.

Rieselfelder sind extrem nährstoffreich und großflächig unbeschattet.

Rieselfelder: Heute nur noch in einigen Großstädten (z. B. Münster, Braunschweig, Berlin, Magdeburg, Freiburg) an der Peripherie von Großstädten, vorrangig auf Sandböden vorkommend.

Standortmerkmale: Pflanzenkläranlagen reinigen Abwasser über einen mit Sumpfpflanzen besetzten Bodenkörper. Die Standortverhältnisse auf den Beeten der Pflanzenkläranlagen sind nährstoffreich bis überdüngt, die Wasserverhältnisse wechselfeucht bis naß; die Wasserqualität der Abwasserteiche ist eutroph bis polytroph.
Rieselfelder sind ebenfalls sehr nährstoffreich und von früher mit Schluff und Tonsedimenten aus dem Abwasser angereichert. Wasserhaushalt wechselfeucht, wegen der andauernden Benetzung.

Charakteristische Arten: Polytrophe Abwasserteiche im Sommer mit dichten Algenwatten oder von Wasserlinsendecken (*Lemna minor, Spirodela polyrhiza*) überzogen; mesotrophe Abwasserteiche mit Schwimmblattpflanzen (*Potamogeton natans, P. crispus, Zannichellia palustris*).
Ungemähte Uferzonen und die Beete der Pflanzenkläranlagen mit nährstoffbedürftigen Röhrichten aus Schilf (*Phragmites australis*), Rohrkolben (*Typha latifolia*), Großem Wasserschwaden (*Glyceria maxima*), Teichsimse (*Scirpus lacustris*), Sumpf-Schwertlilie (*Iris pseudacorus*).
Abwasserteiche mit Röhrichtzone sind Lebensraum für diverse Schnecken wie Große Schlammschnecke (*Lymnaea stagnalis*), Posthornschnecke (*Planorbis corneus*), Gelbrandkäfer (*Dytiscus marginalis*), Libellen (z. B. *Anax imperator*), Wasserfrosch (*Rana esculenta*).
Rieselfelder mit Teichbodenvegetation; typisch dafür kleinwüchsige Binsen wie Kröten-Binse (*Juncus bufonius*), Nadel-Binse (*Eleocharis aciculata*); Reis-Quecke (*Leersia oryzoides*), Schlammkraut (*Limosella aquatica*). Fruchtbarer Schlick fördert Wachstum von Röhrenwürmern (*Tubifex tubifex*), die reichliche Nahrungsgrundlage bilden für Brutvögel wie Blaukehlchen (*Luscinia sverica*), Beutelmeise (*Remiz pendulinus*), Zwergtaucher (*Podiceps ruficollis*), Wasserralle (*Rallus aquaticus*) und Wat- und Wasservögel wie Kampfläufer (*Philomachus pugnax*), Bruchwasserläufer (*Tringa glureola*), Rotschenkel (*Tringa totanus*), Löffelente (*Anas glypenta*), Knäkente (*Anas querquedula*).

Im schlammigen Substrat stochern Limikolen nach Insekten, Würmern und Schnecken.

Nutzung: Abwasserreinigung, Abwasserklärung, Abwasserentsorgung.

Ökologische Bedeutung: Entlastung von Vorflutern und Grundwasser; Anreicherung von Grundwasser. In Ballungsräumen Klimaverbesserung.

Gefährdung: Rieselfelder werden aufgegeben, da Fläche für andere Aufgaben benötigt wird und die Pufferwirkung nach technischer Abwasserreinigung nicht entsprechend gewürdigt wird.

Schutz und Pflege: Im Bereich der naturnahen Kläranlagen Pflege (Mahd) auf Randbereiche und Zugänge beschränken (ist allgemein üblich). Flächen der Rieselfelder im Wechsel mit sommerannuellen Kulturen (Mais, Sonnenblumen) einsäen und im zweiten Jahr brach fallen lassen, um seltene sommerannuelle Vegetation und artenreiche Wasservogelwelt zu fördern.

Gefährdung von Biotoptypen des Ackerlandes und der Siedlungen

Agrar- und Siedlungsbiotope
auf der Roten Liste
Intensivierung
der Pflanzenproduktion
Umbaumaßnahmen in Dörfern
Flächenversiegelungen

Ackerland- und Siedlungsbiotope auf der Roten Liste

Kühe auf der Weide, Pferde auf der Koppel, frei umherlaufende Hühner, einige Gänse am Teich und rings um den Bauernhof schattenspendende Streuobstbäume. So stellt man sich oftmals Ferien auf dem Bauernhof vor. Eine Idylle, die es in Deutschland, Österreich und der Schweiz noch dort gibt, wo gezielt für den Fremdenverkehr eine Vielfalt verschiedener Haustierarten und Rassen gehalten wird. Vielleicht sind solche Initiativen eine – wenn auch kleine – Überlebenssparte für spezialisierte Bauernhöfe. Denn in Folge des dramatischen Strukturwandels haben die Landwirte in der Europäischen Union (und nicht nur hier, sondern auch in anderen Ländern) um das Überleben zu kämpfen.
Und so verursacht die Vorstellung, daß es schon in näherer Zukunft keine landwirtschaftlichen Betriebe der herkömmlichen Art mit einem breiten Anbauspektrum und einer Vielfalt in der Groß- und Kleintierhaltung in unseren ländlichen Siedlungen mehr geben soll – trotz des Bemühens um Verständnis für die Politik in der Europäischen Gemeinschaft –, ein Gefühl des Bedauerns. Doch gesellschaftliche Veränderungen wirken sich nicht nur als »Bauernsterben« aus, sondern haben einen enormen Biotop- und Artenrückgang der an bäuerliches Wirtschaften und Arbeiten angepaßten Flora und Fauna zur Folge.

Städte verändern sich

Gravierende Veränderungen vollziehen sich auch in unseren stetig anwachsenden Städten. Ihr Umbau in das Stadium der Industrie- und Hochenergie-Technik verursacht eine Verdichtung des Verkehrsnetzes, die Anhäufung von starken Baumassen sowie die Entsorgung bzw. unkontrollierbare Verfrachtung großer Mengen von Abgasen, Abwässern und festen Abfällen. Damit werden alle Umweltmedien wie Luft, Wasser, Böden und Gesteine und in Folge davon auch die Menschen und ihre lebendige Umwelt belastet. Freiflächen in der Stadt sind teuerster Grund und Boden. Und so setzen sich fast immer ökonomische Gründe gegen die ökologischen Belange durch, und alte Freiflächen werden – trotz oft heftiger Bürgerproteste – bebaut.
Über das Problem des Artenrückgangs in Siedlungen stellte Zimmermann schon 1907 Betrachtungen bei der Bearbeitung der Adventivflora von Mannheim an: »Innerhalb der Stadt selbst findet man heute die sogenannte Pflasterflora gar nicht mehr. Früher konnte man auf den Gehwegen Coronopus ruellii All. in den Fugen der Steine finden, mit Portulaca oleracea L. und mit Eragrostis poaeoides P. B. Heute ist auf unseren Cementwegen jede Möglichkeit verschwunden, daß eine Pflanze dort wachsen kann. Auch die Straßenflora mit Poa annua L. und Polygonum aviculare L. ist infolge der viel gründlicheren Straßenreinigung beinahe verschwunden. Es wird nirgends mehr etwas Grünes geduldet und nur an abgelegenen Plätzen kann sich noch hie und da einer dieser früheren Stadtbürger behaupten z. B. Lepidium ruderale L. und Chenopodium album L.«.
Das Problem, das schon zu Beginn des 20. Jahrhunderts zu beobachten war, ist das der allgemeinen Entruderalisierung der Siedlungen. Dem steht heute eine allgemeine Ruderalisation der Agrarlandschaft gegenüber. Diese Umkehr der ursprünglichen Verhältnisse äußert sich in einem Rückgang der Standorte, wo an nährstoffärmere Verhältnisse angepaßte Ackerbiozönosen wachsen können.

»Un«-Kraut vergeht doch!

Die Florenliste der Bundesrepublik Deutschland umfaßt nach Angaben des Bundesamtes für Naturschutz 3001 einheimische und archäophytische sowie 318 neophytische Arten. Davon werden 851 Arten als ausgestorben, verschollen und gefährdet eingestuft (= 25,6 Prozent). Der Ackerland- und Siedlungsvegetation sind davon 258 (= 7,8 Prozent) zuzurechnen. Der stärkste Rückgang ist dabei bei den Getreideackerwildkräutern festzustellen, von denen 98 als gefährdet gelten müssen mit allein 40 Arten der kalkreichen, mageren Ackerstandorte.
Bei den Ruderalarten sind insbesondere die der nitrophytischen, oft gestörten Standorte (25 Arten) sowie die der wärmebegünstigten, nitrophytisch-basischen Standorte (22 Arten) rückläufig. Ähnlich dramatisch ist die Situation in Österreich und der Schweiz.
Daraus geht hervor, daß nicht nur einzelne Pflanzenarten gefährdet sind, sondern mit ihnen die dazugehörigen Pflanzengesellschaften und somit der Biotoptyp, für den diese Pflanzengesellschaften typisch sind.

Ursachen des Arten- und Biotoprückgangs

Als Hauptgründe für den Rückgang der Getreide- und Hackfrucht-Ackerwildkräuter gelten neben der Aufgabe von Sonderkulturen (wie Lein) die Aufgabe der Verbesserten Dreifelderwirtschaft (Ende 19. Jahrhundert bis ca. 1950) zugunsten der Ackerbaumethoden der modernen Intensiv-Landwirtschaft (ab ca. 1950). Vom traditionellen Ackerbau unterscheidet sie sich durch

- intensive Bodenbearbeitung mit verbesserten Arbeitsgeräten und leistungsfähigen Zugmaschinen,
- Stoppelumbruch direkt nach der Ernte,
- Frühsaat von Sommergetreide und Rüben in schneller Bearbeitungsfolge,
- Spätsaat von Wintergetreide,
- Aussaat in Reihen (ermöglicht den Einsatz maschineller Arbeitsgeräte für die Düngung der Kulturen und die Bekämpfung der Ackerwildkräuter),
- hochtechnisierte Saatgutreinigung,
- verstärkte Mineraldüngung aller Kulturen und gleichzeitig Entwicklung leistungsfähiger Getreidesorten mit rascher Stickstoffverwertung (Ausbildung dichter Bestände mit hohem Beschattungsvermögen),
- Nivellierung des pH-Wertes saurer Böden,
- Ersatz mechanischer Pflegemaßnahmen durch chemische Unkrautbekämpfungsmaßnahmen (Verwendung von Kontakt- und Wuchsstoffmitteln, Boden- und Breitbandherbiziden; Anwendung vor, bei oder nach der Saat).

In wechselfeuchten, breiten Fugen von Natursteinpflastern, wo nicht regelmäßig gekehrt wird, wachsen Niederliegendes Mastkraut und Silbermoos, bisweilen auch Vergißmeinnicht oder Zwergmispel.

Dicht verlegte Betonsteinpflaster – hier eine versiegelte Hoffläche – sind häufig vegetationsfrei.

Als Ursachen für den Artenrückgang in der ruderalen Vegetation sind zu nennen:

- Rückgang landwirtschaftlich genutzter Grundstücke in ländlichen Siedlungen,
- Verschwinden des Großviehs (Rinder, Pferde) von den Straßen,
- Aufgabe der Viehhaltung,
- Beseitigung offener Dunglagerstätten und Jaucheabflüsse (Bau von Jauchegruben),
- Rückgang freilaufenden Federviehs wie Hühner, Enten und Gänse verringert die Zahl offener und/oder verdichteter Böden und deren Eutrophierung,
- Rückgang von hofnahen Abstellflächen (Zäune, Holzhäuschen, Holzstapel, Baumaterial, alte Obstbäume mit eutrophierten Baumscheiben),
- Pflasterung oder Asphaltierung von Zufahrten und Hofflächen (um die Benutzung von schweren Geräten und Maschinen auf der Betriebsfläche wetterunabhängig zu ermöglichen),
- Flächenversiegelungen auf Gehöften und Straßen bis an Gebäudekanten (Verringerung offener Bodenoberflächen),
- übertriebenes Sauberkeitsbewußtsein (»Unser Dorf soll schöner werden«, Herbizideinsatz auch im besiedelten Bereich),
- Beseitigung/Umgestaltung alter Bauerngärten und Friedhöfe (Veränderungen nach städtischen Vorbildern),
- Abriß oder Restaurierung und Säuberung alter Mauern,
- Beseitigung der Dorfanger (Parkplätze, Anlage von Grünflächen nach städtischen Vorbildern, Bebauung mit öffentlichen Gebäuden),
- übermäßige Überbauung und Versiegelung von Flächen,
- Belastung der Straßenränder mit Reifenabrieb, Staub und Streusalz,
- Beseitigung von Dorfteichen und Dorfbächen,
- Hochwasserfreilegung von Flußufern etc.

Indirekte Bekämpfungsmaßnahmen wirken stärker gefährdend als direkte

Die Ursachen für den Arten- und Biotoprückgang in Siedlungen sind vorrangig in Nutzungsänderungen, Nutzungsaufgaben und Bebauung der Standorte begründet: Die Ruderalflora schwindet, weil die »traditionellen« Ruderalstandorte aufgrund des sozioökonomischen Wandels in der Landwirtschaft vernichtet werden.
In größtem Ausmaß gefährdend wirken »indirekte« Zugriffe. Nur von untergeordneter Bedeutung für die Siedlungsvegetation sind »direkte«, gegen sie gerichtete Eingriffe, wie z. B. übertriebenes Sauberkeitsbewußtsein, das »unordentlich« wachsende Vegetation nicht zuläßt.
Anders stellt sich die Situation für die Agrarbiozönosen dar, die direkt durch Eingriffe wie Düngung, Kalkung oder Herbizideinsatz verändert werden, so daß es möglich ist, den Bestand der Ackerwildkräuter wieder zu fördern, wenn die Düngung reduziert wird und der Herbizideinsatz unterbleibt – da die Äcker selber bislang erhalten geblieben sind.
Der Artenrückgang auf Äckern wird sich aber weiter verschärfen, wenn im Zuge von Flächenstillegungen vor allem ertragschwache Ackerstandorte brach fallen (»Sozialbrache«).

Zwischen zwei Zwetschgenbäumen zwitscherten zwei Schwalben

Auf dem Lande gelten Schwalben seit alters her als Glücksbringer. Ihre Ankunft im Mai ist ein untrügliches Zeichen für das Ende eines langen Winters und den einsetzenden Frühling, dagegen kündigt ihr Abflug im September den nahenden Herbst an: »An Maria Geburt fliegen die Schwalben furt!« – und das ist der 8. September. Die Aufenthaltszeit der Schwalben ist gleichbedeutend mit der Dauer der Wachstumsphase in der Vegetation.
Insbesondere die Rauchschwalben, deren schüsselförmige Lehmnester früher in allen Kuhställen zu finden waren, zählten zum Inventar eines jeden Gehöftes. Ihr zwitschernder Gesang gehört wohl zu den bekanntesten Vogelstimmen.
Rauchschwalben haben zwei Bruten mit vier bis fünf Jungen. Die erste schlüpft Ende Mai bis Anfang Juni während der sogenannten Schafskälte – für Insektenfresser eine harte Zeit.
Allerdings bieten Rinderställe wegen ihres hohen Dunganfalls und den dazugehörenden Dunghaufen ideale Entwicklungsbedingungen für Fliegen und stellen somit eine überaus reichliche Futterquelle dar. Je größer früher Rinderbestand und

Rauchschwalben sind charakteristische Bewohner von Rinderställen. Mit dem Rückgang rinderhaltender Betriebe verlieren sie ihre Lebensräume.

Dunghaufen auf einem Bauernhof waren, um so mehr Rauchschwalben gab es im Stall. Damit galt eine hohe Rauchschwalbendichte auf einem Gehöft als Zeichen bäuerlichen Wohlstandes – also Glück!
Inzwischen hat sich die Rinderhaltung deutlich verändert. Die wenigen im Dorf verbliebenen landwirtschaftlichen Betriebe haben den Rinderbestand aufgegeben oder aufgestockt. Damit einher geht der Umbau von der Festmistwirtschaft zur Güllewirtschaft.
In vielen Dörfern gibt es daher den tradionellen Misthaufen nicht mehr! Damit entfällt ein wesentliches Element aus der Nahrungsversorgung für Schwalben und ihr Rückgang ist dramatisch.
Auch matschige Pfützen auf ausgefahrenen Feldwegen und schlecht gepflegten Hofstellen sind im Zeitalter von Asphalt und Beton zu Seltenheiten geworden, so daß auch Nestmaterial für den Bau der Lehmnester knapp geworden ist.
Die Zahlen über den Rückgang der Rauchschwalben sind alarmierend. Aber auch dies ist ein Zeichen für den Strukturwandel auf dem Lande: Wo Bauern knapp werden, sind auch Schwalben und andere ursprüngliche »Kulturfolger« ein knappes Gut. Es ist wohl naiv, unter diesen Rahmenbedingungen ein »Dunghaufenprogramm« zu fordern. Allerdings wären der Kulturlandschaft einige Probleme erspart geblieben, wenn anstelle von Schwemmentmistung und Güllewirtschaft eine Festmistwirtschaft entwickelt worden wäre.

Über Jahrtausende hat der Mensch die einstige Urlandschaft verändert; die Kulturlandschaft entstand. Heute vollzieht sich der Landschaftswandel so schnell, daß die vormalige Artenvielfalt vielfach bedroht ist. Hinzu kommen schleichende Veränderungen, wie etwa die Verdrängung angestammter Arten durch die Einwanderung von Neophyten und Neozoen.

Einwanderer auf dem Vormarsch

Die Auswirkungen menschlichen Handelns sind nicht nur am Rückgang von Arten und Biozönosen zu erkennen, sondern auch in der Ausbreitung von Neophyten wie Kanadischer und Riesen-Goldrute (*Solidago canadensis, S. gigantea*), Japan- und Sachalin-Knöterich (*Reynoutria japonica, R. sachalinense*), Drüsigem Springkraut (*Impatiens glandulifera*), Riesen-Bärenklau (*Heracleum mantegazzianum*) u. a., die mit Hilfe des Menschen weite Entfernungen überwunden haben und die sich auf passenden Standorten zu neuen Lebensgemeinschaften formieren.

Damit sich eine nicht-einheimische Art erfolgreich etablieren und ausbreiten kann, müssen einige Bedingungen erfüllt sein: So muß die Herkunft aus einem Gebiet mit annähernd gleichem Klima und ähnlichen Umweltbedingungen gewährleistet sein, ansonsten ist eine Akklimatisierung nicht möglich. Der Neubürger muß über günstige Verbreitungsmechanismen für die neuen Umweltbedingungen verfügen und eine ausreichende Konkurrenzkraft gegenüber der heimischen Vegetation haben. Dazu ist es günstig, wenn die Art schnellwüchsig und kräftig ist, denn so kann sie vorhandene Bestände überwachsen, beschatten und deren Wuchskraft mindern. Außerdem müssen gestörte Standorte mit lückiger Vegetation vorhanden sein, in die die Neubürger eindringen können. Nur so ist eine dauerhafte Ansiedlung möglich.

Zu Pflanzenarten, die in besonderem Maße über diese Eigenschaften verfügen, gehören die bereits genannten Zier- und Gartenpflanzen, die inzwischen verwildert sind. Am Beispiel des Riesen-Bärenklaus soll erläutert werden, wo die Ursachen

Die Kanadische Goldrute stammt aus Nordamerika. Ursprünglich als Zierpflanze eingeführt, hat sie sich inzwischen weiträumig auf städtischen Brachflächen, Eisenbahndämmen, Magerrasen und an Flußufern ausgebreitet.

für die Ausbreitung von Neophyten zu suchen sind und welche Folgen dies hat.

Untersuchungen zeigen, daß es sich bei den Biotopen, die der Riesen-Bärenklau besiedelt, um ehemals landwirtschaftlich oder gartenbaulich genutzte Flächen, um eutrophierte Saumbereiche von Wäldern und Gebüschen sowie um extensiv oder gar nicht mehr gepflegte Randbereiche von Verkehrswegen handelt.

Es sind somit Biotope, deren Nährstoffhaushalt durch menschliche Eingriffe stark verändert bis eutrophiert worden ist und wo derzeit keine bzw. nur eine unregelmäßige Mahd oder andersartige Pflege stattfindet – also Flächen, für die derzeit kein Nutzungsinteresse besteht. Die Samen von *Heracleum* keimen vorrangig im Vorfrühling. Nach zwei bis drei Jahren vegetativen Wachstums blüht und fruchtet die Pflanze nur einmal und stirbt dann ab. Auf den offenen Stellen, die die abgestorbenen Mutterpflanzen zurücklassen, laufen Tausende Jungpflanzen auf, es bilden sich dauerhafte und großflächige Herden.

Diese Tatsache und eine Verletzungsgefahr, die durch die Inhaltsstoffe bedingt ist, veranlassen verschiedene Behörden und Vereine immer wieder einmal zu Forderungen nach aktiver Bekämpfung der Hochstaude.

Die Empfehlungen für eine biologische Bekämpfung sollten darauf ausgerichtet sein zu verhindern, daß sich der Riesen-Bärenklau in angrenzende Flächen ausbreitet. Dafür ist am besten Mahd geeignet, denn eine dichte Grasnarbe verhindert die Etablierung von Keimpflanzen. Deshalb sollte der Schutz vor weiterer Ausbreitung Vorrang vor Maßnahmen in bestehenden Beständen haben. Denn in den Hochstaudenbeständen selber wird sich das »Problem« über Sukzessionsprozesse lösen: Gehölze werden sich in den nicht mehr genutzten Flächen etablieren und den Riesen-Bärenklau allmählich verdrängen.

Zu bedenken ist dabei allerdings, daß so nur Auswirkungen unschädlich gemacht werden, nicht aber Ursachen! Die Ursache für die teilweise massenhafte Ausbreitung von Neophyten ist nach den Untersuchungen von Wolfram Kunick von 1991 die allgemeine Ruderalisierung und Eutrophierung der Landschaft. In der Beseitigung und Einschränkung dieser Prozesse liegen auch die Ansatzpunkte für die dauerhafte Lösung des Neophytenproblems.

Die Aktion

Schutz und Erhaltung
der Ackerrandstreifen
Biotopverbundsysteme
Öffentlichkeitsarbeit in
Freilichtmuseen
Dorferneuerungen
Küche und Landschaft
Renaissance für alte Tierrassen
Das Grüne Band

Wo in Ackerrandstreifen Ackerwildkräuter zu neuem Leben erwachen

Leuchtend blaue Kornblumen, rosafarbene Kornraden, signalroter Klatschmohn und viele andere fast in Vergessenheit geratene Pflanzen scheinen fast um die Wette zu blühen. Es sieht aus, als hätte hier ein Maler des französischen Impressionismus mit seiner Farbpalette aus dem Vollen geschöpft. Natur als Künstler. Solche Bilder sind leider recht selten geworden. Doch zum Glück haben sich frühzeitig engagierte Wissenschaftler, Naturschutzpraktiker, aber auch Kulturhistoriker zusammengetan, um die Begleitflora der Feldfluren wieder erlebbar zu machen und zugleich für kommende Generationen zu retten. So existiert schon seit 1969 auf dem Beutenlay bei Münsingen (Schwäbische Alb) ein ca. 0,6 Hektar großes Feldflorareservat. Dort werden rezente und ehemalige Kulturpflanzen mit den dafür typischen Kalk-Ackerwildkräutern angesät. Das Feldflorareservat hat nach G. Schlenker die Aufgabe, »die Erinnerung an die einstigen blumengeschmückten Kornfelder wachzuhalten« und möglichst große Populationen im Bereich der Schwäbischen Alb bereits ausgestorbener Ackerwildkräuter zu bewahren.

Auf diese museal-gärtnerische Weise lassen sich zwar kleinflächig Ackerwildkräuter erhalten, aber sie sind dabei aus den biologischen Entwicklungsprozessen und dem Streßumfeld, das für ihre fortwährende Anpassung notwendig ist, ausgegrenzt. Dennoch waren solche Initiativen wichtige Impulsgeber für umfassendere naturschutzfachliche Maßnahmen.

Im modernen Intensiv-Ackerbau gibt es bei sachgerechtem Maschinen- und Agrochemikalieneinsatz kaum mehr Pflanzenschädlinge und Verunkrautung – aber auch sonst nichts.

Ackerrandstreifen bringen als ökologische »Zierleisten« mehr Erlebnisvielfalt in die Landschaft.

Um Ackerbiotope innerhalb realer pflanzenbaulicher Produktionssysteme zu entwickeln und ihr genetisches Potential zu erhalten, werden deshalb seit dem Beginn der achtziger Jahre am Rande bewirtschafteter Äcker Extensivierungsmaßnahmen zur Förderung rückläufiger Ackerwildkräuter durchgeführt.

Das Ackerrandstreifenprogramm

Eine besondere Rolle kommt dabei dem von Wolfgang Schumacher 1980 erstmals in der Kalkeifel realisierten und später in anderen Bundesländern umgesetzten Ackerrandstreifenprogramm zu. Ziel eines solchen Ackerrandstreifenprogramms ist die Erhaltung der durch pflanzenbauliche Intensivierungsmaßnahmen gefährdeten bunten Vielfalt an Ackerwildkräutern und der mit ihnen vergesellschafteten Tierwelt. Dabei setzt man auf den langlebigen Diasporenvorrat in Ackerböden, aus dem sich noch vitale Samen von Ackerwildkräutern bei verminderter Kulturpflanzenkonkurrenz vermehren können. So tauchen aus dem Samenvorrat von Ackerböden längst verschollene Arten wie Flammendes Adonisröschen, Einjähriger Ziest, Kleiner Frauenspiegel oder Kopfige Binse wieder auf.

Dafür wird Landwirten von den Unteren Naturschutzbehörden eine Entschädigung geboten, wenn sie bei Einhaltung bestimmter Vertragsbedingungen (u. a. kein Einsatz von Herbiziden, kein Striegeln, kein Einsatz von Untersaaten, kein Kalkstickstoff sowie Reduzierung der Düngung um mindestens 50

Die Wiederherstellung einer landschaftstypischen Ackerwildkrautflora dauert in der Regel 6-8 Jahre bei herbizidfreier Bewirtschaftung.

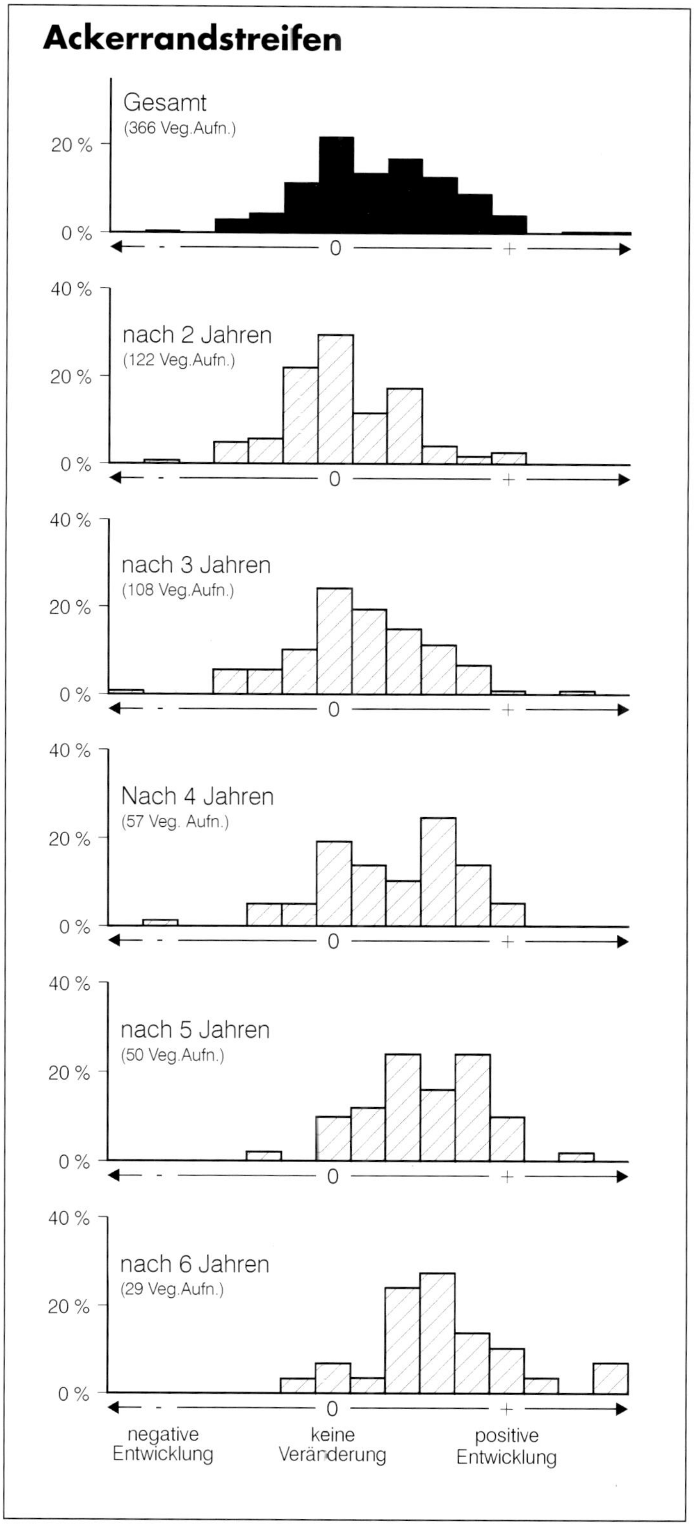

Prozent) einen Streifen am Feldrand dem Artenhilfsprogramm zur Verfügung stellen. Man bemüht sich, mit möglichst vielen Landwirten solche Vereinbarungen abzuschließen; der Fördersatz beträgt in der Regel 0,10 DM pro m^2 für den entstandenen Ertragsausfall, und die Streifen sollen die einfache bis doppelte Breite der Arbeitsgeräte des betreffenden Landwirts haben.

Bei der Auswahl von Ackerrandstreifen muß man sich darüber Gedanken machen, welche Funktionen der Randstreifen erfüllen soll. Dies können sein:

- Artenschutzfunktionen zur Förderung und zum Schutz seltener bzw. stark rückläufiger Ackerwildkräuter und an Äcker gebundener Tierarten.
- Pufferfunktionen zur Aufweitung eines Gradienten zwischen zwei unterschiedlich intensiven Nutzungen, z. B. zwischen Ackerland und Magerrasen, Ackerland und Entwässerungsgraben, Ackerland und Feldrain, um Stoffein- und -austräge abzubremsen. Die ursprüngliche primäre Artenschutzfunktion kann dadurch stark beeinträchtigt werden – vor allem dann, wenn Ackerwildkrautgesellschaften magerer Kalk- und Sandböden gefördert werden sollen.
- Ein Ackerrandstreifen, der Biotopverbundfunktionen erfüllen soll, muß in unmittelbarer Nähe einer Nicht-Ackernutzung liegen (z. B. Ackerrain, Böschung, Wiese, Feldgehölz), damit er für relativ kleine Spezies der Agrarzoozönosen auch erreichbar ist.

Die günstigsten Voraussetzungen sind natürlich dann gegeben, wenn alle drei Funktionen erfüllt sind. Allerdings ist der Erfolg nicht überall sicher. Denn dort, wo der Samenvorrat durch intensive unkrauteindämmende Maßnahmen sehr stark dezimiert ist, d. h. wenn die Samenmengen auf < 1000 Samen pro m^2 (bei 30 cm Bodentiefe) abgesunken sind, ist die Reetablierung einer arten- und individuenreichen Ackerwildkrautvegetation kaum noch möglich.

Die Überprüfung der Qualität und der Entwicklung der Flora von Randstreifen im Regierungsbezirk Oberbayern von 1985–1991 zeigt, daß mit der Wiederherstellung landschaftstypischer, artenreicher Ackerwildkrautgesellschaften auch bei strenger Einhaltung der Bewirtschaftungsvereinbarungen erst nach etwa sechs bis acht Jahren zu rechnen ist. Das Ausmaß der Veränderung ist dabei vor allem von der zur Regeneration zur Verfügung stehenden Zeit abhängig. Während sich in den nur über zwei (aufeinanderfolgenden) Vegetationsperioden untersuchten Flächen positive und negative Entwicklungstendenzen nahezu ausgleichen, konnte nach vierjähriger Vertragszugehörigkeit auf 69 Prozent, nach sechs-

jähriger Bewirtschaftung auf 90 Prozent der Flächen eine deutliche Verbesserung des Artenbestandes festgestellt werden.
Allgemein kann man davon ausgehen, daß sich der Artenbestand der einzelnen Flächen nach sechs bis achtjähriger extensivierter Bewirtschaftung weitgehend dem unter den jeweiligen Standortbedingungen möglichen Optimum angenähert hat. Flächen, deren Artenbestand auch nach dieser Zeitspanne keine positiven Entwicklungen zeigen, sind nicht mehr zu verbessern!
Darüber hinaus zeigt sich aber auch, daß arten- und individuenreiche Ackerrandstreifen wichtige Nahrungshabitate für die Küken von Rebhühnern und Wachteln bieten. Die Randstreifen sind nicht nur samenreicher als die angrenzenden Felder, sondern sie sind auch insektenreicher – ein Nahrungsangebot, daß von verschiedensten Tieren genutzt wird.
Um blütenbesuchende Insekten anzulocken, werden in artenverarmten Landschaften mittlerweile sowohl Ackerwildkräuter als auch buntblühende andere Kräuter wie Phacelia, Klee, Luzerne, Beifuß, Rainfarn u. a. streifenförmig ausgesät.
Bei allen Maßnahmen handelt es sich aber um bloße Einzelmaßnahmen des Naturschutzes, deren Effekt sofort vorbei ist, wenn die Fördermittel ausgesetzt werden.

Distelfalter: Ein Wanderschmetterling, der als fliegender Bote »Natur ohne Grenzen« zwischen mediterranen Lebensräumen und unseren Fluren vermittelt. Wo entlang von Äckern noch unbehandelte Streifen stehen gelassen werden, haben solche Arten einen Überlebensraum.

Siedlungen und Ackerland stehen seit Jahrhunderten in einem vielfachen Wechselspiel. Doch so wie viele Arten durch den Strukturwandel aus der Kulturlandschaft verschwunden sind, droht vielfältiges Wissen über die Zusammenhänge zwischen Acker und Feld, Dorf und Stadt verloren zu gehen. Wir brauchen deshalb ein neues Verständnis für das Zusammenwirken von Ökologie und Ökonomie.

Entwicklung eines Biotopverbundsystems

Das Ziel von Biotopverbundsystemen in Kulturlandschaften und ländlichen Siedlungen ist es, die Siedlungen und die umgebende Landschaft zu verbinden. Denn insbesondere aus faunistischer Sicht ist es nicht ausreichend, isolierte Einzelobjekte aufzuwerten, sondern sie müssen so in einen räumlichen Zusammenhang gebracht werden, daß Nahrungsquellen, Brutplätze und Winterquartiere gleichermaßen zugänglich sind.
Der innerörtliche Biotopverbund wird durch folgende Hemmnisse eingeschränkt, die es zu mindern oder zu beseitigen gilt: Straßen und Gebäude bilden Grenzen und stellen somit Barriere- und Isolationswirkungen dar. Diese Effekte gilt es abzuschwächen, indem Grenzlinien nicht scharf und abrupt, sondern fließend und durchlässig gestaltet werden. So stellt z. B. ein auf einem Mäuerchen stehender Zaun ein nicht überwindbares Hindernis für Igel dar. Deshalb: kein Mäuerchen, aber ein Holzzaun, dessen Latten 5-10 cm über dem Boden enden, ermöglicht Tieren die Flucht vor dem Straßenverkehr in einen sicheren Garten.
Flächige, vereinzelte, große Biotope wie Dorfweiher, größere (Obst-) Wiesen oder Gartengrundstücke sollten so gestaltet sein (werden), daß sie Lebensraum für viele dort typische Tierarten bieten. Außerdem sollten sie durch dichten umgebenden Bewuchs gegen Störungen geschützt sein. Daneben gilt es für korrespondierende, räumlich nicht verknüpfte Biotope, Wechselwirkungen zu berücksichtigen.
Die Existenz von Fledermäusen ist nicht nur durch Brut und Sommerquartiere in Kirchtürmen und alten Gebäuden zu sichern, sondern auch offene Wasserflächen für die Jagd nach Insekten müssen vorhanden sein bzw. ein verrohrter Dorfbach könnte wieder geöffnet werden.
Außerdem gibt es in Dörfern viele verknüpfend wirkende Biotope. Dazu zählen vor allem lineare Elemente wie innerörtliche Baumreihen, Hecken, Dorfgassen, Dorfstraßen mit Seitenstreifen, Gräben und Bäche. Sie schaffen »Korridore« und fördern den »Artentransport« in die Landschaft. Um zu vermeiden, daß intensiv genutzte Grundstücke, von denen Störungen und Emissionen ausgehen, wertvollere Biotope beeinträchtigen, sollten sie durch Pufferflächen geschützt werden. Welcher Art sie sein müssen – Hecke mit Staudensaum, Böschung, Wiese, Graben etc. –, muß im Einzelfall festgelegt werden.
Die Ausgestaltung des Ortsrandes bestimmt die Qualität der Übergangszone der Siedlung zur umgebenden Agrarlandschaft. Eine besondere Bedeutung kommt dabei den Obstwiesengürteln zu, die als klimatische Pufferzone und als »Anlaufzone« für dem Siedlungsbereich zuwandernde Tierarten wirken.
Auch die Siedlung-Umland-Beziehung muß bei der Gestaltung des innerörtlichen Biotopverbundsystems berücksichtigt werden. In diesem Falle müssen die Ziele von Dorferneuerungs- und Landschaftsplanung abgestimmt werden.
Eine Vorgehensweise für die Kartierung innerdörflicher Lebensräume und für die Umgebung hat die Autorin Annette Otte mit einer Arbeitsgruppe zusammengestellt und für die Anwendung in der Dorferneuerungsplanung aufbereitet. Dabei haben die Autoren die Kartieranleitung für städtische Biotoptypen für die dörflich-ländlichen Verhältnisse modifiziert, denn die Bearbeitung ländlicher und städtischer Biotope ist vor allem ein Problem des Maßstabs bei der Erfassung, denn ländliche Siedlungen sind extrem kleinteilig im Vergleich zu städtischen (Dorf: M 1 : 1000; Stadt: M 1 : 5000 bis 1 : 10 000).

Balzender Star: Wo Siedlungsbereiche und Natur noch eng ineinandergreifen, sind vielfältige Naturerlebnisse möglich.

Gärtnern mit Ruderalpflanzen: Umweltbildung in einem Freilichtmuseum

Die Idee, die traditionelle Vegetation ländlicher Siedlungen in Freilichtmuseen zu präsentieren, um sie dort in einer historischen Umgebung wachsen zu lassen, ist nicht neu.
Dazu wurde von Wolfgang Schumacher (1981) im Rheinischen Freilichtmuseum Kommern ein Pilotprojekt gestartet, dessen Erfolg dazu geführt hat, daß mittlerweile viele Freilichtmuseen entweder ihre gesamte Fläche (z. B. Oberpfälzisches Freilichtmuseum Perschen) oder nur ausgewählte Gehöfte (z. B. Niederbayerische Freilichtmuseen Massing und Finsterau) mit der entsprechenden Vegetation und der damit in engem Zusammenhang stehenden Kleintier- und Großviehhaltung bereichert haben.
Im folgenden soll von der Übertragung und künstlichen Anlage dörflicher Pflanzengemeinschaften auf das Geländes des Kochhofs in Massing berichtet werden – einer Aktion im Rahmen eines Forschungsvorhabens der Technischen Universität München-Weihenstephan.
Um Wildpflanzenbestände, so wie sie in ländlichen Siedlungen vorkommen, anlegen und etablieren zu können, ist ein spezielles Vorgehen erarbeitet worden, das auch anderswo für andere Zwecke angewendet werden kann. Das methodische Vorgehen sei daher an dieser Stelle skizziert (ausführlich bei A. OTTE 1994):
In Deutschland existieren mittlerweile flächendeckend Vegetationsaufnahmen von allen vorkommenden Pflanzengesellschaften mit den entsprechenden standortkundlichen Beschreibungen (vgl. Literaturverzeichnisse bei E. OBERDORFER 1977 bis 1992).
Bei Nachbildungen von wildwachsenden Pflanzenbeständen können diese regional differenzierten Vorlagen für die Zusammenstellung und räumliche Verteilung der Arten bei der Aufstellung von Pflanzplänen benutzt werden. Der erste Arbeitsschritt beinhaltet die Analyse der Standort- und Nutzungsvoraussetzungen auf der Fläche, für die eine künstliche Anlage

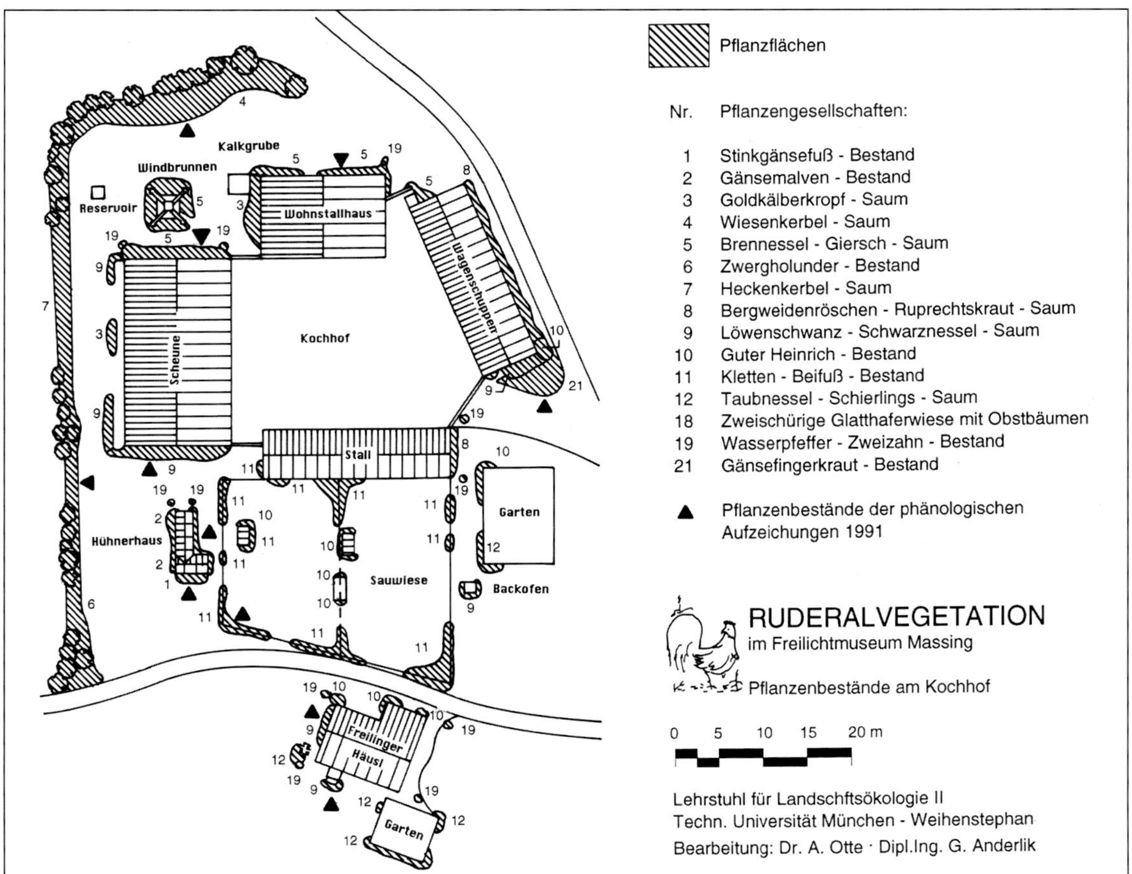

Übersichtsplan für die Anordnung künstlich begründeter Ruderalpflanzenbestände auf dem Kochhof im niederbayerischen Freilichtmuseum Massing (Lkr. Rottal-Inn). Mit dieser Anlage wird Besuchern die vormalige Vielfalt der Flora ländlicher Siedlungen erlebbar gemacht.

Haben manche Ruderalpflanzen wie Guter Heinrich, Gefleckte Taubnessel oder Efeu-Gundermann nur in Freilichtmuseen, wie hier in Massing, eine Überlebenschance?

von Wildpflanzenbeständen vorgesehen ist. Der zweite umfaßt die Dokumentation von Beständen der betreffenden Pflanzengesellschaft von den nächstgelegenen Standorten. Im dritten Arbeitsschritt werden die Individuenzahlen der zu pflanzenden Arten je Quadratmeter berechnet, da den Pflanzschemata eine Quadratmeterrasterung zugrundeliegt. In einem weiteren Arbeitsschritt werden die Individuenzahlen, die je Quadratmeter berechnet worden sind, auf die vorgesehene Pflanzfläche umgerechnet und die Verteilungsmuster der Arten festgelegt.

Das wichtigste bei der Vorbereitung der Pflanzflächen ist, daß nach der vollständigen Entfernung des vorhandenen Bewuchses der Boden kräftig mit Kompost und einigen organischen Langzeitdüngern verbessert werden muß.

Die günstigste Pflanzzeit für die krautigen Arten liegt zwischen 20. Juni und 31. Juli; dann erreichen die Pflanzen am schnellsten Bestandsschluß, und pflegende Eingriffe sind nicht notwendig. Voraussetzung ist allerdings, daß regelmäßig gegossen wird. Daß man die angepflanzten Brennesseln und den

Detail aus der Pflanzplanung für einen Löwenschwanz-Schwarznesselsaum um einen Backofen auf dem Kochhof im Freilichtmuseum in Massing (Planung und Ausführung: Dr. A. Otte, Dipl.-Ing. G. Anderlik-Wesinger, Lehrstuhl für Vegetationsökologie II, Technische Universität München-Weihenstephan).

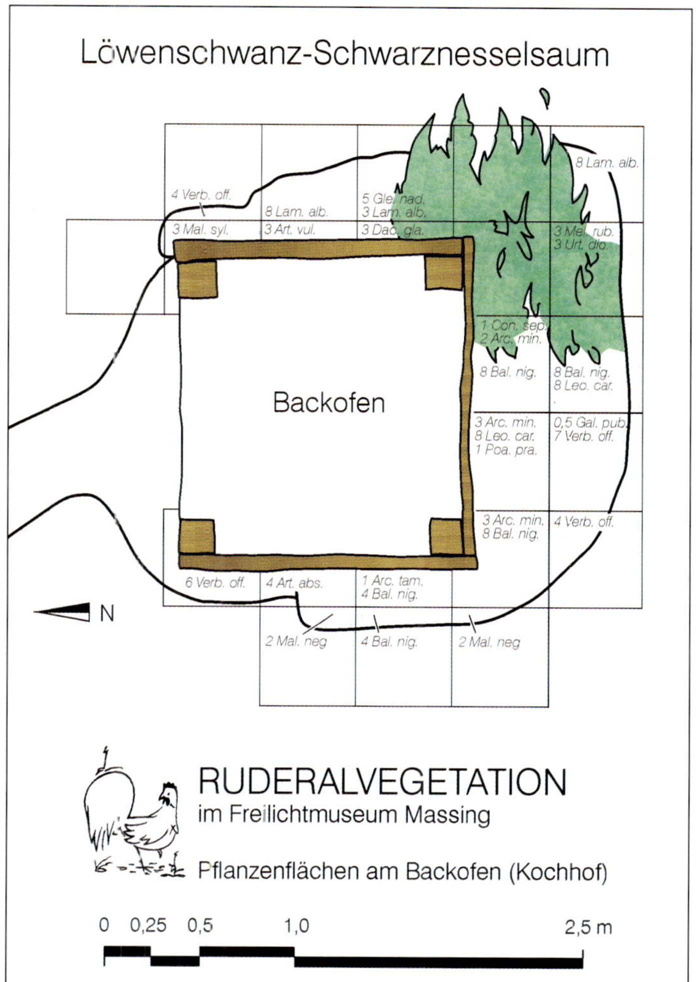

Die Raupen des Tagpfauenauges leben von der Brennessel.

Giersch gießen muß, konnte den Museumsarbeitern allerdings erst nach Erläuterung der Vorteile des zukünftigen »romantischeren« Aussehens des Gehöftes verständlich gemacht werden.
Zur Anzucht ist festzustellen, daß sich die notwendigen Wildstauden als Containerware (Töpfe 6 x 6 cm²) innerhalb von sechs bis acht Wochen aus Stecklingen heranziehen ließen. Auf diese Weise lassen sich auch selten werdende und/oder vom Rückgang bedrohte Arten fördern.
Um die Aufmerksamkeit der Besucher auf die Wildpflanzenbestände zu lenken bzw. um zu erklären, daß sich die herrschende Artenvielfalt dort nicht von allein eingestellt hat, sind an »einsichtigen Stellen« Informationstafeln plaziert worden. Auf den Tafeln sind unter einem schlagwortartigen Titel (z. B.

Anlehnungsbedürftig

Der Schwarznessel-Saum

An den Sonnenseiten von alten Gebäuden, Holzstapeln, Mauern oder Gebüschen wächst auf nährstoffreichem Untergrund der Schwarznessel-Saum. Die Schwarznessel hat lange Triebe, die leicht umknicken. Um nicht zu Boden zu gehen, ist die Pflanze auf Strukturen angewiesen, an denen sie emporwachsen kann.

Die Schwarznessel wurde während der römischen Kaiserzeit bei uns eingebracht. Sie galt als Heilpflanze gegen Hautkrankheiten und wurde deshalb in Bauerngärten angebaut. Von dort aus verwilderte sie und bildet nun zusammen mit anderen wärmeliebenden Arten den langlebigen Schwarznessel-Saum.

Früher war diese dorftypische Wildpflanzengemeinschaft in fast allen Dörfern häufig zu finden. Heute wird sie immer seltener, da ihre bevorzugten Wuchsplätze zu häufig gemäht oder mit Beton und Asphalt versiegelt werden.

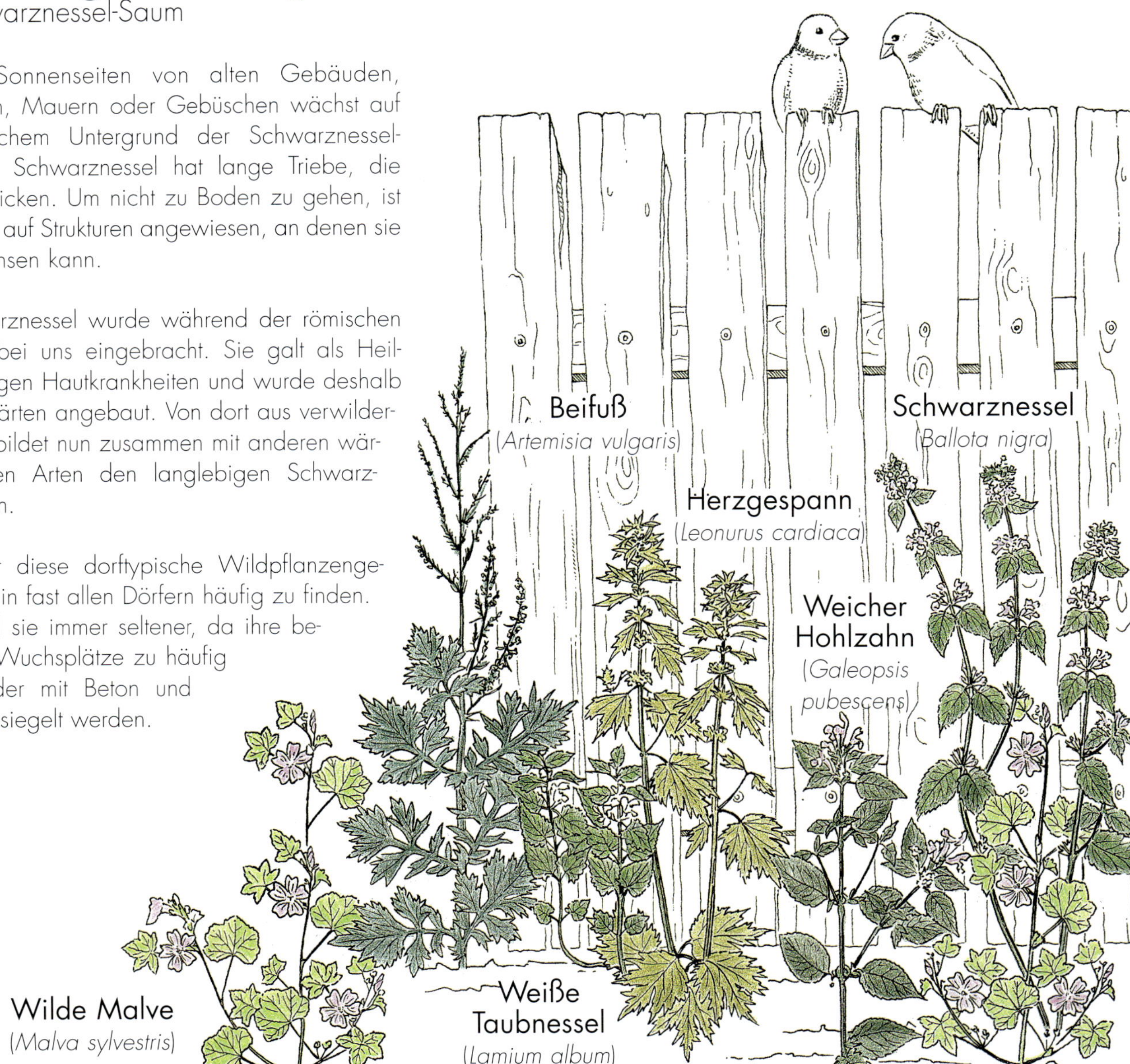

»Störung erwünscht: Gänsemalve und Gänsefuß« oder »Anlehnungsbedürftig: Der Schwarznesselsaum«) mit kurzer Beschreibung des Pflanzenbestandes die wichtigsten Arten und eine symbolische Nutzung illustriert, um die Ursachen des Bestandsvorkommens zu veranschaulichen.
Um das Leben und Arbeiten auf dem Kochhof zusätzlich zu veranschaulichen, wurde im Frühjahr 1991 auch wieder Tierhaltung in den leeren Ställen eingeführt: Die »Pflege« der Gänsemalven-Gesellschaft haben jetzt Hühner übernommen, und auf der Sauwiese, die mit einer Kletten-Beifuß-Gesellschaft bepflanzt worden ist, suhlen sich wieder Schweine.
Bei diesem Versuch ist vorrangig beabsichtigt, den Besuchern einen Einblick in die buntblühende Vielfalt der »Natur vor der Haustür« zu geben, um zum Nachdenken über die vermeintlichen »Un«-Kräuter anzuregen.
Denn wie formulieren es die Landespflegestudentinnen Annette Sieben und Tina Klingberg aus Freising-Weihenstephan (Otte & Gruppe »Ruderalpflanzen im Dorf« 1990):

»UN-Kräuter sind
unwiderstehlich,
unbeschreiblich,
ungewöhnlich,
unersetzbar,
unvergleichlich
und
unheimlich schön!«

Schon immer unerwünscht

Die Ackerwildkräuter

So alt wie der Ackerbau ist der Wettbewerb zwischen den Kulturpflanzen und den Wildkräutern. Viele dieser Arten stammen aus den Halbwüsten und Trockengebieten des Vorderen Orients. Von dort kamen sie mit dem Ackerbau zu uns. In lückigen, sonnigen Getreidefeldern fanden sie eine neue Heimat.

Heute sind sie fast wieder verschwunden, denn in stark gedüngten und gespritzten Feldern haben sie keine Überlebenschance.

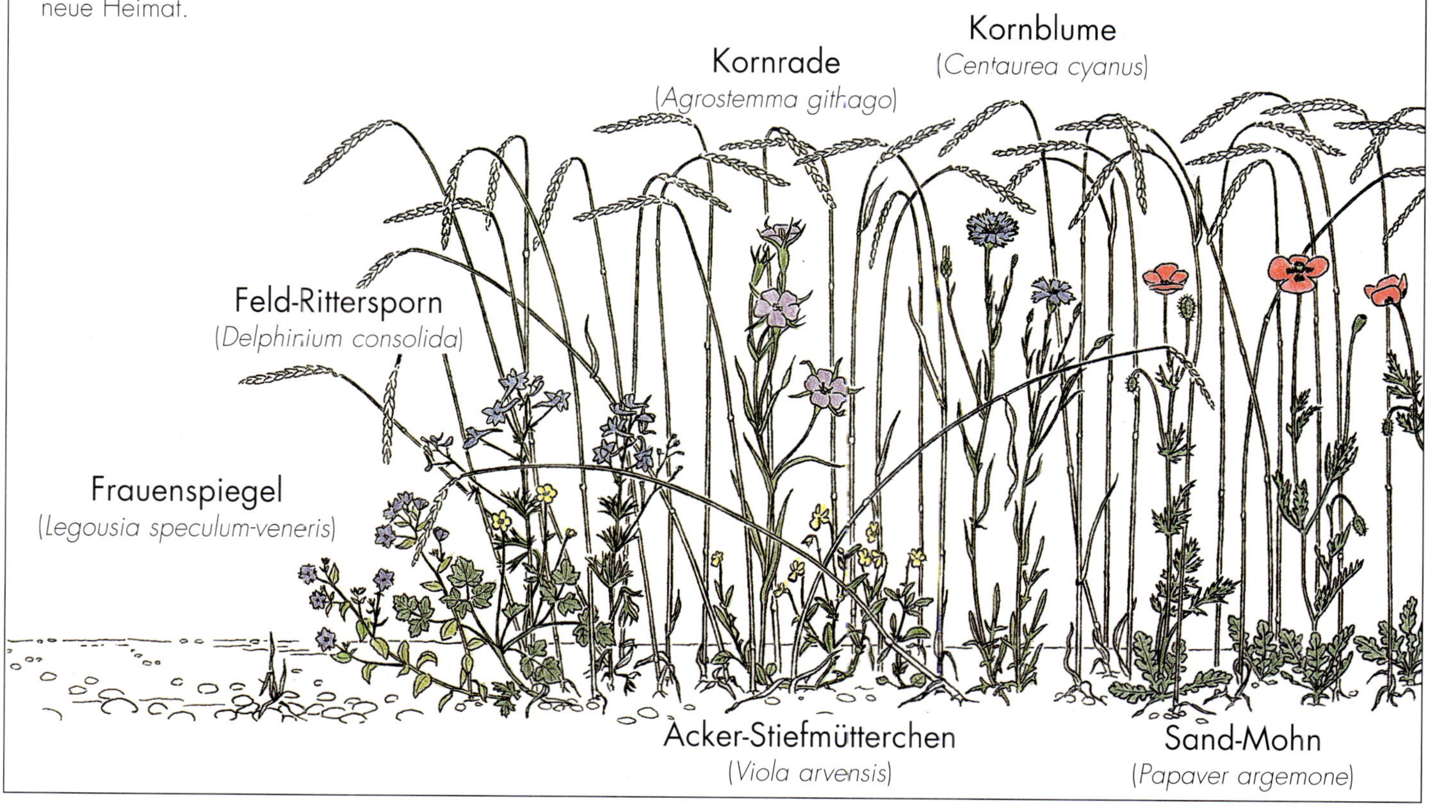

Strategien für eine ökologisch verantwortliche Dorferneuerung

Seit Mitte des 20. Jahrhunderts gehören Programme der Dorferneuerung zu den klassischen Aufgaben der Verwaltung für Agrarordnung. Über Wettbewerbe und Sanierungsprogramme für verfallende, traditionelle Bauernhöfe und Investitionsprogramme für den ländlichen Bereich wurden in diesen Jahrzehnten Maßnahmen zur Dorfsanierung vorangetrieben – mit mehr oder weniger großen Erfolgen und häufig auf Kosten der typischen Lebensräume bäuerlicher Siedlungen und der kulturellen Eigenheiten der Dörfer und ihrer Bewohner.
Erinnert sei an den Wettbewerb »Unser Dorf soll schöner werden«. Hierbei orientierte man sich allzulange an den ästhetischen Wertvorstellungen der Städter und baute die Dörfer entsprechend der urbanen Vorbilder um.
Dies bedeutete konkret die Asphaltierung der gepflasterten Dorfstraße, bisher unbefestigter Hofflächen mit Knochensteinen. Auch die mit Dorfbiotopen bewachsenen Straßenränder, die oft Abstellplätze und Zwischenlager für bäuerliche Gerätschaften, Materialien und Erntegut waren, sind heute vielerorts zu asphaltierten Parkstreifen oder zu Blumenrabatten umgewandelt. Staketengartenzäune tauschte man gegen schmiedeeiserne Gitter und errichtete Gartenmauern mit Einheitsmaterialien aus dem Baumarkt. Die typischen Bauerngärten, die Nutz- und Ziergarten zugleich waren, verwandeln sich mehr und mehr in Ziergärten nach städtischem Vorbild mit Bürstenrasen und Modepflanzen wie Blaufichte, Korkenzieherweide oder Pampasgras. Mit den entsprechenden Programmen und Wettbewerben vernichtete man zum Teil aus Unkenntnis oder aus mißverstandener Ordnungsliebe typische Lebensräume der ländlichen Siedlungen und charakteristische kulturelle Merkmale der bäuerlichen Kultur mit den angeschlossenen Nutzungen; das Dorf verlor seine Identität. Diese Entwicklung hing aber auch stark mit dem Strukturwandel der Dörfer zusammen.

Elemente von Bauerngärten sind üppige Bestände traditioneller und moderner Zier- und Gemüsepflanzen sowie Heil- und Gewürzkräuter.

Straßenraum mit Abstandsgrün nach Dorferneuerung: Elemente des Gartens sind pflegeleichte Betonsteinpflaster, Vielschnittrasen und Blumenkübel aus Waschbeton mit Sommerbepflanzung.

Unser Dorf soll schön bleiben

Glücklicherweise gibt es neue Ansätze für die Dorfentwicklung. Und ein Bewußtseinswandel hat eingesetzt. So werden im renovierten Bauernhof die Dachgiebel offen gehalten, um der Schleiereule Einflugmöglichkeiten zu bieten. Unbefestigte Wege am Ortsrand und in der Feldflur werden nicht um jeden Preis asphaltiert, um der Rauchschwalbe Nistmaterial in Form von Lehm zu bieten. Obwohl diese Ansätze punktuell wirken,

sind sie ermutigend und bilden die Basis für eine grundlegend gewandelte Einstellung zum Kultur- und Naturprodukt Dorf. Das Verhältnis Mensch, Kultur, Natur im Dorf wird in einem anderen Licht gesehen. Und es haben sich auch die Kriterien für den Wettbewerb »Unser Dorf soll schöner werden« gewandelt. Es zählt zum Glück nicht mehr die »Blumenschau«, sondern die Eigenart des Dorfes.
Gerade in den neuen Bundesländern haben sich noch gepflasterte Dorfstraßen, Alleen und im Sand verlaufende Sommerwege erhalten. Bundesweit gibt es bereits Programme zur Förderung von Ackerwildkräutern und Streuobstwiesen im ländlichen Umfeld. Beispielhaft seien hier die Gemeinden Hattenhofen und Bad Boll in Baden-Württemberg erwähnt, welche sich die Förderung des Streuobstbaues zum Ziel gesetzt haben und mit den Erzeugern Strategien zur Vermarktung, Pflege und Neuanlage dieser naturverträglichen Landnutzungsform erarbeiteten.
Der Förderkreis »Erhaltet die Streuobstwiesen« im schwäbischen Albstadt berät zahlreiche weitere Städte und Gemeinden und hat so zur Erhaltung der weitläufigen Streuobstwiesenlandschaft beigetragen. So blieb ein unersetzliches Großbiotop als Important Bird Area (IBA-Gebiet) erhalten. Hier greifen Dorf- und Landschaftsvielfalt ineinander.
Auch die ländlichen Hausgärten werden als regionsspezifische Eigenarten und kulturelle Leistung der Dorfbewohner gewürdigt. Kriterien zu ihrer Erhaltung und Förderung haben Eingang in Ortsbausatzungen oder in die Ausschreibungen von Gartenwettbewerben gefunden.
Und auf den Dorfplätzen werden jetzt auch wieder Dorflinden gepflanzt.

Hier sind neue Ideen gefragt, die das kulturelle Potential, die Brauchtumspflege im Dorf mit der Dorferneuerung als Lokale Agenda 21 nutzen. Ausgehend von der Konferenz der Vereinten Nationen 1992 in Rio de Janeiro hat die Planung »von unten« Konjunktur. Auch kleine Gemeinden und Dorfgemeinschaften geben sich Programme, um die natürlichen Lebensgrundlagen als Beitrag für mehr Umwelt- und Lebensqualität zu erhalten und auch an kommende Generationen zu denken. Heute heißt es nicht mehr »Unser Dorf soll schöner werden«, sondern »Unser Dorf soll Heimat bleiben«.
So wird empfohlen, über Arbeitskreise im Rahmen von Dorfentwicklungen Dorfentwicklungskonzepte und Dorfentwicklungspläne über die Beteiligung der Dorfgemeinschaft zu erarbeiten. Ziel ist dabei, die verbliebene Land- und Forstwirtschaft, Handwerk und Gewerbe mit dem gesellschaftlichen Leben zu verknüpfen. So lautet das Motto des 1998 ausgeschriebenen Europäischen Dorferneuerungspreises »kreativ, innovativ und kooperativ«. Ziele sind unter anderem,

- die Vielfalt dörflicher Lebensformen mit sicherer wirtschaftlicher Grundlage und hoher Umweltqualität zu bewahren und weiterzuentwickeln,
- den individuellen Charakter des Dorfes zu erhalten und zu stärken,
- die Formenvielfalt ländlicher Kultur zu bewahren und weiterzuentwickeln,
- regionaltypische Bausubstanz und Bauformen zu erhalten und erforderlichenfalls einer neuen sinnvollen Nutzung zuzuführen,
- die innerörtlichen Straßen so zu gestalten, daß das Ortsbild gewahrt wird.

Die Sicherung des Gemeinbedarfs und der bedürfnisgerechten Grundversorgung gehört ebenso zu diesem Zielkatalog wie neue Formen des Umgangs mit den natürlichen Ressourcen, sparsame Siedlungsentwicklung und selbstverantwortliches Handeln durch Mitverantwortung der Bürgerinnen und Bürger sowie wirtschafliche und kulturelle Eigeninitiativen.
Sah es noch um 1985 eher düster für Natur und Landschaft in und um das Dorf aus, so ist mittlerweile zumindest im Hinblick auf die Akzeptanz für ökologische Maßnahmen eine Trendwende geschafft. Doch noch gibt es viel zu tun, damit auch künftig Natur und Kultur in vielfältiger Weise in den Dörfern Hand in Hand gehen.

Geflügelhaltung ist dorftypisch! Neben der Versorgung mit Eiern und der Verwertung von Speiseresten beeinflussen das Bewegungs- und Freßverhalten der Vögel die Vegetation. Davon zeugen Namen wie Gänse-Malve, Gänse-Fingerkraut oder Hühner-Hirse.

Aus der Feldflur: Eine Zukunft für mehr Genuß, mehr Lebens- und Umweltqualität

Ein warmer Wind streicht über die Felder. Es ist schon förmlich zu riechen: der Frühling liegt in der Luft. Die Natur erwacht zu neuem Leben. Feldhasen hoppeln über die Äcker, die ersten Feldlerchen sind wieder aus ihren Winterquartieren zurückgekehrt und steigen trällernd in den Himmel auf. Bauer Gerald Herzer fährt mit seinem Traktor zum Säen auf den Acker. Wie immer, wenn er ackert, denkt er über die Umwelt nach. Schon lange hat er keine Lerchen mehr gehört, und auf seinen Äckern blüht schon seit vielen Jahren kein Klatsch-Mohn mehr. Schon seit längerem spielt er mit dem Gedanken, seinen Betrieb auf nachhaltiges, ökologisches Wirtschaften umzustellen. Es erscheint ihm immer unsinniger, Chemie und Kunstdünger auf die Äcker und Felder zu bringen oder die Tiere in engen Boxen im Stall einzupferchen. Als damals seine Kinder auf die Welt kamen, ertappte er sich selbst dabei, wie er die eigenen Kartoffeln separat und ohne Chemikalien anbaute. Seine Frau kaufte das Getreide zum Brotbacken von einem Biobauern aus dem Nachbarort, anstatt das eigene zu nehmen. Von da ab reifte immer mehr der Entschluß zu Veränderungen.

Vielen Bauern geht es ähnlich, überall in Europa. Und auch Konsumenten werden in der Zeit von BSE und anderen Skandalen immer vorsichtiger, wenn es um das Essen geht. Die Art und Weise, wie wir die Ackerfluren bewirtschaften, hat viel mit der vorhandenen oder nicht vorhandenen Artenvielfalt und damit auch mit der Erlebnisvielfalt der Ackerlandschaften zu tun.

Als Beitrag für ein neues Verständnis von Küche und Landschaft, von Kochen und Natur haben sich deshalb Naturschutzexperten und Spitzenköche zusammengeschlossen. Die Stiftung Europäisches Naturerbe hat den symbolischen Schulterschluß mit EUROTOQUES, der von Paul Bocuse gegründeten Union der europäischen Spitzenköche, vollzogen. Die dabei begründete Initiative »Gourmets for Nature« und viele Einzelimpulse sind als Appell zu verstehen, die großartige Vielfalt der Natur- und Kulturlandschaften neu zu entdecken, auch mit dem Gaumen. Naturküche, das bedeutet allerdings keinesfalls eine Rückkehr zu einer Jäger- und Sammler-Gesellschaft. Vielmehr geht es darum, daß wir uns wieder bewußter werden, woher unsere Lebensmittel kommen, wo sie erzeugt werden, welche Rolle sie im Haushalt von Natur und Landschaft spielen, welchen Einfluß ihre Anbaumethoden auf wild vorkommende Tiere und Pflanzen haben und vor allem, was wir selbst dazu beitragen können, die faszinierenden Natur- und Kulturlandschaften Europas zu erhalten und wieder mehr Vielfalt in Landschaft und Küche zu entwickeln.

Pendler zwischen Siedlung und Ackerland: der Turmfalke.

Stufenraine sind dort häufig, wo die landwirtschaftliche Nutzungsintensität durch natürliche Gegebenheiten begrenzt ist.

Gourmets for Nature

Das alles hat viel mit dem Kochen zu tun; denn Kochen ist nicht nur die wohl älteste kulturelle Betätigung der Menschheit – Kochen ist auch eine Kunst und eine Lust. Wie können wir auch künftig noch gut essen und trinken? Was kann jeder Verbraucher, jeder Erzeuger tun, damit die Umwelt- und Lebensqualität in unseren Landschaften erhalten wird? Was müssen die Verantwortlichen in der Politik endlich unternehmen, damit die Vielfalt Europas in der Landschaft und in der Küche bei hoher Qualität des Essens erhalten und wie ein Familienschatz an kommende Generationen weiter vererbt werden kann?
Die Umweltstiftung EURONATUR und EUROTOQUES, die europäische Vereinigung der Spitzenköche, haben gemeinsam ein ökologisches Manifest entwickelt und fortgeschrieben: Das ökologische Manifest »Gourmets for Nature« fordert Mindeststandards für einen neuen Umgang mit Natur und Landschaft, mit Tieren und den natürlichen Ressourcen. Gleichzeitig bekennen sich die Initiatoren zu den folgenden Grundregeln:

- Kulinarische Tradition und der Ehrenkodex von EUROTOQUES verpflichten dazu, bei Gemüse und Obst mit den Jahreszeiten zu gehen und saisonale Produkte anzubieten;
- beim Einkauf sollen Produkte mit langen Transportwegen vermieden werden (z. B. keine Äpfel aus Neuseeland kaufen);
- jeweilige Förderung der regionalen Küche mit ihren kulinarischen Besonderheiten; dies kommt auch der Erhaltung der verschiedenen, oft in Jahrhunderten gewachsenen Lebensräumen unserer Kulturlandschaften und mit ihnen einer unersetzlichen Tier- und Pflanzenwelt zugute;
- Molkereiprodukte, Obst und Gemüse sollen bevorzugt von regionalen Erzeugern, die nach der EU-Richtlinie für ökologische Lebensmittel produzieren, bezogen werden;
- sofern vorhanden, Erwerb von Produkten von regionalen Kulturlandschaften (z. B. aus Gebieten mit Streuobstwiesen);
- wir empfehlen, über den eigenen Fleischkonsum nachzudenken. In diesem Zusammenhang ist die Qualität von höchster Bedeutung, nicht die Masse. Insbesondere sollte darauf geachtet werden, kein Fleisch aus Massentierhaltung anzubieten. In EUROTOQUES-Restaurants werden immer auch vegetarische Gerichte angeboten;
- wir reichen Fleisch von Tieren, deren Herkunft und Transport wir kennen. Wir streben möglichst kurze Transportwege zwischen Hof, Schlachtstätte und Verbraucher an;
- wir setzen uns für artgerechte Tierhaltung ein. Ziel ist dabei, wo immer möglich, Fleisch von solchen Betrieben zu beziehen, die sich der artgerechten Tierhaltung in möglichst großem Umfang verpflichtet haben; unter »artgerecht« verstehen wir die Fütterung mit gesundem, heimischem Futter aus der Region, Bewegungsmöglichkeit an der frischen Luft, Gruppenhaltung auf Stroh. Zu einer artgerechten Haltung gehört auch ein möglichst schonender, kurzer Transport und eine handwerklich saubere, verantwortungsbewußte Schlachtung der Tiere;
- Unterstützung regionaler Initiativen für die Erhaltung bedrohter Nutztierrassen;
- beim Einkauf auf umweltschonend erzeugtes Fleisch achten. Die Tierhaltung muß dabei an die Fläche gebunden sein. Dadurch wird gewährleistet, daß das Futter vom eigenen Betrieb stammen kann und der Mist als organischer Dünger Verwendung findet;
- wir sind gegen jegliche Anwendung von Gentechnik in der Landwirtschaft und bei der Nahrungsmittelherstellung und lehnen den Einsatz von Hormonen im Bereich der Tierhaltung grundsätzlich ab;
- wir verarbeiten grundsätzlich keine gefährdeten und bedrohten Tierarten wie Meeresschildkröten usw.
- wo immer möglich Vermeidung von Einweg-Getränkeverpackungen. Bezug von zumindest einem Saft, einer Bier-, einer Weiß- oder Rotweinsorte von einem regionalen Erzeuger, der nach ökologischen Grundsätzen produziert.

Renaissance für Rhönschaf, Moorschnucke und andere alte Tierrassen

Wer kennt noch das Deutsche Sattelschwein, Hinterwälder Rinder oder Limpurger Glanzvieh? Mit diesen traditionellen und an ihre Umwelt angepaßten Nutztieren geht es seit rund 50 Jahren bergab. Sie werden immer mehr verdrängt von den auf Hochleistung gezüchteten Rindern und Schweinen der Agrarindustrie. Die Intensivierung der Landwirtschaft brachte die alten Rassen nicht nur in Vergessenheit, sondern an den Rand des Aussterbens. Allein in Bayern gab es um 1900 noch mehr als 30 verschiedene Rinderrassen; heute sind es nur noch vier Rassen in Deutschland, die mehr als 95 Prozent des Bestands stellen. Das Deutsche Weideschwein ist gar ausgestorben.
Mit den traditionellen Haustierrassen verschwinden die ursprünglichen Hutweiden und andere Biotoptypen, die aus der Viehhaltung resultieren, und mit ihnen zahlreiche Wildpflanzen und Wildtiere.

Quelle: Auszug aus der Roten Liste der bedrohten Nutztierarten in Deutschland (Gesellschaft zur Erhaltung alter und gefährdeter Haustierrassen e. V.)

KATEGORIE	I alarmierend	II gefährdet	III kritisch	IV bedenklich
RINDER	Limpurger Glanzvieh	Hinterwälder	Vorderwälder	Pinzgauer
		Deutsches Shorthorn	Original Braunvieh	Angler
	Rotes Höhenvieh			Frankenvieh
	Murnau-Werdenfelser	Schwarzbunte		
	Vogtländer Rotvieh			
SCHAFE	Waldschaf	Skudde	Moorschnucke	Rhönschaf
	Brillenschaf	Braunes Bergschaf		Coburger Fuchsschaf
	Steinschaf	Weiße gehörnte Heidschnucke		
	Bentheimer Landschaf			
	Rauhwolliges Pommersches Landschaf			
SCHWEINE	Deutsches Sattelschwein	Schwäbisch-Hällisches Schwein		
	Buntes Deutsches Schwein			

Viele alte Haustierrassen, deren Haltung einst unsere Feldfluren und Dörfer prägte, sind vom Aussterben bedroht; so auch das Bergschaf.

Alte und gefährdete Haustierrassen können jedoch eine Renaissance erleben. Sie spielen eine wichtige Rolle bei der Bewahrung ökologisch wertvoller Kulturlandschaften. Und vielleicht noch bedeutsamer: Das Fleisch traditioneller Rassen gilt unter aufgeklärten Feinschmeckern als Delikatesse. Vielerorts wurden deshalb Initiativen zum Schutz und zur Erhaltung alter Haustierrassen gestartet. Informationen zu regionalen Initiativen geben die Naturschutzverbände, die Naturschutzbehörden der Stadt- und Landkreise sowie die Bauernverbände.
Die Bewahrung alter Haustierrassen durch artgerechte Haltung im Freien ist ein konkreter Beitrag zur Erhaltung traditioneller Kulturlandschaftsbiotope und zur Biotopvernetzung in der Flur.

Das Grüne Band – Lebenslinie Todesstreifen

Es ist Oktober, Nacht und schon recht kühl. In der Ferne bellen Hunde, zwei Männer verbergen sich schwer atmend bis zur Hüfte im Wasser zwischen Rohrkolben. Suchscheinwerfer streichen in regelmäßigen Abständen über das Sumpfgelände. Sobald der Scheinwerfer weiter wandert, bewegen sich die Männer vorsichtig halb schwimmend, halb watend Richtung Westen durch das Röhricht. Lautes Plätschern oder auffliegende Vögel können sie jederzeit verraten. Sie sind in Lebensgefahr, auf der Flucht über die Zonengrenze, wie diese militärische Sperrzone zwischen den beiden bis 1989 getrennten deutschen Staaten hieß. Gegen Morgen werden sie durchnäßt und unterkühlt von den Grenzbeamten in Niedersachsen in Empfang genommen. Nur wenige Flüchtlinge schafften es, diesen hochbewachten Grenzstreifen zu überwinden. Vielen kostete der Versuch das Leben. Stacheldraht, Tretminen, pa-

troullierende Hunde und Scharfschützen auf den Wachtürmen machten die Grenze zum Todesstreifen.
Jahre nach der Wiedervereinigung und der Grenzöffnung sind die Minen geräumt, die Stacheldrähte beseitigt, die Hunde und Grenzposten abgezogen. Nur noch vereinzelt stehen zur Erinnerung und Mahnung Wachtürme oder Grenzpfähle. Geblieben ist ein 1393 Kilometer langes »Grünes Band«. Mal nur 50 Meter, mal 200 Meter breit. Eine Perlenkette wertvollster Biotope: Grasbestandene Brachflächen, Buschgruppen, Waldparadiese, Sümpfe, blühende Heiden. Ein Stück Wildnis, ein buntes Mosaik vielfältiger Lebensräume. Der ehemalige Todesstreifen war zu DDR-Zeiten eine der größten militärisch genutzten Flächen in Deutschland und somit das wohl bekannteste Militärbiotop. Der teilweise verminte Sperrstreifen trennte nach dem Zweiten Weltkrieg bis 1989 die beiden deutschen Staaten von der Ostsee bis Bayern. Seine Ergänzung hatte dieser Grenzstreifen in Berlin mit der Berliner Mauer, die – ebenfalls von einem Grenzstreifen begleitet – die frühere und heutige deutsche Hauptstadt durchzog.
DDR-Behörden sperrten 1952 die Demarkationslinie zwischen der westlichen und östlichen Besatzungszone. Verkehrsverbindungen wurden unterbrochen und eine spezielle Barriere mitten durch den ehemaligen deutschen Staat errichtet. Entlang dieser Grenzlinie richteten die Soldaten einen zehn Meter breiten Kontrollstreifen ein. Hier holzte man Bäume und Sträucher ab und entfernte sonstige Sichthindernisse. Bauern wurden verpflichtet, die Flächen zweimal im Jahr im Frühjahr und Herbst umzupflügen und zu eggen, später hielt man diese Flächen mit Totalherbiziden bewuchsfrei. Die Grenzbehörden installierten Drahtverhaue und Stolperdrähte und erließen ein Betretungsverbot.
Parallel dazu folgte ein 500 Meter breiter Schutzstreifen, an den sich eine fünf Kilometer breite Sperrzone anschloß. Dort herrschte Ausweispflicht, und die Bevölkerung lebte unter strenger Kontrolle.

Längster Biotop Deutschlands

Erst nach der Wende, als man den einstigen »Todesstreifen« wieder gefahrlos betreten konnte, fanden Wissenschaftler eine Fülle seltener und seltenster Arten. Allein im Bereich von Sachsen und Thüringen zählte man 130 Vogelarten, darunter auch so seltene Rote Liste-Arten wie Braunkehlchen, Schwarzstorch, Birkhuhn, Ziegenmelker oder Raubwürger. Hunderte weiterer Arten der Roten Liste kommen im »längsten Biotop Deutschlands« vor. Eigentlich paradox: Was die Menschen trennte, half die sonst bedrohte Natur zu vereinen. Dieses ökologische Band reiht über neun Bundesländer hinweg rund 1400 Kilometer lang einen schützenswerten Lebensraum an den anderen. Die unterschiedlichsten Naturräume sind darin verknüpft: Die Jungmoränen Schleswig-Holsteins, die bayerischen Mittelgebirge sowie eine Vielzahl von Biotoptypen wie Seen, Flüsse, Sümpfe, Halbtrockenrasen, Wälder usw. Diese Verzahnung führt zu einer besonders großen Vielfalt und zu Artenreichtum.
Bereits in den Tagen der Wende 1989 entstand daher die faszinierende Idee, den früheren Grenzstreifen als großes gesamtdeutsches Naturschutzgebiet zu sichern. Das Grüne Band sollte Mahnmal der jüngsten deutschen Geschichte werden, ein Freilandmuseum der besonderen Art, ein verbindendes, nicht mehr trennendes Band zwischen neuen und alten Bundesländern, als Querschnitt fast aller deutscher Landschaften und als lebendiges Denkmal der Wiedervereinigung. Engagierte Bürger, Politiker, Fachbehörden und Naturschutzverbände schufen so das erste gesamtdeutsche Naturschutzprojekt. Von Anfang an gefördert durch die Stiftung Europäisches Naturerbe sowie mit Hilfe der Daimler Benz AG fand es auch breite Unterstützung bei allen führenden Umweltpolitikern Deutschlands. Alle deutschen Umweltministerien und das Bundesumweltministerium stellten sich einstimmig hinter die Schutzidee »Grünes Band«, eines länderübergreifenden großräumigen Biotopverbundes.
Im Europäischen Naturschutzjahr 1995 wurde das »Grüne Band« vom deutschen Bundespräsidenten als besonders modellhaftes Projekt ausgezeichnet. Vorbildlich handelte der Freistaat Sachsen: Dort steht das Band seit 1996 vollständig unter Naturschutz.
Doch leider ist das »Grüne Band« in seiner Existenz gefährdet – es wird dünner und beginnt zu reißen. Immer mehr Flächen werden wieder genutzt, illegal beackert oder bebaut. Auch der Verkauf von Biotopflächen aus Bundesbesitz auf dem freien Markt könnte zur Vernichtung dieses nationalen Biotopverbundes führen. Weitere Schutzgebietsausweisungen und ein effizientes Naturschutzmanagement sind notwendig, um dauerhaft die »grüne Ehe« Deutschlands zu sichern!

Wo einst Elektrozäune und Stacheldraht den Todesstreifen prägten, kehrt im Großen wie im Kleinen wieder Natur zurück.

Friedensschluß mit der Natur auf Militärflächen

Der »Kalte Krieg«, der zwischen den Großmächten tobte und die Menschheit an den Rand des Abgrundes brachte, ist vorbei. Die riesigen Waffenarsenale wurden verschrottet, Truppen abgezogen, Grenzen und Stacheldrähte abgebaut. Das Schlagwort der Friedensbewegung »Schwerter zu Pflugscharen« wurde Realität. Ehemalige Munitionsdepots, um die es harte Auseinandersetzungen gab, verbuschen und bewalden. Auf Truppenübungsplätzen, über denen noch vor Jahren Kanonendonner hallte, zwitschern jetzt Vögel; Kasernen werden abgerissen und an ihrer Stelle Wohnungen gebaut. Internationale Organisationen und Kirchen ächten den Krieg und alle damit zusammenhängenden Einrichtungen. Da kommen die Naturschützer und sagen: »Diese Militärflächen zu Friedenszeiten waren gar nicht so lebens- und umweltfeindlich, wie das gängige Klischee glauben machen wollte«. Und wissenschaftliche Untersuchungen geben ihnen Recht.
Zur Zeit des »Kalten Krieges« konnte man diese Flächen nicht betreten, und das Fotografieren war verboten. Nach dem Fall der Mauer und dem Abzug der Truppen ist dies jedoch möglich und man erkennt – leider oft zu spät – die Vielfalt und die ökologische Wertigkeit dieser Flächen. So konnten etwa auf dem Truppenübungsplatz Senne 518 Rote-Liste-Arten nachgewiesen werden. Insgesamt zählten die Wissenschaftler 4094 Arten in diesem Gebiet.
Sicher dürfen die negativen Auswirkungen der Militärflächen nicht verharmlost werden. So sind hier häufig noch Rüstungsaltlasten aus den vorhergehenden Kriegen anzutreffen, und auch durch die jüngste Nutzung sind Altlasten durch Treibstoffe oder Kampfmittel keine Seltenheit. Eine vorläufige Erhebung ergab allein im Bereich der alten Bundesrepublik 520 Altlastenverdachtsflächen auf NATO- und Bundeswehrstandorten. Der militärische Übungsbetrieb oder Großmanöver sind mit Lärm und Eingriffen in die Natur sowie nachfolgender Erosion verknüpft. Für die Unterhaltung der Flächen setzte man Herbizide ein.

Artenvielfalt auf Militärflächen

Trotzdem ist auf militärischen Flächen das Vorkommen von ausgesprochen seltenen Arten und eine große Artenvielfalt nachgewiesen. Nehmen wir als Beispiel allein die Truppenübungsplätze, so zeigt sich, welch hohen Stellenwert diese Flächen für den Naturschutz einnehmen und welche Möglichkeiten sich für den Arten- und Biotopschutz ergeben. Allein in der alten Bundesrepublik existierten 20 großflächige Truppenübungsplätze mit über 150 000 Hektar Fläche sowie 200 Standortübungsplätze mit ca. 80 000 Hektar Fläche. Zusammen mit anderen militärisch genutzten Flächen umfassen diese 1,6 Prozent der Staatsfläche und sind damit größer als alle Naturschutzgebiete mit ca. 1,4 Prozent.

Links: Ein nicht mehr benutzter Panzer wird zum Biotop, sobald er von Vegetation überwachsen wird.

Rechts: Auf mageren Flächen so mancher Truppenübungsplätze entwickelt sich buntes Leben – hier Blutströpfchen auf einem Grashalm.

Typisch für lückige Stellen in Kalkmagerrasen, wie sie auf manchen Truppenübungsplätzen vorkommen, ist der Gemeine Wundklee.

Ähnlich sieht es in der früheren DDR aus. Diese verfügte über 44 Truppenübungsplätze und Ausbildungsflächen der früheren Nationalen Volksarmee und der sowjetischen Streitkräfte mit einer Gesamtfläche von 370 000 Hektar. Das entsprach rund 4 Prozent des gesamten Staatsgebietes.

Es sind nicht allein die Truppenübungsplätze, sondern eine ganze Reihe von militärischen Flächen und Einrichtungen, die die große Strukturvielfalt dieser Biotopkomplexe begründen. So sind für die Unterbringung, Versorgung und Ausbildung stehender Truppen Kasernen, Depots und Versorgungseinrichtungen notwendig. Kasernen und Standortübungsplätze haben häufig eine alte Biotoptradition. Ihre Entstehung reicht oft bis ins 19. Jahrhundert. Diese Einrichtungen nutzte man auch nach dem Krieg. Sie wurden von den Alliierten übernommen und extensiv unterhalten. Insbesondere die Amerikaner bauten in den 50er Jahren große Wohnsiedlungen, in denen die Familien der Stationierungsstreitkräfte untergebracht waren. Diese Siedlungen verfügten über ein großzügig bemessenes Abstandsgrün, das extensiv gepflegt und an den Rändern teilweise beweidet wurde. Von vielen dieser »housing areas« sind große Mehlschwalbenpopulationen mit mehreren hundert Nestern bekannt. Auch große Fledermauspopulationen wurden bei Renovierungsarbeiten auf den Dächern der Kasernen entdeckt. Weitere Militärflächen sind: Raketenstellungen und Munitionsdepots, die häufig auf Kahlschlagflächen im Wald errichtet wurden, außerdem Tanklager mit Gleisanschluß und Depots für Kettenfahrzeuge, Lastwagen und sonstiges Kriegsmaterial, Landebahnen, Hubschrauberlandeplätze, Funkstationen, Schießbahnen und Erholungseinrichtungen – so unterhielt die US-Armee u. a. zahlreiche Golfplätze. Ein Großteil der Kasernen verfügte über einen wertvollen alten Baumbestand, der extensiv gepflegt wurde. Magerrasen und Weiden waren häufig anzutreffen.

Eine Besonderheit stellten die Sicherheitsstreifen dar, die militärische Anlagen in unterschiedlichen Breiten umgaben. Die Vegetation hielt man durch Mulchen oder den Einsatz von Herbiziden zurück. Auch der Einsatz von Gänsen zur Vegetationskontrolle in diesen Streifen war verbreitet.

Diversität der Biotoptypen

Die Tatsache, daß diese Liegenschaften, die überwiegend im Bundesbesitz waren, über alle Landschaftsräume verteilt sind, die Flächengröße sowie das Landmanagement mit extensivem Mulchen, weitgehendem Verzicht auf Dünger und die Beweidung mit Schafen läßt die Vielfalt und Diversität dieser Flächen erahnen: Vom Sand bis zum Magerrasen auf dem Truppenübungsplatz, vom Orchideenstandort bis zur Bergwiese mit Enzian, von Tümpeln, Teichen und Hochmoorresten fanden und finden sich hier nahezu alle erdenklichen Biotoptypen. Es gilt auch zu bedenken, daß die Truppen ein halbes Jahrhundert eine Friedensarmee darstellten, also nicht zerstörerisch tätig waren. Die Störungen in den Kasernen waren relativ gering. Auch auf den Truppenübungsplätzen waren sie nicht eigentlich umweltschädigend. So gruben Pioniereinheiten zu Übungszwecken Wassergräben, die sich im Anschluß zu hervorragenden Laichbiotopen entwickelten.

Stück für Stück entwickelt sich aus der ehemaligen deutsch-deutschen Grenze ein lebendiges grünes Band. So wie dieser Schmetterling beim Flattern von Blüte zu Blüte, vom Ackerrand zur Wiese, vom Waldrand zur Hecke Biotope vernetzt, sollten wir darauf achten, in unser Naturerbe keine Lücken zu reißen.

Die Tatsache, daß die Flächen nicht zugänglich waren, war einerseits von Vorteil, da Störungen ausblieben, andererseits blieb der Wissenschaft und der Öffentlichkeit die besondere Bedeutung dieser Flächen für den Arten- und Biotopschutz verborgen. Insofern fand auch fast keine öffentliche Diskussion über den Wert der freigewordenen Flächen und eine naturschonende Nutzung statt.

Vielmehr veräußerten die staatlichen Liegenschaftsverwaltungen die Flächen vielfach umgehend an die meistbietenden Gemeinden und Bauträger, die diese alsbald in Bauland überführten. Eine Fülle belastender Nutzungen wie Golfplätze, Campinganlagen, Freizeitparks, Ralleystrecken, Industrie- oder Müllverbrennungsanlagen drängte auf diese Flächen. Eine Berücksichtigung von Natur- und Artenschutzbelangen fand nur in wenigen Fällen statt.

Andererseits wird nach und nach die erstrangige Bedeutung dieser Bereiche für den Artenschutz und die gesamtstaatliche Bedeutung als Biotopverbundsystem erkannt. So bietet sich die einmalige Chance, großflächige und für den Naturhaushalt bedeutsame ehemalige Militärgebiete als Schutzgebiete auszuweisen. Eine Reihe von Beispielen gibt es schon.

Auf zwei Dritteln der Übungsflächen in den neuen Bundesländern, das sind 204 000 Hektar, soll die militärische Nutzung eingestellt werden. Übrigens ist fraglich, ob künftig überhaupt noch solche Übungsplätze benötigt werden, da das Training mehr und mehr an Simulatoren durchgeführt wird. Für Truppenübungsplätze, auf denen die militärische Nutzung fortgesetzt werden soll, ist vorgesehen, Pflege- und Nutzungskonzepte auch unter dem Aspekt des Biotop- und Artenschutzes zu erstellen. Beispielhaft wurden auch in den alten Bundesländern für einige derartige Plätze ökologische Pflegepläne erstellt.

Ziel ist es, den Naturschutz auch auf militärischen und konvertierten Flächen gesetzlich zu verankern; bisher nimmt das deutsche Naturschutzgesetz Militärflächen von seiner Geltung aus. Flächen, die nicht mehr militärisch genutzt werden, sollten auf ihre Naturschutzwürdigkeit überprüft und als Naturschutz- und Landschaftsschutzgebiete ausgewiesen werden. Auch für diese Gebiete sind Pflege- und Entwicklungspläne aufzustellen und umzusetzen.

Natur- und Kulturerbe bewahren

Über Jahrhunderte, ja über Jahrtausende hinweg entstanden in der Kulturlandschaft ebenso wie in den Siedlungsbereichen neue Biotoptypen. Für viele Tier- und Pflanzenarten gab es so seit der Jungsteinzeit immer wieder neue Lebensräume. Natur und Kultur gaben sich über lange Zeiträume vielfach die Hand.

Wir haben es in der Hand, wie sich unsere Ackerfluren kommenden Generationen präsentieren: Wenn unsere Gesellschaft bereit ist, die landschaftspflegerische Leistung der Bauern etwa durch gerechtere Preise für Lebensmittel zu honorieren, sind die Landwirte wieder in der Lage, Vielfalt zu erhalten und zu pflegen.

Doch der Gleichklang zwischen Natur und Kultur droht wie noch nie zuvor aus den Fugen zu geraten. Der dramatische Strukturwandel in der Landwirtschaft, der zunehmende Siedlungsdruck und die damit verbundene Nutzung und Bebauung auch der allerletzten Nischen bedrohen nicht nur die natürliche Vielfalt, sondern auch unsere Lebens- und Erlebnisvielfalt.

Es liegt jetzt in unserer Hand, wie wir unser reiches Kultur- und Naturerbe an kommende Generationen weitergeben. In einer Zeit, in der wir es fertigbringen, ferngesteuert von der Erde aus auf dem Mars Gesteine zu untersuchen, muß es ja auch möglich sein, das Arteninventar unserer Fluren ebenso zu erhalten wie eine Lebensraumvielfalt in den Siedlungen.

Kleines Lexikon zu Ackerland- und Siedlungsschutz

Ackerrandstreifenprogramm	Artenhilfsmaßnahme zur Förderung von Ackerwildkräutern. Randbereiche von Äckern werden dabei ohne Herbizide und mit eingeschränkter (oder ausgesetzter) Düngung bewirtschaftet, um seltenen Arten wieder eine Entwicklungschance zu geben
Aktivitätsabundanz	Zahl der Individuen oder Arten, die zu einer bestimmten Zeit über eine bestimmte Linie oder Fläche laufen
annuell	einjährig
anthropogen	vom Menschen verursacht
Adventivpflanze	Art, die unter direkter oder indirekter Mitwirkung des Menschen in ein Gebiet eingewandert ist, in dem sie ursprünglich nicht beheimatet war
Agriophyt	neuheimische Art, Neubürger; Pflanzenart, die durch die Tätigkeit des Menschen in ein Gebiet gelangt und zum festen Bestandteil der dortigen Vegetation geworden ist
Agrochemikalien	in der Pflanzenproduktion eingesetzte chemische Produkte zur Ertragssteigerung und -verbesserung (u. a. Düngemittel, Herbizide, Insektizide, Fungizide)
Akolutophyt	Eindringling; Pflanzenart, die ohne Mithilfe des Menschen in ein Gebiet eingewandert ist, dabei aber vom Menschen geschaffene Standorte besiedelt
anerkanntes Saatgut	Basissaatgut; in 500 g Getreide-Saatgut sind bis zu drei Unkrautsamen zulässig, davon höchstens ein Hederichknoten, kein Flughafer
Anger	zentraler Dorfplatz
Anthropochoren	Pflanzengruppe (innerhalb der Hemerochoren), die infolge direkter oder indirekter Mithilfe des Menschen in einem Gebiet vorhanden ist
Apophyt	in einem Gebiet einheimische (= indigene) Pflanzenart, die vom Menschen geschaffene Standorte besiedelt
Archäophyt	Altbürger; Pflanzenart, die nur durch direkte oder indirekte Mithilfe des Menschen in prähistorischer Zeit in ein Gebiet eingewandert ist (bis 1492 v. Chr., Entdeckung Amerikas)
Atlantikum	ca. 6000-3000 v. Chr.; Phase der nacheiszeitlichen Vegetationsgeschichte, auch Mittlere Wärmezeit, Eichen-Mischwaldzeit genannt
Biotop	Lebensraum von Pflanzen- und Tierlebensgemeinschaften, der definiert ist durch eine bestimmte Kombination von unbelebten Umweltfaktoren
Biotopinseln	verstreut liegende Biotope ohne systemhafte Anbindung/ohne systemhafte Vernetzung mit weiteren Biotopen
Biozönose	gemeinsames Vorkommen von Pflanzen und Tieren, die zufällig oder zielstrebig zusammentreffen und die sich infolge ähnlicher Umweltansprüche und einseitiger oder gegenseitiger Abhängigkeit in dem betreffenden Lebensraum (Biotop) halten können
Brache	Einschaltung einer oder mehrerer Vegetationsperioden ohne Anbau von Nutzpflanzen
Brachland	ungenutzte Bereiche der Kulturlandschaft, in denen die Landwirtschaft aufgegeben wurde; ist wieder in Ackerland rückführbar
Bronzezeit	ca. 1800-800 v. Chr.; erste kulturhistorische Epoche, die durch die Verhüttung von Metallen (→ Bronze: Legierung aus Kupfer und Zinn) gekennzeichnet ist
Dikotyle	zweikeimblättrige Pflanzenarten
Dominanz	relative Menge einer Art in einer Flächen- oder Raumeinheit; ein Vergleich zu den übrigen Arten
Dorf	Gruppensiedlung mit mehr als 20 Wohnstätten oder mehr als 100 Einwohnern und einem kulturellen Zentrum (z. B. Kirche, Friedhof)
Eisenzeit	ca. 800 v. Chr.-0; kulturhistorische Epoche, in der die Eisenverhüttung entwickelt wurde
Ephemerophyt	unbeständig wild vorkommende Pflanzenart, ohne festen Platz in der aktuellen Vegetation, z. B. weil nicht winterhart
Epökophyt	kulturabhängige Pflanzenart mit festem Platz in der aktuellen Vegetation, daber nicht in der potentiellen natürlichen; viele Arten der Ackerwildkraut- und Ruderalvegetation
Ergasiophygophyt	verwilderte Pflanzenart, Kulturflüchtling; vom Menschen eingeführt und kultiviert, dann aber auch außerhalb von Kulturen auftretend
Ergasiophyt	in einem Gebiet nur als Kulturpflanze auftretend
eutroph	durch Nährstoffreichtum gekennzeichnet
eutrophiert	mit Nährstoffen angereichert
Florenelement	Arten einer Flora, die nach einem bestimmten pflanzengeographischen Gesichtspunkt zusammengehören (z. B. geographische, historische Florenelemente)

Flurzwang	in der mittelalterlichen Gewannflur mußten die Bewirtschafter innerhalb eines Gewannes gleiche Kulturarten anbauen
Gewann	in der mittelalterlichen Flureinteilung Großfelder mit der gleichen Anbauform. Es gab Gewanne für Winterung, Sommerung und Brache
Habitat	Wohn- oder Standort einer Art
Hemerobie	Kultureinfluß auf die Vegetation; die Nicht-Natürlichkeit wird durch den Einfluß des Menschen verursacht
Hemerochorophyt	griech. hemeros = gezähmt, kultiviert; durch die Kultivierung eines Landes geförderte Pflanzenart
Herbizid	chemisches Mittel zur Bekämpfung von Wildkräutern. Herbizide können als Totalherbizide oder selektiv gegen bestimmte Pflanzengruppen eingesetzt werden. Dabei wirken Herbizide allgemein ätzend oder sie hemmen die Zellatmung, Keimung, Photosynthese oder wirken als Wuchsstoffe
Hufe	altes Feldmaß; fränkische Hufe 23,9 ha; sächsische Hufe 12,0 ha
Idiochorophyt	selbständig, ohne Zutun des Menschen in ein klimatisch einheitliches Gebiet eingewanderte Pflanzenart; (ein)heimische Pflanzenart
indigen	einheimisch
integrierter Pflanzenschutz	Kombination verschiedener Methoden der Bekämpfung von Schadorganismen; Einsatz biologischer, chemischer und kulturtechnischer Maßnahmen
Jungsteinzeit	(Neolithikum) in Mitteleuropa ca. 5000-1800 v. Chr.; letzte Phase der Steinzeit, in der sich der Übergang vom Jäger- und Sammlerdasein zu seßhaften Bauern vollzog
Konkurrenz	Wettbewerb um Nahrung, Raum oder andere ökologische Erfordernisse zwischen Organismen, die sich in ihren Lebensansprüchen ähnlich sind
kontinental	Bezeichnung eines Klimas, das im Tages- und Jahresgang Extrembedingungen von Temperatur und relativer Feuchte unterliegt; Gegensatz dazu: ozeanisch
Kultosol	Boden, den der Mensch an seinem ursprünglichen Ort durch Eingriffe verändert oder selbst geschaffen hat
kulturelle Evolution	Entwicklung der geistigen, sozialen und materiellen Umwelt der Bevölkerung in einer Region
Kulturlandschaft	die vom Menschen zur Nutzung gestaltete oder umgestaltete Landschaft
latent	verborgen
lineares Element	linienförmige, strukturelle Einheit, die ein eigener Biotoptyp oder Teil eines Biotops sein kann (z. B. Graben, Gasse, Weg, Saum)
Makroreste	Funde von Samen, Früchten und Teilen davon in archäologischen Siedlungen
mediterran	Bezeichnung für ein Klima, das im Jahresgang durch Sommerdürre und Winterfeuchte gekennzeichnet ist; sog. Mittelmeerklima
Mesolithikum	Mittlere Steinzeit, > 5000 v. Chr.
Mittelalter	kulturhistorische Epoche von 600-1500 n. Chr. (1492: Entdeckung Amerikas); es wird unterschieden zwischen Früh- (600-1000 n. Chr.), Hoch- (1000-1200 n. Chr.) und Spätmittelalter (1200-1500 n. Chr.)
Naturlandschaft	ist durch fehlende oder nicht nennenswerte Veränderungen durch den Menschen gekennzeichnet
Neolithikum	siehe Jungsteinzeit
Neophyt	Neubürger; Pflanzenart, die unter Mithilfe des Menschen in historischer Zeit in ein Gebiet eingewandert ist; in Europa alle Einwanderer aus Amerika (nach 1492)
nitrophil	nährstoffliebend; besser: nährstoffbedürftig
Ökogramm	graphische Darstellung der ökologischen Existenz von Pflanzenarten hinsichtlich der ökologischen Streßfaktoren Licht, Temperatur, Feuchtigkeit, Bodenreaktion und Nährstoffe
phytophag	pflanzenfressend; Fraß an lebender Pflanzenmasse
Population	Gruppe von Individuen einer Art, die in genetischem Austausch stehen
Prädator	Räuber, Beutefänger; Tiere, die andere Tiere als Beute nehmen
Primärbiotop	räumlich umschriebener Standort einer Lebensgemeinschaft, die durch Selbstregulation funktionsfähig bleibt; im Gegensatz dazu das Sekundärbiotop, das durch Menschen geschaffen worden ist
Pufferfunktion	Eigenschaft, von (angrenzenden) Nutzungen ausgehende Belastungen aufzuhalten oder zu vermindern
Reetablierung von Arten	Wiederherstellung der Umweltbedingungen eines Biotops zur Förderung der Wiederansiedlung von Arten
Regeneration	Fähigkeit von Organismen, verlorengegangene oder abgestorbene Organe oder Organteile erneut zu bilden

Römische Kaiserzeit	von 0-400 n. Chr.; durch die Römer geprägte kulturhistorische Epoche im Abendland
ruderal	lat. rudus, ruderis (pl.): auf Ruinen, Mörtel vorkommend
Ruderalarten	kurzlebige Pflanzen auf Bauschutt, Müll, überdüngten Wegrainen etc; Vegetation, deren bestes Gedeihen im Wirkungsbereich des Menschen liegt
Segetalpflanzen	Pflanzenarten, deren Hauptvorkommen in (Winter-)Getreidekulturen liegt
Sekundärbiotop	siehe Primärbiotop
selektiv	auswählend
Sozialbrache	(vorübergehende) Aufgabe ertragsschwacher Ackerstandorte wegen Unrentabilität der Bewirtschaftung
Spontan-Vegetation	alle nicht angepflanzten Arten eines Gebietes; d. h. die Wildpflanzen und die verwilderten Nutz- und Zierpflanzen (incl. Gehölze)
Standort	Gesamtheit der am Wohnort eines Organismus auf diesen einwirkenden Umweltfaktoren (Licht, Temperatur, Feuchte, Nährstoffversorgung, Bodenreaktion)
thermophil	wärmeliebend
Therophyt	einjährige Pflanze, die ungünstige Jahreszeiten, wie Trocken- und Winterzeiten, im Samenstadium überdauert
Unkraut	gibt es nicht
Unkraut-regulierung	Maßnahmen zur Regelung der Bestandsdichte von Ackerwildkräutern
Urbanisierung	Prozeß der Verstädterung
Vernetzung	ökologisches Verbundsystem, systemhafte Verbindung (Vernetzung) von gleichartigen oder ähnlichen Biotopen durch Elemente mit entsprechendem Charakter der Vegetation
Völkerwanderungszeit	kulturhistorische Epoche von 400-600 n. Chr.; Zeit kriegerischer Wirren, beendet die Römische Kaiserzeit
Weiler	von lat. villa = Landhaus, Landgut; kleine Gruppensiedlung mit weniger als 20 Wohnstätten oder Einwohnerzahlen unter 100
Xenophyt	eingeschleppte Pflanzenart
Zelge	streifenförmige Parzellierung der Gewannflur

Bewahren wir uns die bunte Erlebniswelt reichhaltiger Ackerfluren und lebendiger Siedlungen. Dann haben auch Natternkopf (oben links), Habichtskraut (oben rechts) und Feldhamster (unten) eine Zukunft.

Anhang

Wichtige Kontaktadressen zu Fragen des Arten- und Biotopschutzes

Bundesrepublik Deutschland
Bundesministerium für Umwelt,
Naturschutz und Reaktorsicherheit
Postfach 120629
53048 Bonn

Bundesamt für Naturschutz
Konstantinstraße 110
53179 Bonn

Baden-Württemberg
Ministerium Ländlicher Raum
Kernerplatz 10
70182 Stuttgart

Bayern
Bayerisches Staatsministerium
für Landesentwicklung
und Umwelt
Rosenkavalierplatz 2
81925 München

Berlin
Senator für Stadtentwicklung
und Umweltschutz
Lindenstr. 20-25
10969 Berlin

Brandenburg
Ministerium für Umwelt,
Naturschutz und Raumordnung
Albert-Einstein-Str. 42-46
14473 Potsdam

Bremen
Senator für Umweltschutz
Große Weidestraße 4-16
28195 Bremen

Hamburg
Umweltbehörde
Steindamm 22
20099 Hamburg

Hessen
Ministerium für Umwelt
Dostojewskistraße 8
65187 Wiesbaden

Mecklenburg-Vorpommern
Ministerium für Natur und Umwelt
Schloßstraße 6-8
19053 Schwerin

Niedersachsen
Niedersächsisches Umweltministerium
Archivstraße 2
30169 Hannover

Nordrhein-Westfalen
Minister für Umwelt, Raumordnung
und Landwirtschaft
Roßstraße 135
40476 Düsseldorf

Rheinland-Pfalz
Ministerium für Umwelt
und Gesundheit
Bauhofstraße 4
55116 Mainz

Saarland
Ministerium für Umwelt
Hardenbergstraße 8
66119 Saarbrücken

Sachsen
Ministerium für Umwelt
und Landesentwicklung
Ostra-Allee 23
01067 Dresden

Sachsen-Anhalt
Ministerium für Umwelt und Naturschutz
Pfälzer Straße 1
39106 Magdeburg

Schleswig-Holstein
Ministerium für Natur,
Umwelt und Landesentwicklung
Grenzstraße 1-5
24149 Kiel

Thüringen
Thüringer Umweltministerium
Richard-Breslau-Straße 11a
99094 Erfurt

Österreich
Bundesministerium für Umwelt,
Jugend und Familie
Radetzkystraße 2
A-1011 Wien

Schweiz
Eidg. Departement des Innern
Inselgasse 2
CH-3003 Bern

Luxemburg
Ministre de l'Environement
Rue de la Prague, 5A
L-2918 Luxembourg

In allen Ländern gibt es noch Landesämter, Anstalten, Fachstellen und Institute zu speziellen Fragen des Biotopschutzes, des Artenschutzes, der Ökologie und des Naturschutzes. Anfragen werden von den genannten Stellen weitergeleitet, oder man erhält eine Auskunft mit der entsprechenden Adresse. Eine zentrale Anlaufstelle für Fragen der Ökologie und der Umweltvorsorge ist auch das

Umweltbundesamt
Bismarckplatz 1
14193 Berlin

Auskunft darüber, ob eine Naturschutzmaßnahme der Genehmigung bedarf, geben die unteren Naturschutzbehörden der Landratsämter und der Stadtkreise. Zur Vermittlung von Grundlagenwissen zu Fragen des Arten- und Biotopschutzes, der

Landschaftspflege und der Umweltvorsorge wurden in verschiedenen Bundesländern Akademien und Umweltbildungsstätten eingerichtet. Interessenten können dort die jeweils aktuellen Programme direkt anfordern.

Deutschland
Hier die in der bundesweiten Arbeitsgemeinschaft der Bildungsstätten im Natur- und Umweltschutz (BANU) zusammengeschlossenen Institutionen:

Akademie für Natur- und Umweltschutz
Baden-Württemberg
Kernerplatz 9
70182 Stuttgart

Akademie für Natur und Umwelt
Schleswig-Holstein
Karlstraße 169
24537 Neumünster

Akademie für Naturschutz
und Landschaftspflege bei der
Thüringer Landesanstalt für Umwelt
Prüssingstr. 25
07745 Jena

Bayerische Akademie für Naturschutz
und Landschaftspflege
Seethaler Straße 6
83410 Laufen/Salzach

Landeslehrstätte für Naturschutz
und Landschaftspflege
»Oderberge Lebus«
15326 Lebus

Landeslehrstätte für Umwelt und Naturschutz
Müritzhof beim Nationalparkamt
Mecklenburg-Vorpommern
Am Teufelsbruch 1
17192 Waren/Müritz

Landesumweltakademie
Sachsen-Anhalt e. V.
Schloßstraße 1
06642 Nebra/Unstrut

Naturschutzzentrum Hessen e. V.
Friedenstraße 38
35578 Wetzlar

Akademie für Natur- und Umweltschutz
Nordrhein-Westfalen
Leibnizstraße 10
45659 Recklinghausen

Norddeutsche Naturschutzakademie
Hof Möhr
29640 Schneverdingen

Internationale Naturschutzakademie
Insel Vilm
Außenstelle des Bundesamtes
für Naturschutz
18581 Lauterbach (Rügen)

Schweiz
Schweizerisches Zentrum
für Umwelterziehung
des WWF
CH-4800 Zofingen

Österreich
Arbeitsgemeinschaft Umwelterziehung,
Lehrerservice
Brockmanngasse 53
A-8010 Graz

Oberösterreichische Umweltakademie
beim Amt der o. Ö. Landesregierung
Stockhofstraße 32
A-4020 Linz

Niederösterreichische Umweltakademie
Akademie für Umwelt und Energie
Schloßplatz 1
A-2361 Laxenburg

Natur- und Umweltschutzverbände
und andere Organisationen

Bund für Umwelt
und Naturschutz
Deutschland (BUND)
Im Rheingarten 7
53225 Bonn

Deutsche Umwelthilfe e. V.
Güttingerstr. 19
78315 Radolfzell am Bodensee

Deutscher Naturschutzring
Postfach 320210
53205 Bonn

Gesellschaft zur Erhaltung alter
und gefährdeter Haustierrassen e. V.
Am Eschenbornrasen 11
37213 Witzenhausen

Naturschutzbund Deutschland (Nabu)
Herbert-Rabius-Straße 26
53225 Bonn

Stiftung Europäisches Naturerbe
EURONATUR
Konstanzer Str. 22
78315 Radolfzell am Bodensee

WWF Deutschland
Hedderichstraße 110
60596 Frankfurt

Schweiz
Schweizer Vogelschutz (SVS)
Postfach
CH-8036 Zürich

Schweizer Bund für Naturschutz
Wartenbergstraße 22
CH-4020 Basel

WWF Schweiz
Postfach
CH-8027 Zürich

Österreich
Österreichischer Naturschutzbund
Arenbergstraße 10
A-5020 Salzburg

Stiftung Europäisches Naturerbe
EURONATUR
Brockmanngasse 53
A-8010 Graz

Luxemburg
Natura
6 Boulevard Roosevelt
L-2450 Luxembourg

Mouvement Écologique
6 rue Vauban
L-2663 Luxembourg

Bei Fragen zum internationalen Biotopschutz

Stiftung Europäisches Naturerbe
EURONATUR
Grabenstraße 23
53359 Rheinbach/Bonn

Stiftung Europäisches Naturerbe
EURONATUR
Konstanzer Str. 22
78315 Radolfzell am Bodensee

WWF International
Av. du Mont Blanc
CH-1196 Gland

Literatur

Albertus Magnus (ca. 1260): *De vegetabilibus et plantis libri VII. »De natura rerum«.* Deutsche Pflanzenkunde nach Albertus Magnus, übersetzt von J. Wimmer, Halle 1908. Zitiert in Körber-Grohne, U. (1987): *Nutzpflanzen in Deutschland: Kulturgeschichte und Biologie*. Stuttgart.

Albrecht, H. (1989): *Untersuchungen zur Veränderung der Segetalflora an sieben bayerischen Ackerstandorten zwischen den Erhebungszeiträumen 1951/68 und 1986/88.* Dissertationes Botanicae 141. 201 S.

Angres, V.; Hutter, C.-P.; Ribbe, L. (1999): *Bananen für Brüssel. Von Abzockern, Geldvernichtern und Subventionsbetrügern.* München.

Arbeitsgruppe »Methodik der Biotopkartierung im besiedelten Bereich« (Hrsg. Schulte, W., Sukopp, H.; Werner, P.) (1993): *Flächendeckende Biotopkartierung im besiedelten Bereich als Grundlage einer am Naturschutz orientierten Planung. Programm für die Bestandsaufnahme, Gliederung und Bewertung des besiedelten Bereichs und dessen Randzonen.* Natur und Landschaft 68, 491-526.

Aulig, G.; Klingberg, T. (1992): *Grundlagen zur Dorfökologie.* Materialien zur ländlichen Neuordnung des Bayerischen Staatsministeriums für Ernährung, Landwirtschaft & Forsten 99. 174 S.

Bachthaler, G. (1969): *Entwicklung der Unkrautflora in Deutschland in Abhängigkeit von den veränderten Kulturmethoden.* Angew. Botanik 43: 59-69.

Bauhin, K. (1623): *Pinax theatri botanici.* (Übersicht aller bekannten Pflanzenarten, etwa 6000). Zitiert in Körber-Grohne, U. (1987): *Nutzpflanzen in Deutschland: Kulturgeschichte und Biologie.* Stuttgart.

Behre, K.E. (1981): *The interpretation of anthropogenic indicators in pollen diagrams.* Pollen et Spores 23, 225-245.

Bergmeier, E. (1983): *Bemerkungen zum Rückgang der Dorfflora am Beispiel der Gemeinde Kalletal (Kr. Lippe). Natur und Landschaft 58* (9), 330-332.

Blume, H. P.; Sukopp, H. (1976): *Ökologische Bedeutung anthropogener Bodenveränderungen.* Schr. Reihe Vegetationskde. 10, 75-89.

Böcker, R. (1995): *Gebietsfremde Pflanzenarten: Auswirkungen auf einheimische Arten, Lebensgemeinschaften und Biotope.* Landsberg.

Böhme, Ch.; Preisler-Holl, L. (1996): *Historisches Grün als Aufgabe des Denkmal- und Naturschutzes.* Deutsches Institut für Urbanistik, Beiträge zur Stadtforschung 18. Berlin.

Boockmann, H. (1986): *Die Stadt im späten Mittelalter.* München.

Brandes, D. (1987): *Die Mauervegetation im östlichen Niedersachsen.* Braunschw. Naturk. Schr. 2, 607-627.

Brandes, D.; Zacharias, D. (1990): *Korrelationen zwischen Artenzahlen und Flächengrößen von isolierten Habitaten, dargestellt an Kartierungsprojekten aus dem Bereich der Regionalstelle 10 b.* Flor. Rundbr. 23, 141-149.

Brehm, A. (1887): *Brehms Thierleben.* Bd 2 Große Ausgabe. Leipzig.

Brunfels, O. (1532): *Contrafayt Kreuterbuch.* Straßburg. Reprint 1964. München.

Bundesamt für Naturschutz (BfN) (1996): *Rote Liste gefährdeter Pflanzen Deutschlands.* Schriftenreihe für Vegetationskunde 28. 737 S.

Burrichter, E. (1969): *Das Zwillbrocker Venn, Westmünsterland, in moor- und vegetationskundlicher Sicht. Mit einem Beitrag zur Wald und Siedlungsgeschichte seiner Umgebung.* Abhandlung aus dem Landesmuseum für Naturkunde zu Münster in Westfalen 31. 60 S.

Capitulare de Villis, (792/93800): von Karl dem Großen erlassen. – Cod. Guelf. 254 Helmstedt d. Herzogs August Bibliothek Wolfenbüttel. In: Brühl, C. (Hrsg.) (1971): *Dokumente zur deutschen Geschichte in Faksimiles,* Reihe I (1). Zitiert in Körber-Grohne, U. (1987): *Nutzpflanzen in Deutschland: Kulturgeschichte und Biologie.* Stuttgart.

Clusius, C. (1583): *Rariorum aliquot stirpium per Pannoniam, Austriam etc. historia.* – Antwerpen (Neudruck Graz 1964). Zitiert in Körber-Grohne, U. (1987): Nutzpflanzen in Deutschland: Kulturgeschichte und Biologie. Stuttgart.

Deil, U. (1993): *Geobotanische Beiträge zur Ethnogeographie und zur Kulturlandschaftsgeschichte.* Die Erde 124, 271-290.

Ellenberg, H. (1950): *Landwirtschaftliche Pflanzensoziologie I. »Unkrautgemeinschaften als Zeiger für Klima und Boden«.* Stuttgart. 131 S.

Ellenberg, H. (1990): *Bauernhaus und Landschaft in ökologischer und historischer Sicht.* Stuttgart.

Ellenberg, H. (1996): *Vegetation Mitteleuropas mit den Alpen in ökologischer, dynamischer und historischer Sicht.* Stuttgart.

Ellenberg, H.; Weber, H. E.; Düll, R.; Wirth, V.; Werner, W.; Paulissen, D. (1991): *Zeigerwerte von Pflanzen in Mitteleuropa.* Scripta Geobotanica 18. 248 S.

Fehn, H. (1935): *Das Siedlungsbild des niederbayerischen Tertiärhügellandes zwischen Isar und Inn.* Mitteilungen der Geographischen Gesellschaft in München 2, 194.

Fink, C. (1997): *Kommunaler Umweltbericht Naturschutz und Landschaftspflege.* Stuttgart.

Flüeck, R. (1983): *Zur Tier und Pflanzenwelt an Verkehrswegen.* Dokumentation für Umweltschutz und Landespflege, Bibliographien Nr. 43-45. SH 4. Köln.

Fukarek, F. (1988): *Ein Beitrag zur Entwicklung und Veränderung der Gefäßpflanzenflora von Mecklenburg.* Gleditschia 16, 69-74.

Gastl, R. (1994): *Panzerübungsplatz Böblingen.* Remshalden-Buoch.

Geisler, G. (1980): *Pflanzenbau. Ein Lehrbuch Biologische Grundlagen und Technik der Pflanzenproduktion.* Berlin.

Gilbert, O. L. (1994): *Städtische Ökosysteme.* Radebeul.

Gilcher, S. (1995): *Lebensraumtyp Steinbrüche.* Landschaftspflegekonzept Bayern, Band II.17. München.

Haber, W. (1993): *Ökologische Grundlagen des Umweltschutzes.* Bonn.

Hartmann, E.; Schuldes, H.; Kübler, R.; Konold, W. (1994): *Neophyten: Biologie, Verbreitung und Kontrolle ausgewählter Arten.* Landsberg.

Herrmann, K. (1985): *Pflügen, Säen, Ernten Landarbeit und Landtechnik in der Geschichte.* Reinbek.

Heydemann, B.; Meyer, H. (1983): *Auswirkungen der Intensivkultur auf die Fauna in den Agrarbiotopen.* Schriftenr. Deut. Rat f. Landespflege 42, 174191.

Hildegard von Bingen (1151/58): *»Physika«* oder *»Liber simplicis medicinae secundum ereationem«* (= Buch der einfachen Heilmittel nach dem Schöpfungsbericht geordnet). – Übersetzt und erläutert von P. Riethe, Salzburg 1959. Zitiert in Körber-Grohne, U. (1987): *Nutzpflanzen in Deutschland: Kulturgeschichte und Biologie.* Stuttgart.

Hofmeister, H.; Garve, E. (1998): *Lebensraum Acker.* Berlin.

Hügin, G. (1991): *Hausgärten zwischen Feldberg und Kaiserstuhl. Versuch einer Landschaftsgliederung mit Hilfe von Un-*

kräutern, Zier und Nutzpflanzen der Gärten in Schwarzwald, Vogesen, Baar und Oberrheintal. Beih. Veröff. Landesst. Natursch. Landschaftspfl. Bad. Württ. 59. 176 S.

Hüppe, J.; Hofmeister, H. (1990): *Syntaxonomische Fassung und Übersicht über die Ackerunkrautgesellschaften der Bundesrepublik Deutschland*. – In: Pott, R. (Hrsg.), Berichte der Reinhold-Tüxen-Gesellschaft (RTG) 2, 61-81.

Hutter, C.-P.; Link, F.G. (1992): *Wunderwelt Acker und Feld*. Stuttgart und Wien.

Hutter, C.-P.; Thielcke, G.; Herrn, C.-P.; Faust, B. (1986/1989): *Naturschutz in der Gemeinde*. Stuttgart und Wien.

Hutter, C.-P.; Wolf, R.; Knapp, H.-D. (1994): *Dünen, Heiden, Felsen und andere Trockenbiotope*. Stuttgart und Wien.

Jankuhn, H. (1969): *Vor- und Frühgeschichte vom Neolithikum bis zur Völkerwanderungszeit*. In: Franz, G. (Hrsg.): Deutsche Agrargeschichte. Stuttgart.

Jedicke, L.; Jedicke, E. (1992): *Farbatlas Landschaften und Biotope Deutschlands*. Stuttgart.

Karl der Große (792/93-800): vgl. *Capitulare de Villis*.

Kaule, G. (1986): *Arten- und Biotopschutz*. Stuttgart.

Klausnitzer, B. (1987): *Ökologie der Großstadtfauna*. Stuttgart.

Knörzer, K. H. (1971): *Urgeschichtliche Unkräuter im Rheinland*. Ein Beitrag zur Entstehungsgeschichte der Segetalgesellschaften. Vegetatio 23, 89-111.

Knothe, R. (1987): *Anhalter Bahnhof*. Berlin.

Körber-Grohne, U. (1987): *Nutzpflanzen in Deutschland: Kulturgeschichte und Biologie*. Stuttgart.

Konopka, T. (1996): *Zur Wertschätzung städtischer Brachen durch die Stadtbevölkerung*. Bund Naturschutz in Bayern e. V. Erlangen.

Kowarik, I. (1985): *Zum Begriff »Wildpflanzen« und zu den Bedingungen und Auswirkungen der Einbürgerung hemerochorer Arten*. Publ. Naturhist. Gen. Limburg 35, 8-24.

Krause, W. (1958): *Ruderalpflanzen*. In: Ruhland (Hrsg.): *Handbuch der Pflanzenphysiologie* Band IV: Die mineralische Ernährung der Pflanze. Berlin, Göttingen, Heidelberg. 736-754.

Krauss, G. (1977): *Über den Rückgang der Ruderalpflanzen, dargestellt an Chenopodium bonus-henricus L. im alten Landkreis Göttingen*. Mitt. Flor.-Soz. Arb. gem. N. F. 19/20, 67-72.

Krippelova, T. (1966): *Beiträge zur Problematik der anthropogenen Böden*. In: Tüxen, R. (Hrsg.): *Anthropogene Vegetation*. Ber. Internat. Symposium IVV Stolzenau/Weser 1961, 131-134. Den Haag.

Kunick, W. (1991): *Ausmaß und Bedeutung der Verwilderung von Gartenpflanzen*. NNA Ber. 4 (1), 613.

Küster, H. (1991): *Postglaziale Vegetationsgeschichte Südbayerns – Geobotanische Studien zur Praehistorischen Landschaftskunde*. Habilitationsschrift Ludwig-Maximilians-Universität München. 286 S.

Küster, H. (1994): *Die Geschichte einiger Ackerunkräuter seit der Jungsteinzeit*. Aus Liebe zur Natur 5, 29-35.

Laermann, H.T. (1985): *Verkehrssicherheit und Umweltschutz – Aufwuchsbekämpfung auf Gleisanlagen bei der Deutschen Bundesbahn*. Sonderdruck aus Mitteilungen der Biologischen Bundesanstalt für Land und Forstwirtschaft in Berlin u. Braunschweig 229. 38 S.

Langensiepen, I.; Otte, A. (1994): *Hofnahe obstbaumbestandene Wiesen und Weiden im Lkr. Bad Tölz-Wolfratshausen*. Die standortkundlichen und nutzungsbedingten Differenzierungen ihrer Vegetation. Tuexenia 14, 169-196.

Langethal, E. (1845): *Lehrbuch der landwirtschaftlichen Pflanzenkunde*. Zitiert in Körber-Grohne, U. (1987): *Nutzpflanzen in Deutschland: Kulturgeschichte und Biologie*. Stuttgart.

Le Roy, L. G. (1978): *Natur ausschalten, Natur einschalten*. Stuttgart.

Link, O. (1954): *Der Weinberg als Lebensraum*. Öhringen.

Lohmann, M. (1986): *Naturinseln in Stadt und Dorf*. München.

Losert, W. (1982): *Auf dem Kiesberg wächst ein Wald: Bedeutung städtischer Natur am Beispiel des geplanten Rangierbahnhofs München-Nord*. München-Weihenstephan.

Lüning, J.; Stehli, P. (1989): *Die Bandkeramik in Mitteleuropa: von der Natur zur Kulturlandschaft*. In: *Siedlungen der Steinzeit: Haus, Festung und Kult*, mit einer Einführung von J. Lüning. – Spektrum der Wissenschaft, Verständliche Forschung. Heidelberg. 230 S.

Mattern, H. (1997): *Drei Jahrzehnte Rebflurbereinigung im nördlichen Württemberg*. Veröffentlichungen für Naturschutz und Landschaftspflege in Baden-Württemberg.

Mattheis, A.; Otte, A. (1994): *Ergebnisse der Erfolgskontrollen zum »Ackerrandstreifenprogramm« im Regierungsbezirk Oberbayern 1985-1991*. Aus Liebe zur Natur 5, 56-71.

Mattheis, A.; Otte, A. (1993): *Schutz für Ackerwildkräuter im Regierungsbezirk Oberbayern*. Ergebnisse der Erfolgskontrollen zum Artenhilfsprogramm für Ackerwildkräuter. Schule & Beratung 6 III, 39.

Mattheis, A.; Otte, A. (1989): *Die Vegetation der Bahnhöfe im Raum München-Mühldorf-Rosenheim*. Ber. ANL 13, 77-143.

Mommertz, S. (1988): *Untersuchungen und Beobachtungen zur Insektenfauna (Heteroptera und Coleoptera, Carabidae) in Ackerrandstreifen und herbizidbehandelten Vergleichsflächen*. Diplomarbeit Ludwig-Maximilian-Universität München (Biologie, unveröff.).

Mühlenberg, M.; Slowik, J. (1997): *Kulturlandschaft als Lebensraum*. Wiesbaden.

Oberdorfer, E. (Hrsg.) (1977): *Süddeutsche Pflanzengesellschaften Teil I*. Stuttgart, New York.

Oberdorfer, E. (Hrsg.) (1978): *Süddeutsche Pflanzengesellschaften Teil II*. Stuttgart, New York.

Oberdorfer, E. (Hrsg.) (1983): *Süddeutsche Pflanzengesellschaften Teil III*. Bearb. von Müller, T.; Oberdorfer, E. – Stuttgart, New York.

Oberdorfer, E. (Hrsg.) (1992): *Süddeutsche Pflanzengesellschaften Teil IV*. Textband. Bearb. von Müller, T.; Oberdorfer, E. Stuttgart, New York.

Oberdorfer, E. (unter Mitarbeit von Müller, T.) (1990): *Pflanzensoziologische Exkursionsflora*. Stuttgart.

Otte, A. (1990): *Die Entwicklung von Ackerwildkraut-Gesellschaften auf Böden mit guter Ertragsfähigkeit nach dem Aussetzen von Unkrautregulierungsmaßnahmen*. Phytocoenologia 19, 43-92.

Otte, A. (1995): *Die Vegetation ländlicher Siedlungen in Bayern – ökologische Kennzeichnung, Grundzüge der Verbreitung und Beziehungen zum Nutzungsgefüge*. Habilitationsschrift Technische Universität München. 382 S.

Otte, A. (1995): *Öffentlichkeitsarbeit zur Umweltbildung am Beispiel der »Wildpflanzen im Dorf«*. In: Pontius, H. (Hrsg.): *Biotopkartierung im besiedelten Bereich*. 15. Jahrestagung der Arbeitsgruppe der Landesanstalten und -ämter des Bundesamtes für Naturschutz, 119-127.

Otte, A. (1995): *Dörfliche Siedlungsvegetation für den Petzi-Hof im Freilicht-*

museum Finsterau. In: Ortmeier, M. (Hrsg.): *Steine und Scherben. Neue archäologische Funde im Landkreis Freyung-Grafenau.* Grafenau, 47-75.

Otte, A. (1996): *Populationsbiologische Parameter zur Kennzeichnung von Ackerwildkräutern.* Z. Pfl. Krankh. Pfl.-Schutz, Sonderh. 15, 45-60.

Otte, A. (1996): *Kennzeichnung der Vegetation ländlicher Siedlungen in Bayern über ökologische Zeigerwerte.* Verh. Ges. Ökol. 25, 205214.

Otte, A.; Franke, R. (1998): *The Ecology of the Caucasian Herbaceous Perennial Heracleum mantegazzianum Somm. et Lev. (Giant Hogweed) in Cultural Ecosystems of Central Europe.* Phytocoenologia 28(2), 205-232.

Otte, A.; Gruppe »Ruderalpflanzen im Dorf« (1990): *Wildpflanzen im Dorf – Planung, Ausführung und Erfolgskontrolle einer Ausstellung anläßlich der Landesgartenschau 1989 in Straubing (Niederbayern)* – Ein Projekt zur Umwelterziehung. Natur und Landschaft 65 (9), 445-450.

Otte, A.; Hadatsch, H.; Baals, C. (1994): *Ein Vorschlag für die Kartierung dörflicher Lebensräume (Dorf-Biotoptypen) – Vorgehensweise, Beispiel – Kartierung und Bedeutung für Planungen.* Laufener Seminarbeiträge 1(94), 111-142.

Otte, A.; Ludwig, Th. (1989): *Das Chaerophylletum aromatici Neuhä., Neuh. et Hejny 1969 – eine ruderale Hochstaudengesellschaft am Goldenen Steig im südöstlichen Bayrischen Wald.* Tuexenia 9, 107-120.

Otte, A.; Ludwig, Th. (1990): *Planungsindikator dörfliche Ruderalvegetation – ein Beitrag zur Fachplanung Grünordnung/Dorfökologie.*
1990 a: Teil 1: Methode zur Kartierung und Bewertung. – Materialien zur ländlichen Neuordnung des Bayerischen Staatsministeriums für Ernährung, Landwirtschaft & Forsten 18. 150 S.
1990 b: Teil 2: Handbuch zur Bestimmung dörflicher Pflanzengesellschaften. – Materialien zur ländlichen Neuordnung des Bayerischen Staatsministeriums für Ernährung, Landwirtschaft & Forsten 19. 273 S.

Otte, A.; Ludwig, Th., (1990): *Methodisches Vorgehen bei der Kartierung der Vegetation in Dörfern – Interpretationshilfen für die Auswertung und Maßnahmen zu ihrer Förderung.* Landschaft und Stadt 22, 37-56.

Pawlizky, K.-H.; (1986): *Auswirkungen abgestufter Produktionsintensitäten auf die Aktivitätsabundanz von Feldcarabiden (Coleoptera, Carabidae) sowie auf die Selbstregulation von Agrarökosystemen.* Bayer. Landw. Jahrb. 61 (SH 2), 12-40.

Poschlod, P. (1997): *Steinbrüche und Naturschutz: Sukzession und Renaturierung.* Landsberg.

Rat von Sachverständigen für Umweltfragen (1985): Sondergutachten des Rates von Sachverständigen für Umweltfragen vom März 1985: »Umweltprobleme der Landwirtschaft«. Deutscher Bundestag 10. Wahlperiode, Drucksache 10/3613, 423 S.

Rebele, F.; Dettmar, J. (1996): *Industriebrachen.* Stuttgart.

Ringler, A. et al. (1995): *Lebensraumtyp Kies, Sand und Tongruben. – Landschaftspflegekonzept Bayern, Band II,* 18. München.

Ritter, J.; Lapp, P. J. (1998): *Die Grenze.* Berlin.

Rossbauer, G.; Gmelich, F. (1981): *Boden und Hopfenbau.* In: Bayerisches Geologisches Landesamt (Hrsg.), *Standortkundliche Bodenkarte von Bayern 1 : 25 000, Hallertau,* 46-52. München.

Rothmaler, W. (Hrsg.) (1966): *Exkursionsflora von Deutschland. Gefäßpflanzen.* Berlin.

Runge, M. (1973): *Böden im Bereich der Bebauung.* Umweltschutzforum Berlin 8. 35 S.

Runge, M. (1975): *Westberliner Böden anthropogener Litho- oder Pedogenese.* Dissertation Technische Universität Berlin.

Ruppert, K. (1960): *Die Bedeutung des Weinbaues und seiner Nachfolgekulturen für die sozialgeographische Differenzierung der Agrarlandschaft in Bayern.* Münchener Geographische Hefte 19. 160 S.

Ruthsatz, B.; Otte, A. (1987): *Kleinstrukturen im Raum Ingolstadt: Schutz und Zeigerwert. Teil III.* Feldwege und Ackerraine. Tuexenia 7, 139-163.

Sambraus, H. H. (1994): *Gefährdete Nutztierrassen.* Stuttgart.

Schäfer, M. (1992): *Wörterbuch der Biologie. Ökologie.* Jena. 433 S.

Scheffer, F.; Schachtschabel, P. (1998): *Lehrbuch der Bodenkunde.* Stuttgart.

Schefold, U. (1986): *150 Jahre Eisenbahn in Österreich.* München.

Schlenker, G. (1981): *Feldflora-Reservate in Baden-Württemberg.* Zeitschr. f. Pflanzenkrankheiten und Pflanzenschutz. SH 9, 101-103.

Scholz, H. (1960): *Die Veränderungen in der Berliner Ruderalflora. Ein Beitrag zur jüngsten Florengeschichte.* Wildenowia 2, 379-397.

Schönfelder, P. (1986): *Rote Liste gefährdeter Farn- und Blütenpflanzen Bayerns.* Schriftenr. Bayer. Landesamt f. Umweltschutz 72. München. 77 S.

Schreiber, R. (1993): *Tiere auf Wohnungssuche: Ratgeber für mehr Natur am Haus.* Berlin.

Schroeder, F.-G. (1969): *Zur Klassifizierung der Anthropochoren.* Vegetatio 16, 225-238.

Schulte, W. et al. (1997): *Richtlinien für eine naturschutzbezogene, ökologisch orientierte Stadtentwicklung in Deutschland.* Natur und Landschaft 72 Jg., Heft 12.

Schumacher, W. (1980): *Schutz und Erhalt gefährdeter Ackerwildkräuter durch Integration von landwirtschaftlicher Nutzung und Naturschutz.* Natur und Landschaft 55, 447-453.

Schumacher, W. (1983): *Über die Neubegründung von Ruderalgesellschaften im Rheinischen Freilichtmuseum in Kommern.* Aus Liebe zur Natur 3, 11-20.

Schwarz, G. (1966): *Allgemeine Siedlungsgeographie.* In: Obst (Hrsg.), *Lehrbuch der Allgemeinen Geographie Band VI.* Berlin. 751 S.

Sieben, A.; Otte, A. (1992): *Nutzungsgeschichte, Vegetation und Erhaltungsmöglichkeiten einer historischen Agrarlandschaft in der südlichen Frankenalb (Landkreis Eichstätt).* Ber. Bayer. Bot. Ges., Beiheft 6, 56 S.

Steidl, I.; Ringler, A. (1997): *Agrotope* (1. Teilband). Landschaftspflegekonzept Bayern. München.

Steidl, I.; Ringler, A. (1997): *Agrotope* (2. Teilband). Landschaftspflegekonzept Bayern. München.

Sukopp, H. (1969): *Der Einfluß des Menschen auf die Vegetation.* Vegetatio 17, 360-371.

Sukopp, H. (1983): *Ökologische Charakteristik von Großstädten.* – In: Grundriß der Stadtplanung. Hannover. 554 S.

Sukopp, H.; Kowarik, I. (1986): *Berücksichtigung von Neophyten in Roten Listen gefährdeter Arten.* In: *Rote Listen von Pflanzengesellschaften, Biotopen und Arten,* 105-113. Referate und Ergebnisse eines Symposiums in der Bundesforschungsanstalt für Naturschutz und Landschaftsökologie 12.-15. November 1985.

Thellung, A. (1918/19): *Zur Terminologie*

der Adventiv- und Ruderalfloristik. Allgem. Bot. Ztschr. 24/25, 36-42.
Trepl, L. (1990): *Zum Problem der Resistenz von Pflanzengesellschaften gegen biologische Invasionen*. Verh. Berl. Bot. Ver. 8, 195-230.
Teubner, J.; Teubner, J.; Dolch, D. (1996): *Die letzten Feldhamster? Naturschutz und Landschaftspflege in Brandenburg* 4, 32-35.
Wagenitz, G. (1996): *Wörterbuch der Botanik. Termini in ihrem historischen Zusammenhang*. Jena, Stuttgart, Lübeck, Ulm. 531 S.
Wegener, H.-R. (1981): *Schwermetallgehalte verbreiteter Böden der Hallertau*. In: Bayerisches Geologisches Landesamt (Hrsg.), *Standortkundliche Bodenkarte von Bayern 1 : 25 000, Hallertau*, 193-195. München.
Wiehland, D. (Hrsg.) (1987): *Grün kaputt*. München.
Willerding, U. (1986): *Zur Geschichte der Unkräuter Mitteleuropas*. In: Jankuhn, H. (Hrsg.), *Göttinger Schriften zur Vor- und Frühgeschichte 22*. Neumünster. 382 S.
Wilmanns, O. (1989): *Der Kaiserstuhl: Gesteine und Pflanzenwelt*. Stuttgart.
Wittig, R. (1991): *Ökologie der Großstadtflora: Flora und Vegetation der Städte des nordwestlichen Mitteleuropas*. Stuttgart. 261 S.
van Zeist, W. (1981): *Mensch und Vegetation in prähistorischer Zeit, insbesondere in Westeuropa*. In: Tüxen, R. (Hrsg.): *Vegetation als anthropoökologischer Gegenstand und Gefährdete Vegetation und ihre Erhaltung*. Ber. Internat. Symposium IVV Rinteln 1971 und 1972, 324.
Zimmermann, F. (1907): *Die Adventiv und Ruderalflora von Mannheim, Ludwigshafen und der Pfalz nebst den seltenen einheimischen Blütenpflanzen und den Gefäßkryptogamen*. Mannheim. 171 S.

Der Herausgeber

Claus-Peter Hutter (Jahrgang 1955) hat an verschiedenen ökologischen Untersuchungsprogrammen mitgewirkt, zahlreiche regionale und internationale Modellprojekte für den praktischen Naturschutz konzipiert sowie gezielte Biotopschutz- und Artenhilfsprojekte umgesetzt.
C.-P. Hutter ist Leiter der Akademie für Natur- und Umweltschutz des Landes Baden-Württemberg. In dieser Funktion und als Präsident der Stiftung Europäisches Naturerbe setzt er sich im Rahmen breiter Umweltbildungsarbeit national wie international für die gesellschaftliche Etablierung ökologischer Fragestellungen ein. So begründete er die ersten Umwelt-Städtepartnerschaften in Europa und machte mit den weit beachteten Aktionen »Natur ohne Grenzen«, »Ökologische Bausteine Europas« und »Natürlich mobil« auf die internationale Naturraumvernetzung und die Verletzlichkeit von Biotopstrukturen aufmerksam.
C.-P. Hutter gilt als einer der erfolgreichsten Naturschützer bei der Suche nach neuen Wegen für die Lebensraumbewahrung. Der Autor zahlreicher Publikationen zum Natur- und Umweltschutz engagiert sich dabei für den Gleichklang von Natur und Kultur, so u. a. mit der von ihm konzipierten Aktion »Gourmets for Nature«.

Die Autoren

Prof. Dr. Dr. Annette Otte (Jahrgang 1953) ist Vegetations- und Landschaftsökologin. An der Justus-Liebig-Universität in Gießen hat sie seit 1995 die Professur für Landschaftsökologie und Landschaftsplanung im Fachbereich Agrarwissenschaften und Umweltsicherung inne.
Im Zentrum ihrer Arbeiten steht die Erforschung des Verhaltens von Pflanzenarten und -gemeinschaften in agrarisch genutzten Kulturlandschaften. Hiermit liefert ihre Arbeitsgruppe u. a. Orientierungshilfen für einen systembezogenen Artenschutz. Planerisch umgesetzt werden diese Ergebnisse in artenschutzorientierten Nutzungskonzepten für Schutzgebiete in Hessen, Bayern, Thüringen und Süd-Rußland.
Ein weiterer Arbeitsschwerpunkt sind populationsökologische Arbeiten an rückläufigen und ausbreitungsstarken Pflanzenarten in Agrarlandschaften.
In zahlreichen Veröffentlichungen sind diese Arbeitsergebnisse dokumentiert; für die praktische Anwendung in der Landschaftsplanung hat sie den »Planungsindikator dörfliche Ruderalvegetation« und eine Anleitung zur Dorfbiotopkartierung in Bayern entwickelt.
Ein spezielles Interessensgebiet von A. Otte ist Umweltbildung. Ihr Ziel ist es, komplexe naturschutzrelevante Zusammenhänge transparent zu machen und zu komprimieren, um sie auch interessierten Nicht-Fachleuten nahezubringen.
A. Otte ist in verschiedenen ökologisch-wissenschaftlichen Vereinigungen ehrenamtlich tätig, so u. a. als Vizepräsidentin der Gesellschaft für Ökologie (GfÖ).
Zu ihren besonderen Anliegen zählt, die Landwirtschaft stärker als bisher in die Umsetzung naturschutzfachlicher Ziele einzubinden.

Conrad Fink (Jahrgang 1950) ist Dipl.-Ingenieur für Landespflege (TU Weihenstephan) und verfügt über ein in vielen Modellprojekten praktisch erprobtes Fachwissen zu Fragen der Landschaftspflege und des Biotopmanagements. Als Naturschutzfachmann in der Grundstücksverwaltung der US Army Europe war er mit nahezu allen Fragen der Grünpflege und des Landmanagements auf militärischen Flächen befaßt.
Seit 1984 ist C. Fink bei der Stadt Stuttgart für den Umweltschutz tätig. In der Koordinierungsstelle für Umweltschutz brachte er viele praktische Umweltinitiativen auf den Weg. Zahlreiche Pilotprojekte zur Förderung der Umweltbildung und des Umweltbewußtseins gehen auf seinen Einsatz zurück.
Praktische Fragen des Naturschutzes in der Großstadt wie die Erhebung ökologischer Grundlagen, das Erstellen von Naturschutzkonzepten oder die Begutachtung geplanter Eingriffe in Natur und Landschaft sowie die Ausarbeitung von Vorschlägen für deren Vermeidung bzw. deren Ausgleich gehören zu seinem Aufgabenbereich bei der Stadt Stuttgart.
Darüber hinaus ist er seit vielen Jahren ehrenamtlich im Naturschutz tätig, etwa als Mitglied verschiedener Gremien des Bundes für Umwelt und Naturschutz (BUND). C. Fink engagiert sich außerdem in internationalen Umweltprojekten der Umweltstiftung EURONATUR. Als Autor von Fachveröffentlichungen und über Vorträge vermittelt er ökologisches, naturschutztheoretisches und -praktisches Wissen.

Dank

Allen, die zum Gelingen dieses BiotopBestimmungsBuches beigetragen haben, gilt unser herzlicher Dank. Ganz besonders danken wir der Vorsitzenden der Stiftung Naturschutzfonds Baden-Württemberg, Ministerin Gerdi Staiblin, dem Geschäftsführer der Stiftung, Dr. Eberhard Heiderich sowie den Mitgliedern des Stiftungsrates für die Unterstützung und Förderung dieses Modellprojektes.
Für die wissenschaftliche Beratung und vielfältige Unterstützung gilt unser herzlicher Dank Dr. Jürgen Marx, Leiter des Referats Naturschutz, Landschaftspflege, Artenschutz bei der Landesanstalt für Umweltschutz Baden-Württemberg, sowie Dr. Uwe Kozina von der ARGE Umwelterziehung Österreich (Graz).
Für die Erstellung der Grafiken und Zeichnungen danken wir Dipl.-Biol. Wolfgang Lang (Waiblingen) und Techn. Zeichnerin Heidemarie Pellmaier (Freising-Weihenstephan). Dank gilt vor allem auch den im Bildnachweis genannten Bildautoren. Für vielfältige Mithilfe danken wir Monika Haag, Ilse Koller (Ludwigsburg) und Inge Mallin (Asperg).
Für das weit über die Verlagsbetreuung hinausgehende Engagement gilt unser herzlicher Dank den Verlegern Hansjörg Weitbrecht und Gunter Ehni; für das Engagement beim Vertrieb Margit Prawitt und für die unkomplizierte und ideenreiche Zusammenarbeit im Lektorat und bei der Buchgestaltung dem Projektteam Bärbel Strasser (Stuttgart), Anne-Kathrin Janetzky (Dresden) und Kirsten Straßmann (Recklinghausen).

Bildnachweis

Fink: 58, 60 l., 93 u., 94 r. o., r. u., u. l., u. r., 96 r. u., 98 l., 99, 100 u., 101 u., 102 o., u. l., u. r., 104 l., m., r., 108 l., m., 110 l., 111 o., u. l., 143
Hackenberg/Mauritius: 88 u.
Hau: 18
Hölzel: 8, 9, 10, 11, 25 o., u., 27, 28 o., 29 o., 36, 37, 44 u., 46 o., 49 u., 51 o. r., 52 u., 53, 66 o., u. l., 67 u., 68 o., u., 69 u., 70 l., 71 u. l., u. r., o., 72, 73 o., u. l., u. m., 76 o., 78 u. r., 81 o. l., o. r., u., 82 o., u., 83 r. o., l. u., 85 o. l., 86 u. l., u. r., 87 o., 88 o., 89, 90 o., u., 91 u. l., u. r., 92 o., u., 115 o., u., 117, 120 o., 125 o., 128 u., 129, 137
Hutter: 1, 2/3, 6, 16, 19, 22, 28 u., 40 r., l., 41, 42 r., l., 43 l., 51 u. r., 61, 65, 66 u. r., 67 o., 74 o., u. l., u. r., 75 o. l., o. r., u., 76 u. l., 77 o., u., 95 l., 96 r. o., 97 o., u., 98 r., 100 o., 109 m., 110 r., 118, 120 u., 122u., 134 r., 136, 140 o. l., o. r.
Lang: 70 r.
Limbrunner, A.: Umschlagvorder-/rückseite, Vor-/Nachsatz, 4/5, 7, 12, 14, 24, 29 u., 33, 34, 35, 38, 44 o., 45, 49 o., 50, 51 o. l., u. l., 52 o., 54 o., u., 55, 56, 57 o., u., 59, 60 r., 63, 69 o., 73 u. r., 76 u. r., 78 o., u. l., 79 o., u., 80 o., m., u., 83 r. m., r. u., 84 o., u. l., u. r., 85 o. r., u., 86 o., 87 u., 91 o., 92 m., 93 o., 95 r. o., r. u., 101 o., 103 o., u., 105 l., m., r., 106 l., r. o., r. m., r. u., 107 l. o., l. m., r. o., u., 108 r. o., r. u., 109 l., r. o., r. u., 111 u. r., 112 o., u., 113, 116, 119, 122, 123, 125 u., 128 o., 130, 131, 132, 133, 135, 140 u.
Limbrunner, H.: 77 m., 107 r. m.
Link: 134 l.
Starfoto/Mauritius: 96 l.
Zeininger: 43 r.

Stichwortverzeichnis

BIOTOP-BESTIMMUNGS-BÜCHER

Mit der Reihe BiotopBestimmungsBücher wurde ein neues Kapitel in der Geschichte des Naturschutzes aufgeschlagen. Erstmals wird in dieser Form auf spannende, allgemein verständliche und wissenschaftlich fundierte Weise ein umfassender Überblick über die ganze Vielfalt an Lebensräumen in Mitteleuropa gegeben. Schon nach dem Erscheinen der ersten Bände fand diese vielfach empfohlene und von der ***Stiftung Naturschutzfonds*** unterstützte Buchkonzeption begeisterte Aufnahme bei Wissenschaft, Naturschutzpraxis und in den Medien.

Nicht nur auf die natürliche oder kulturhistorische Entstehung der verschiedenen Biotoptypen wird eingegangen, sondern auch auf deren Charakteristik, Gefährdungen und notwendige Schutzmaßnahmen. Eigens für diese Reihe konzipierte Steckbriefe ermöglichen die sichere Bestimmung von rund 300 Biotoptypen in Deutschland, Österreich, der Schweiz und in allen angrenzenden Gebieten.

Die BiotopBestimmungsBücher sind ein einmaliges Dokument sowohl der natürlichen Lebensräume als auch der Kulturlandschafts-Biotoptypen.

Die Basisbibliothek zum Biotop- und Naturschutz!

Band I	Wiesen, Weiden und anderes Grünland
Band II	Seen, Teiche, Tümpel und andere Stillgewässer
Band III	Dünen, Heiden, Felsen und andere Trockenbiotope
Band IV	Wälder, Hecken und Gehölze
Band V	Quellen, Bäche, Flüsse und andere Fließgewässer
Band VI	Sümpfe und Moore
Band VII	Ackerland und Siedlungen

Weitbrecht

PRESSESTIMMEN

„Praxisnah, verständlich, motivierend." ZDF

„Über das herkömmliche Angebot, das Bestimmungsbücher für Pflanzen und Tiere bieten, gehen die neuen BiotopBestimmungs-Bücher des Weitbrecht Verlages weit hinaus."
Kommunale für Ökologie

„Jeder Band ist ein absolutes Standardwerk."
Professor Dr. Gerhard Thielcke (BUND)

„Ein Muss für Naturfreunde." Die Furche, Wien

„Die gute Verständlichkeit des Textes und eine reiche Illustration mit überwiegend guten Farbfotos lassen die Bände auch für fachlich nicht vorgebildete Leser empfehlen."
Naturschutz und Landschaftsplanung, Zeitschrift für angewandte Ökologie